VIE ET LES MOEURS

DES

INSECTES

EXTRAITS DES MÉMOIRES

DE RÉAUMUR

PAR

M. C. DE MONTMAHOU

Professeur à l'École municipale Turgot

PARIS

CH. DELAGRAVE ET Cⁱᵉ, LIB.-ÉDITEURS

78, RUE DES ÉCOLES, 78

LA VIE ET LES MŒURS

DES INSECTES

Fontainebleau. — Typographie E. Bourges.

LA VIE ET LES MOEURS

DES

INSECTES

EXTRAITS DES MÉMOIRES

DE RÉAUMUR

PAR

M. C. DE MONTMAHOU

Professeur à l'École municipale Turgot

PARIS

CH. DELAGRAVE ET Cⁱᵉ, LIB.-ÉDITEURS

78, RUE DES ÉCOLES, 78

1868

La publication des Mémoires de Réaumur sur les Insectes remonte à près d'un siècle et demi ; cependant, malgré tous les progrès accomplis dans la science, la gloire de ce grand observateur ne s'est point trouvée amoindrie ; ses travaux sont restés des modèles classiques proposés à l'imitation de tous ceux qui ont eu à traiter des sujets analogues. Si les Mémoires de Réaumur n'ont pas été réimprimés depuis la mort de leur auteur, il faut l'attribuer en très-grande partie à l'étendue considérable de cet ouvrage, qui ne comprend pas moins de 6 volumes in-4º, avec plus de 260 planches en taille douce.

Dans ces circonstances, nous avons pensé qu'il y aurait peut-être avantage pour la jeunesse de nos écoles à trouver condensée en un seul volume la substance même des travaux de Réaumur sur les Insectes. Une lecture attentive nous donnait lieu d'espérer qu'en faisant le sacrifice de quelques Mémoires, en supprimant tout ce qui n'est plus aujourd'hui d'une exactitude parfaite, en retranchant les longueurs, les redites, les détails surabondants, il serait possible de présenter ce qu'il y a de réellement intéressant dans ces Mémoires sous la forme même donnée par l'auteur, et de conserver particulièrement, avec tout le respect qu'elle mérite, cette belle langue scientifique du dix-huitième siècle dont la clarté égale l'élégance et la simplicité.

Les modifications récentes introduites dans le régime de l'Enseignement Universitaire ont fait une large place à l'étude des

Sciences Naturelles ; l'organisation de l'Enseignement Agronomique ne pourra qu'ajouter à l'importance d'une étude sur laquelle repose toute la théorie des opérations de l'Agriculture. Indépendamment des ouvrages didactiques destinés à l'enseignement proprement dit, nous estimons qu'il sera indispensable de mettre entre les mains des jeunes gens des livres dont la lecture les initie de bonne heure aux méthodes des Sciences d'Observation et développe en même temps chez eux l'esprit pratique. Or, cet esprit d'application, personne ne le posséda jamais à un plus haut degré que Réaumur ; jamais savant ne se montra plus jaloux de faire servir les découvertes de la science pure aux progrès de l'agriculture ou de l'industrie, à l'amélioration du bien-être général. Ajoutons que, par une suite de cette tendance naturelle, l'illustre historien des Insectes porta exclusivement ses investigations sur des espèces indigènes et que les plus communes parmi ces espèces furent précisément celles qu'il étudia avec le plus de prédilection. « Il m'a paru, dit-il dans son pre-
» mier Mémoire, que les insectes qui se trouvent le plus souvent
» sous nos yeux étaient ceux que l'on devait le plus chercher à
» connaître ; ce sont ceux, pour ainsi dire, avec qui nous avons
» à vivre. » Si, dans le cours de ses recherches, Réaumur semble parfois sacrifier à la fantaisie ; si, par exemple, l'histoire du formica-leo trouve place à côté de celle de tant d'insectes utiles ou nuisibles, il a soin de nous faire connaître la cause de cette dérogation apparente aux habitudes de toute sa vie scientifique.
« Souvent, dit-il, ce que nous ne regardions que comme curieux
» tient de bien près à l'utile ; souvent, quand l'utile est décou-
» vert, on voit que ce qui ne semblait que de pure curiosité
» nous a conduit à le découvrir. »

Le style de Réaumur n'a rien de cette pompe majestueuse qui fit de Buffon, son contemporain, le prince des écrivains aussi bien que le prince des naturalistes. La tournure en est quelque peu familière et, pour ainsi dire, en rapport avec la nature même du sujet. Les critiques lui ont reproché de la diffusion et trop de minutie dans les détails ; mais ces défauts sont amplement rachetés par des qualités inimitables. Trente années d'études assidues avaient identifié, dans toute l'acception du mot, Réaumur avec les objets de ses recherches ; nul n'a connu comme lui les secrets de la vie des insectes, et ses tableaux pleins de charmants détails rappellent la naïveté pleine de malice du *bonhomme* Lafontaine, en même temps que des aperçus d'une haute portée philosophique viennent révéler à chaque page le savant profondément pénétré de l'harmonie souveraine qui préside à l'organisation de l'univers.

La vie de Réaumur, telle que nous l'ont conservée les biographies et les mémoires du temps, répond pleinement à l'idée que nous pouvons nous faire par la lecture même de ses ouvrages. Né à la Rochelle, en 1683, d'un conseiller au Présidial de cette ville, René - Antoine FERCHAULT DE RÉAUMUR s'appliqua de bonne heure à l'étude des Mathématiques et publia, dès l'âge de dix-sept ans, des Mémoires fort remarqués sur divers problèmes de Géométrie. A vingt-cinq ans, il devenait membre titulaire de l'Académie des Sciences, et dès lors commençait la publication de ce nombre infini de Mémoires qui touchent aux questions les plus diverses de la Physique générale, de l'Histoire natutelle et de la Technologie. Une énumération même incomplète remplirait plusieurs pages ; il nous suffira de citer les Mémoires sur la métallurgie du fer, sur la fabrication de l'acier et du fer-blanc, sur la fabrication de la porcelaine, sur la construction des thermomètres, sur la production du froid par les mélanges réfrigérants, sur la liqueur colorante qui fournit la pourpre, sur la soie des Araignées, sur la digestion des Oiseaux, sur la conservation des œufs, sur l'incubation artificielle, enfin, sur l'organisation et les mœurs des Insectes.

L'imagination s'effraie à juste titre de ce qu'il a fallu d'activité et de persévérance pour conduire à bonne fin des recherches si nombreuses et, en même temps, si différentes par leur objet; cependant, lorsqu'il mourut, en 1757, l'illustre naturaliste laissa encore 138 portefeuilles remplis de Mémoires ébauchés ou inachevés. Grâce à son heureux état de fortune, état qui lui permit de refuser une pension de 12,000 livres, Réaumur avait pu s'entourer d'utiles collaborateurs. L'abbé Nollet travailla cinq années sous sa direction et se plut à reconnaître ce qu'il devait aux conseils et aux leçons d'un si bon maître. Tous les grands savants du dix-huitième siècle furent ses amis et l'aidèrent dans ses recherches. On aime à retrouver, en lisant les Mémoires sur les

Insectes, les traces de cette douce confraternité qui rapprochait leur auteur des Jussieu, des Maupertuis, des Duhamel : Réaumur se sentait trop riche de son propre fonds pour dissimuler, si faible qu'elle fût, la part prise à ses travaux par ses doctes collègues de l'Académie des Sciences. Il occupait, d'ailleurs, au milieu de la société lettrée et polie de son époque, une situation qui ne lui laissait rien à envier; son laboratoire et ses jardins d'expérimentation étaient le rendez-vous habituel de tout ce que la Cour et la Ville comptaient de personnages distingués, et plus d'une fois la turbulente duchesse du Maine y vint chercher l'oubli momentané de ses ambitieuses préoccupations.

L'âge n'affaiblit nullement chez Réaumur la passion des recherches; à 74 ans, il travaillait encore avec toute l'ardeur et toute l'activité des premiers jours de sa jeunesse. Il fallut qu'un accident tranchât brusquement le fil d'une existence si belle et si laborieusement occupée.

C. DE M.

LES INSECTES

LEUR ORGANISATION, LEURS MŒURS

CHAPITRE PREMIER

De l'histoire des insectes.

1. Si nous pouvions parvenir à connaître toutes les espèces de chenilles, de papillons, de mouches, de moucherons, etc., à avoir des signes caractéristiques qui nous feraient distinguer les unes des autres des espèces qui paraissent les mêmes au reste des hommes, ce serait nous charger de connaissances qui ne laisseraient guère de place à la mémoire la plus vaste pour des faits plus importants. Ce qui nous suffit, ce me semble, et ce dont notre curiosité doit se contenter, c'est d'en connaître les principaux genres, et surtout de connaître ceux qui se présentent souvent à nos yeux, de savoir ce qui leur est propre à chacun, ce qu'ils offrent de particulier, comment ils se nourrissent, les différentes formes qu'ils prennent pendant la durée de leur vie, comment ils se perpétuent, les merveilleuses industries que la nature leur a apprises pour leur conservation. Tant que cent et cent espèces de mouches et de très-petits papillons ne nous offriront rien de plus remarquable que quelques légères différences

dans les formes des ailes, dans celles des jambes, ou que des variétés de couleurs, ou que des distributions différentes des mêmes couleurs, il me paraît qu'on peut les laisser confondues les unes avec les autres.

Quoique nous resserrions beaucoup les bornes de l'étude de l'histoire des insectes, il est des gens qui trouveront que nous lui en laissons encore de trop étendues ; il en est même qui regardent toutes les connaissances de cette partie de l'histoire naturelle comme inutiles, qui les traitent, sans hésiter, d'amusements frivoles. Nous voulons bien aussi qu'on les regarde comme des amusements, c'est-à-dire, comme des connaissances qui, loin de peiner, occupent agréablement l'esprit qui les acquiert; elles font plus, elles l'élèvent nécessairement à admirer l'auteur de tant de prodiges. Devons-nous rougir de mettre même au nombre de nos occupations les observations et les recherches qui ont pour objet des ouvrages où l'Être suprême semble s'être plu à renfermer tant de merveilles et à les varier si fort ? L'histoire naturelle est l'histoire de ses ouvrages : il n'est point de démonstrations de son existence plus à la portée de tout le monde que celles qu'elle nous fournit.

2. Les recherches qui ont les insectes pour objet ne devraient pas être regardées comme inutiles par ceux même qui ne font estime que de ce que le commun des hommes appelle *des biens réels :* elles peuvent nous conduire à augmenter le nombre de ces biens. Si l'on n'eût jamais observé les chenilles, eût-on découvert celle qui fournit tant à notre luxe et même à nos besoins ? Eût-on pu espérer que le travail d'une seule espèce d'insecte deviendrait l'objet d'une des principales parties de notre commerce , qu'il eût pu donner de l'occupation à tant d'arts et à tant de manufactures différentes ? La cire et le miel des abeilles ont certainement des utilités réelles

pour nous ; ceux qui ont observé ces mouches[1] industrieuses dans les forêts, qui ont songé à en faire des animaux domestiques, qui les ont transportées dans les jardins ou aux environs des maisons, pour les y faire multiplier davantage, et pour profiter des fruits de leurs travaux, ne se sont-ils pas occupés utilement ?

La cochenille, dont le grand et utile usage est si connu, n'est qu'un insecte qui multiplie prodigieusement, et qu'on prend soin d'élever dans le Mexique. Un insecte qui croît sur une espèce de petit chêne, qui n'y est bien sensible que sous une forme qui ressemble si peu à celle d'un animal qu'elle l'a fait prendre pendant longtemps pour une simple galle de l'arbrisseau, cet insecte, dis-je, est employé par nos teinturiers, et c'est ce que nous appelons le *kermès* ou la *graine d'écarlate*.

Pourquoi croirait-on qu'il ne reste plus à faire sur les insectes de découvertes aussi utiles que celles dont nous venons de faire mention ? Celles dont nous jouissons peuvent conduire à en trouver de semblables, ou de différents genres. Quand on sait bien l'histoire du kermès, celle de la cochenille, on est en état de reconnaître les insectes qui leur sont analogues et de rechercher s'il n'y en a point de ceux-ci dont nous puissions retirer les mêmes utilités.

3. Dans l'histoire des insectes, il reste un grand champ à des découvertes utiles, d'un genre tout opposé au genre de celles dont nous venons de faire mention. Une infi-

---

1. Les *Abeilles* font partie d'un groupe d'insectes à quatre ailes, désignés scientifiquement sous le nom d'*Hyménoptères* ; nos mouches communes n'ont que deux ailes ; elles font partie du groupe des *Diptères*. Du temps de Réaumur, on réunissait sous le nom de *Mouches*, dans le langage habituel, les divers insectes, soit à deux ailes, soit à quatre ailes, dont les ailes sont minces et transparentes. Les Abeilles ont conservé le nom vulgaire de *Mouches à miel*.

nité de ces petits animaux désolent nos plantes, nos
arbres, nos fruits. Ce n'est pas seulement dans nos
champs, dans nos jardins qu'ils font des ravages ; ils
attaquent dans nos maisons nos étoffes, nos meubles,
nos habits, nos fourrures ; ils rongent le blé de nos greniers ; ils percent nos meubles de bois, les pièces des
charpentes de nos bâtiments ; ils ne nous épargnent pas
nous-mêmes. Qui, en étudiant toutes les différentes espèces d'insectes qui nous sont nuisibles, chercherait des
moyens de les empêcher de nous nuire ; qui en chercherait pour les faire périr, pour faire périr leurs œufs, se
proposerait pour objet des travaux importants. C'est dans
cette vue que j'ai suivi l'histoire des teignes : le plaisir
que j'avais à observer l'admirable industrie qu'elles me
découvraient ne m'a point séduit ; il ne m'a pas empêché
de chercher les moyens les plus efficaces de les faire
périr.

La conservation des grains est un des plus grands
objets que puissent se proposer ceux qui gouvernent des
états ; leur attention et leur zèle pour le bien du genre
humain ne seraient-ils pas dignes d'éloges, s'ils exci-
taient, par des récompenses promises, à découvrir le
secret de défendre nos blés contre les insectes qui y font
de si grands ravages, lorsqu'ils se sont introduits dans
les greniers, qui y réduisent les plus gros tas de grains à
n'être plus que des tas d'un son léger ? De pareils secrets
ne sauraient être trouvés que par ceux qui étudieront
bien ces insectes. Souvent les charpentes des bâtiments
périssent, parce que des vers ont pénétré dans l'intérieur
des plus grosses pièces, qu'ils en ont haché les fibres,
qu'ils les ont réduites en sciure et en poussière. Nous
voyons tous les jours des meubles de bois destinés à des
usages qui ne les fatiguent nullement, qui dureraient
des suites de siècles, s'ils ne devenaient cassants parce
qu'ils deviennent vermoulus, c'est-à-dire, parce que les

vers ont pulvérisé leur intérieur. Des recherches où l'on se proposerait d'empêcher les vers de percer nos bois d'ouvrages iraient directement au bien public.

Enfin, ne serait-il pas avantageux d'empêcher les chenilles de dépouiller entièrement de leurs feuilles les arbres destinés à nous donner des fruits ou une ombre agréable ; de trouver le secret d'empêcher que nos fruits de toute espèce fussent aussi attaqués par les vers qu'ils le sont dans certaines années ? Les abondantes récoltes que nous promettaient nos arbres fruitiers se réduisent quelquefois à peu ; leurs fruits tombent avant que d'être à maturité, ou mûrs ; ils ne peuvent être conservés, parce qu'ils sont véreux.

Je ne disconviendrai pourtant pas que le nombre des observations utiles que nous fournit l'histoire des insectes, et même que le nombre de celles qu'on peut en espérer, est petit en comparaison du nombre qu'elle nous offre de ces observations qu'on appelle purement curieuses. Mais avec quelle science cela ne lui est-il pas commun ? D'ailleurs, souvent ce que nous ne regardions que comme curieux tient de bien près à l'utile ; souvent, quand l'utile est découvert, on voit que ce qui ne semblait que de pure curiosité nous a conduit à le découvrir.

4. L'histoire des insectes est un vaste, et je puis dire un immense pays, qu'on peut parcourir dans différentes vues. La partie par où elle m'a le plus intéressé est celle aussi à laquelle on sera plus généralement sensible : c'est celle qui embrasse tout ce qui a rapport au génie, aux mœurs, pour ainsi dire, aux industries de tant de petits animaux. J'ai observé, autant que j'ai pu, leurs différentes façons de vivre, comment ils se procurent les aliments convenables, les ruses dont plusieurs usent pour se saisir de ceux qui doivent être leur proie, les précau-

tions que d'autres prennent pour se mettre en sûreté
contre leurs ennemis, leur prévoyance pour se défendre
contre les injures de l'air, leurs soins pour se perpétuer,
le choix des endroits où ils déposent leurs œufs, tant afin
qu'ils n'y courent aucuns risques, qu'afin que les petits
qui en écloront trouvent à portée une nourriture propre,
dès l'instant de leur naissance ; le soin que d'autres
ont de nourrir eux-mêmes leurs petits, de les élever.
C'est sur tout cela, ce me semble, qu'on ne saurait rassembler trop d'observations. Ceux même à qui une araignée[1] paraît le plus hideuse aimeront à apprendre qu'il
y en a une espèce qui renferme ses œufs dans une petite
boîte de soie qu'elle porte toujours avec elle ; que, lorsque
les petits sont nés, ils montent sur le corps de leur mère,
qu'ils s'y arrangent les uns auprès des autres, qu'ils s'y
tiennent cramponnés lorsqu'elle court avec le plus de
vitesse. On sera touché du soin qu'ont les abeilles et certaines guêpes de porter plusieurs fois, chaque jour, la
becquée à leurs petits, comme le font les oiseaux.
D'autres déposent leurs vers dans des cellules qu'elles
construisent de terre ; elles les y renferment avec la provision d'aliments qui est nécessaire jusqu'à leur accroissement parfait. Des insectes naissent avec une peau
tendre et délicate que l'air dessécherait trop, et qui ne
résisterait pas aux frottements qu'elle serait exposée à
essuyer : la nature leur a appris à se faire de véritables
habits ; les uns se les font de laine, les autres de soie,
d'autres de feuilles d'arbres, et d'autres de différentes
autres matières. Les uns les savent allonger et élargir

---

1. Les *Araignées* appartiennent au groupe des Arachnides, lequel comprend des animaux un peu différents par l'organisation de ceux qui forment, dans nos classifications françaises actuelles, la classe des Insectes.
Autrefois on réunissait sous le nom d'*Insectes* la plus grande partie des
espèces qui constituent l'embranchement des Annelés. Il en est encore
ainsi dans plusieurs classifications allemandes et anglaises.

dans le besoin ; les autres savent s'en faire de neufs, quand les leurs sont devenus trop courts et trop étroits. Un insecte, c'est le formica-léo, est obligé de vivre de proie, quoiqu'il ne puisse marcher qu'à reculons ; la ruse lui donne ce que les autres obtiennent au moyen d'une meilleure disposition de leurs jambes. Il sait se faire un trou en manière de trémie ou d'entonnoir dans un sable roulant ; il se poste à l'affût au fond de ce trou, ayant les deux cornes toujours ouvertes et prêtes à saisir les insectes qui y tombent pour avoir marché imprudemment sur les bords d'un précipice toujours prêt à s'ébouler.

5. La prodigieuse variété des formes des insectes de différentes classes et de différents genres offre un grand spectacle à qui sait le considérer : quelle variété dans la figure de leur corps , dans le nombre des jambes , dans leur arrangement, dans la figure et la structure des ailes, dont les unes sont des espèces de gazes , et dont les autres sont couvertes de poussières de figures régulières et arrangées comme des tuiles ; d'autres ailes ont des étuis dans lesquels elles se tiennent le plus souvent pliées avec art ! Quelle admirable organisation ne supposent pas ces changements de formes qui se font dans la plupart des insectes pendant le cours de leur vie, et particulièrement dans ceux qui, après avoir vécu et crû sous la forme de chenille, prennent celle de chrysalide, et enfin celle de papillon ! Sans changer de forme, quantité d'insectes changent plusieurs fois de peau : ce sont des opérations moins frappantes que les autres, qui pourtant supposent une belle mécanique, et qui paraissent fort singulières à ceux qui remarquent combien les dépouilles que les insectes quittent alors sont complètes.

On ne se lasse point d'apprendre des faits du genre de ceux que nous venons d'indiquer ; ceux qu'on a appris mettent sur la voie d'en découvrir de nouveaux ; les pro-

menades qu'on ne destine qu'au délassement en deviennent plus agréables et plus amusantes ; elles instrui-
sent. Alors, des yeux devenus curieux et attentifs à observer y voient ce qui échappe aux autres ; tout se trouve
animé pour eux ; les arbres, les plantes, les feuilles, les
fleurs ne sont plus simplement des fleurs, des feuilles,
des plantes, des arbres ; ce sont autant de pays habités :
les insectes qui sont dessus, et qui, lorsqu'on n'était point
familiarisé avec eux, paraissaient à craindre, ou au moins
dégoûtants, offrent alors un spectacle qui s'attire de l'attention. Quand on se rappelle quelques-unes de leurs
industries, on les voit avec plaisir, on s'arrête à considérer
leurs formes singulières. On s'arrête volontiers à considérer une chenille, un ver, quand on sait quels insectes
ailés ils doivent être un jour ; on examine avec plus de
plaisir une mouche, un papillon, quand on connaît et
qu'on se rappelle les formes sous lesquelles ils ont vécu
ci-devant : on ne voit pas simplement le ver et la chenille,
la mouche et le papillon ; on voit en même temps les
formes que les uns doivent prendre, et celles par lesquelles
les autres ont passé. Par ces mêmes raisons il m'a paru
que les insectes qui se trouvent le plus souvent sous nos
yeux, étaient ceux que l'on devait le plus chercher à connaître ; ce sont ceux, pour ainsi dire, avec qui nous avons
à vivre.

6. Plus on observera ces petits animaux, et plus ils feront voir de faits et d'actions remarquables, qui dédom-
mageront de ce qu'on trouvera à retrancher dans leur
histoire des merveilles de certains genres qui leur ont été
attribuées par ceux qui ne les avaient pas regardés avec
des yeux assez philosophes. Plusieurs auteurs, et surtout
des auteurs des siècles antérieurs à celui-ci, qui ont écrit
sur l'histoire des insectes, semblent avoir été séduits par
la passion qu'ils ont prise pour eux ; ils ont été trop pleins

d'admiration pour eux, ou au moins ont voulu nous en trop remplir ; ils leur ont nui en cherchant à les faire valoir sans assez de ménagement. Quand des lecteurs sensés, qui ne sont pas à portée de vérifier des observations dont on leur fait le récit, les trouvent accompagnées de détails dans lesquels ils peuvent reconnaître plus que de l'incertitude, ils sont tentés de regarder comme fabuleux le récit entier ; ce qu'il a de vrai ne saurait plus l'être pour eux. Ce sont surtout les éloges qu'on a donnés à l'intelligence des insectes qui n'ont pas été assez mesurés : on les a fait penser et agir comme nous, et souvent même on les a loués de ce qu'ils pensaient et agissaient mieux que nous. Il n'est sorte de connaissance qu'on ne leur ait accordée ; on leur a trouvé toutes les vertus morales, même les plus sublimes ; et sur quels fondements ? Sur des fondements souvent tout à fait puérils. La mante, qui approche du genre des sauterelles, mais dont le corps est beaucoup plus effilé, a de longues jambes ; elle plie et pose quelquefois les deux premières l'une contre l'autre, se tenant presque droite. Il n'en a pas fallu davantage pour en faire un insecte dévot ; son attitude imite alors celle où nous joignons les mains, on lui a fait prier Dieu : le peuple de Provence l'appelle même *Prègue-Dieu*. Sa charité, dit-on, est grande, au moins pour les enfants ; lorsqu'il y en a quelqu'un qui lui demande le chemin, elle le lui montre avec un de ses pieds ; on assure qu'il est rare qu'elle le lui enseigne mal, que cela n'arrive presque jamais. On a donné aux fourmis du respect pour leurs morts ; on a loué les soins avec lesquels elles leur rendent les devoirs funèbres ; et cela, sur ce qu'elles transportent hors de la fourmilière les cadavres de celles qui y sont mortes, comme elles transportent ceux des mouches, des chenilles, des cloportes [1] et

1. Les *Cloportes* appartiennent à l'une des subdivisions de la classe

. 1.

des autres insectes qui y sont venus mourir, ou qu'elles
y ont tués.

Un désir qu'on ne saurait assez louer, celui de donner
de grandes idées de l'Auteur de l'univers, de faire mieux
voir l'étendue de sa providence, a conduit à bien des jugements trop précipités et à bien des faux raisonnements
ceux qui ont voulu nous assigner les causes finales des
faits et des observations que leur avaient fournis les insectes qu'ils n'avaient considérés qu'en passant. Dès que
nous ouvrons les yeux, tout nous prouve sa sagesse; elle
a sans doute agi pour une fin , et pour la plus noble de
toutes les fins ; mais nous devons être extrêmement retenus sur l'explication des fins que s'est proposées celui
dont les secrets sont impénétrables. Nous louons souvent
mal une sagesse qui est si fort au dessus de nos éloges ;
décrivons le plus exactement qu'il nous est possible
ses productions, c'est la manière de la louer qui nous
convient le mieux.

7. Pendant cette longue suite de siècles où la barbarie
a régné, l'histoire naturelle a eu le même sort que les
autres sciences. Elle a été aussi traitée comme les autres,
quand le goût du savoir a commencé à renaître. On a cru
que toutes les vérités devaient être retrouvées dans les
anciens, qu'ils avaient tout su, tout connu. C'est principalement dans Aristote[1] qu'on a cherché l'histoire des

des Crustacés qui fait elle-même partie de l'embranchement des Annelés. On donnait autrefois, et l'on donne encore aujourd'hui dans plusieurs contrées le nom d'*Insectes* à tous les animaux dont le corps est
divisé en anneaux plus ou moins distincts. Insecte vient d'un mot latin
qui signifie *partagé*.

1. ARISTOTE, philosophe grec, né à Stagyre, en Macédoine, l'an 384
avant J.-C., mort à Chalcis, en Eubée, l'an 322. Il fut le précepteur
d'Alexandre-le-Grand et le fondateur de l'école péripatéticienne. C'est
le génie le plus vaste de l'antiquité, et ses écrits forment une véritable
encyclopédie. Il a exercé une action des plus considérables sur le développement des connaissances humaines; ses doctrines, plus ou moins

animaux. Si l'Aldovrande [1], Gesner [2] et bien d'autres auteurs eussent autant étudié la nature elle-même qu'ils ont étudié les anciens naturalistes, le travail assidu de tant de bons esprits eût fait faire de plus grands et de plus prompts progrès à cette science. On n'observait alors la nature que pour y voir ce qu'on avait lu dans les anciens. Au reste, si leurs travaux n'ont pas été mieux dirigés, il ne faut pas tant s'en prendre à leur génie qu'à celui du siècle où ils ont vécu ; on ne faisait cas alors que de ce qui se trouvait dans les anciens ; il semblait qu'on crût les modernes incapables de penser et même de voir, au moins rien de nouveau. S'il est pourtant des sciences

bien comprises, ont régné souverainement dans toutes les écoles pendant le Moyen-Age et la Renaissance et les sciences modernes en ont subi la légitime influence.

1. Réaumur a francisé le nom d'Ulysse ALDOVRANDI, savant naturaliste italien, né à Bologne en 1522, mort en 1605. Après avoir étudié successivement l'archéologie, la jurisprudence et la théologie, Aldovrandi fit, à Rome, la rencontre du naturaliste français Rondelet, s'enflamma d'une véritable passion pour les sciences naturelles, se fit recevoir docteur en médecine et devint professeur de botanique à l'Université de Bologne. Son cabinet d'histoire naturelle était le plus considérable qu'il y eût en Europe et sa bibliothèque renfermait un nombre immense de livres et de manuscrits. Tout son patrimoine fut dissipé dans la préparation d'une *Histoire naturelle* en treize volumes in-folio dont quatre seulement parurent avant sa mort. Le Sénat de Bologne consacra des sommes considérables à l'achèvement de cette immense compilation, dans laquelle des descriptions assez exactes et des recherches sérieuses se trouvent mêlées aux fables les plus absurdes.

2. GESNER (Conrad), né à Zurich en 1516, mort en 1565, un des plus laborieux érudits du seizième siècle, fut successivement régent d'une petite école, médecin et professeur de grec. Il publia en 1545 sous le titre de *Bibliothèque universelle*, un vaste recueil renfermant tous les titres des livres alors connus, hébreux, grecs, latins, avec des sommaires, des jugements, des spécimens. En 1556 parut la traduction des œuvres complètes d'*Elien;* mais l'ouvrage capital de Gesner est une *Histoire des animaux* en trois volumes in-folio, publiée à Zurich en 1551 et reproduisant tout ce qu'on savait alors en zoologie. Ce savant était professeur public d'histoire naturelle à Zurich, lorsqu'il succomba dans une épidémie, victime de son dévouement à remplir ses devoirs de médecin. Les biographes le désignent quelquefois sous le nom de *Pline de l'Allemagne*.

dans lesquelles nous puissions et nous devions l'emporter, ce sont les sciences d'observation. La nature enfin ouvrit les yeux à ceux même qui ne cherchaient à y voir que ce qu'ils avaient vu dans Aristote et dans Pline [1]; elle leur montra des faits dignes d'être remarqués, qu'ils cherchaient inutilement dans les livres qui devaient tout contenir; elle leur en fit voir d'autres qui leur donnèrent de justes défiances sur la vérité de ceux qui avaient été transmis. Après avoir perdu par degrés, et peut-être trop, du respect qu'on devait aux anciens, on est venu à penser qu'il fallait étudier de nouveau la nature elle-même, vérifier tout ce qui a été rapporté, et chercher à apprendre davantage. C'est ainsi qu'en ont usé Malpighi [2], Swammerdam [3], Redi [4] et d'autres auteurs illustres, soit du même âge, soit plus modernes, qu'il serait long de citer.

1. PLINE *l'ancien* ou *le naturaliste*, dont il est question ici, naquit à Côme en Italie, sous le règne de Tibère, l'an 23 de J.-C, et mourut sous le règne de Titus, l'an 79. Il nous a laissé une *Histoire naturelle* en trente-sept livres, immense compilation résumant plus de deux mille ouvrages et embrassant l'astronomie, la physique, l'agriculture, la médecine et les arts, aussi bien que l'histoire naturelle proprement dite. Il périt victime de son amour pour la science, en allant observer de trop près la grande éruption du Vésuve qui détruisit Herculanum et Pompéia.

2. MALPIGHI (Marcel), célèbre anatomiste italien, né près de Bologne en 1628, mort à Rome en 1694, professa à Bologne et à Pise et devint le médecin du pape Innocent XII. Il fit de nombreuses découvertes dans le domaine de l'anatomie et de la physiologie et fut un des premiers qui aient fait servir à l'étude de ces sciences l'observation microscopique.

3. SWAMMERDAM (Jean), célèbre anatomiste hollandais, né à Amsterdam en 1636, mort en 1680, s'appliqua tout particulièrement à l'étude de l'organisation des insectes et perfectionna l'emploi du microscope. On a de lui une *Histoire générale des Insectes*.

4. RÉDI (François), célèbre naturaliste italien, né à Arezzo en 1626 et mort en 1697, exerça la médecine à Florence et fut médecin des ducs Ferdinand II et Cosme III. Il publia d'intéressantes observations sur la vipère, sur les vers intestinaux, et particulièrement sur la génération des insectes.

CHAPITRE II

Des chenilles en général.

8. Lorsque l'hiver a dépouillé les arbres de leurs feuilles, la nature semble avoir perdu ses insectes ; il y en a
des milliers d'espèces, d'ailées et de non ailées, bien communes en d'autres temps, qu'on ne retrouve plus alors.
Nos campagnes s'en repeuplent dès que les feuilles des
arbres commencent à pointer ; des chenilles de toutes
espèces les rongent avant même qu'elles se soient développées. Ces chenilles, que nous voyons alors reparaître,
suffisent pour nous donner idée des moyens généraux que
la nature emploie pour conserver tant d'insectes dans une
saison où ils ne sauraient plus trouver de quoi se nourrir.

Les observations qui ont été faites jusqu'ici ont établi
que les chenilles naissent d'œufs de papillons. Nous verrons ailleurs les lieux que les papillons choisissent pour
déposer leurs œufs, l'art avec lequel ils les arrangent et
les précautions qu'ils semblent prendre pour les conserver ; c'en est assez à présent de savoir qu'un très-grand
nombre d'espèces de chenilles ne subsiste plus pendant
l'hiver que dans les œufs que les papillons ont pondus
dans des temps plus doux. Tout a été combiné par la nature de façon que la chaleur nécessaire pour faire croître
les petites chenilles dans leurs œufs est la même qui est
nécessaire pour faire pousser les feuilles des plantes et

des arbres propres à les nourrir. Quand elles ont acquis
la force de briser leur coque, d'en sortir, elles trouvent
les aliments que leurs besoins leur font chercher.

Pour arriver à l'état de papillon, les chenilles passent
par un état moyen, qui est celui de chrysalide. Sous cette
forme, l'insecte n'a pas besoin de prendre de nourriture
et n'a pas d'organes capables d'en prendre. Quantité
d'espèces de chrysalides vivent pendant l'hiver, les unes
renfermées dans des coques qu'elles se sont filées lorsqu'elles étaient chenilles ; les autres, au-dessous de
certaines portions d'écorce d'arbres qui se sont un peu
détachées ; d'autres, dans des crevasses de murs ; d'autres, cachées sous terre. C'est de ces chrysalides que
sortent les différentes espèces de papillons que nous
voyons voler au printemps ; ils font alors des œufs, d'où
des chenilles ne sont pas longtemps à éclore.

D'autres chenilles passent l'hiver sous la forme même
de chenille ; elles se choisissent et se font des retraites,
où elles se tiennent aussi immobiles que si elles étaient
mortes. Leur constitution est telle que les aliments leur
sont alors inutiles ; il ne se fait pas alors chez elles de
dissipations qui demandent à être réparées. Les retraites
des unes sont sous terre, quelquefois à une profondeur de
plusieurs pieds. D'autres restent au-dessus de la surface
de la terre, sur des plantes, sur des arbres. Celles-ci sont
ordinairement rassemblées en grand nombre dans le
même endroit, sous plusieurs enveloppes de soie qui
servent à les défendre contre les injures de l'air.

Il y a quelques papillons de certaines espèces qui passent l'hiver en vie, sans prendre de nourriture ; aussi
le passent-ils sans voler. Ils se tiennent cachés dans des
endroits où on ne les irait pas chercher. J'ai souvent fait
fendre pendant l'hiver des troncs d'arbres creux ou cariés,
pour trouver les insectes qui y étaient logés ; j'y ai quelquefois vu des papillons immobiles, mais qui devenaient

en état de faire usage de leurs jambes et de leurs ailes, dès que je les avais un peu réchauffés. J'ai trouvé, par exemple, dans des troncs de chêne des papillons vivants, dont les uns venaient de chenilles qui se nourrissent des feuilles de l'orme, et dont les autres venaient de chenilles qui se nourrissent des feuilles de l'ortie.

C'est par des moyens à peu près semblables que tant d'autres espèces d'insectes se conservent pendant l'hiver; il est vrai pourtant qu'il en fait périr un grand nombre, et il est bien important pour nous qu'il en fasse périr beaucoup. Il y a des races si prodigieusement fécondes, que, pour peu qu'il en reste quelques individus, ils peuvent encore s'être assez multipliés avant la fin de l'été pour nous incommoder.

9. Les chenilles sont des premiers insectes qui reparaissent au printemps; c'en est une des plus nombreuses classes; quelque part où l'on se promène dans les belles saisons de l'année, on en trouve sur diverses espèces d'arbres et de plantes. Il y en a qui sont solitaires pendant tout le cours de leur vie, qui ne semblent avoir aucun commerce les unes avec les autres. D'autres passent la plus grande partie de leur vie en société; elles ne se séparent que quand elles sont devenues grandes, et que quand le temps de leur première transformation n'est pas bien éloigné. Enfin, d'autres ne se quittent point tant qu'elles sont chenilles; elles restent même les unes auprès des autres, lorsqu'elles se transforment en chrysalides, et ces insectes ne se séparent qu'après avoir pris la forme de papillons.

Un langage assez ordinaire est que chaque plante a son espèce de chenille particulière; je ne sais néanmoins s'il y a réellement même une espèce de chenille à qui la nature n'ait assigné pour tout aliment qu'une seule espèce de plante, ou au moins, au défaut de cette plante, d'autres qui nous sembleraient analogues. Une chenille velue et rousse, qui mange assez communément les feuilles de la vigne pour être appelée *chenille de la vigne*, mange encore plus avidement les feuilles du coq des jardins. Elle tire sa nourriture et de feuilles qui nous semblent très-insipides et de feuilles aromatiques. Nous verrons des espèces qui rongent indifféremment les feuilles du chêne, celles de l'orme, celles de l'épine, celle des poiriers, des pruniers, des pêchers, etc. Il est pourtant vrai qu'il n'y a qu'un certain nombre de plantes et d'arbres qui conviennent à chaque espèce de chenilles. Que deviendrions-nous, si celles qui font de si grands ravages dans les bois pouvaient se nourrir de nos blés verts? Les plantes sur lesquelles les chenilles vivent peuvent donc nous aider à les distinguer. Si l'on en trouve une verte sur un chêne, et une verte sur le chou, quoiqu'elles semblent de même forme, on pourra presque décider que ce sont deux espèces différentes ; on serait encore mieux en état de le décider, en donnant du chou à la chenille du chêne, et du chêne à la chenille du chou.

10. Que certaines chenilles vivent de plantes dont l'amertume nous paraît insupportable, il n'y a pas là de quoi nous étonner; mais on peut trouver étrange que la nature ait assigné pour aliment à d'autres chenilles des plantes remplies d'une liqueur âcre et caustique ; qu'il y ait des chenilles qui vivent des feuilles de certains tithymales, malgré la qualité corrosive du lait dont elles sont remplies. Les conduits par où l'insecte fait passer ce suc, tout petits qu'ils sont, et quelque délicats qu'ils semblent être, ne sont aucunement altérés par une liqueur qui agirait violemment contre notre langue, si elle était épanchée dessus. Une très-belle chenille à corne (*Sphynx euphorbiæ*) aime surtout les feuilles du tithymale à feuilles de cyprès. J'ai mis sur ma langue un peu du suc de ce tithy-

male, et il n'y a pas fait d'impression bien sensible ;
mais, ayant porté un bon nombre de ces chenilles dans un
pays où il ne me fut pas possible de trouver de cette
plante, je leur présentai diverses autres espèces de tithymales dont elles s'accommodèrent à merveille, et dont
elles se nourrirent jusqu'à leur transformation. Une de
ces espèces était ce tithymale connu dans les campagnes
sous le nom d'*épurge*, cultivé assez souvent par les paysans et dont la graine est un violent purgatif. Je voulus
aussi éprouver sur ma langue le lait de ce tithymale. Sur-
le-champ, il n'y fit point d'impression sensible ; mais, au
bout de quelques quarts d'heure, je me trouvai la bouche
en feu, et ce fut une chaleur que les gargarismes d'eau,
réitérés pendant plusieurs heures de suite, ne purent
éteindre. Elle me dura jusqu'au lendemain. J'ai pourtant
vu plusieurs de mes chenilles qui buvaient avidement les
grosses gouttes de lait qui se trouvaient au bout de la tige
rompue que je leur avais donnée. J'ai même présenté
successivement plusieurs gouttes de ce lait caustique à
une chenille ; elle les a bues, et ne s'en est pas trouvée
plus mal.

11. Il doit paraître aussi extraordinaire qu'il y ait des
chenilles qui vivent sur l'ortie. Plusieurs espèces qu'on
trouve sur cette plante sont à la vérité armées de longues
épines qui pourraient sembler nécessaires pour tenir
celles des feuilles éloignées de leur peau ; mais j'ai trouvé
sur l'ortie plusieurs espèces de chenilles rases, et dont la
peau paraissait même plus tendre que celle de quantité
de chenilles qui se tiennent sur des plantes dont les
feuilles sont très-douces au toucher. Enfin, ces chenilles
de l'ortie mangent des feuilles armées de piquants qui,
dès qu'ils ont atteint notre peau, y causent des démangeaisons cuisantes. Le palais et l'œsophage de ces chenilles, que nous devons pourtant juger très-délicats, sont

donc à l'épreuve de ces piquants d'ortie, comme le palais des ânes est à l'épreuve de ceux des chardons. Peut-être que, quand ces chenilles font entrer les piquants des orties dans leur bouche, elles les y font toujours entrer dans un sens où ils ne sauraient les piquer ; peut-être qu'elles les font entrer par leurs bases.

Le temps où elles prennent leurs aliments peut aider à distinguer des chenilles qui sont d'ailleurs très-semblables à d'autres. Il y en a qui mangent à toutes les heures du jour ; il y en a qui ne mangent que le soir et le matin, et qui se tiennent tranquilles pendant la grande chaleur.

Entre autres exemples, il y a des chenilles vertes et des brunes du chou qui ont une façon de vivre qui leur est particulière et qu'il est bon d'apprendre à ceux qui veulent conserver leurs choux. J'en avais fait planter de petits dans des vases que je fis mettre dans une chambre : je les destinais à nourrir des chenilles sous mes yeux ; je leur en donnai à chacun un bon nombre. Je fus étonné le lendemain, de ne plus trouver de chenilles sur des plantes où elles avaient dû se trouver fort à leur aise.

Le même jour je remis d'autres chenilles sur ces choux, et je n'y en trouvai point le lendemain ; mais une remarque qu'on me fit faire me mit au fait de la conduite de mes chenilles ; les feuilles avaient été très-maltraitées, elles étaient très-rongées ; la nuit entière semblait leur avoir suffi à peine pour manger tant. J'en conclus, qu'elles n'avaient abandonné les choux que le matin, et cela apparemment pour se cacher en terre, et y rester pendant le jour. Ayant un peu découvert la terre, j'y en trouvai effectivement une, et je ne doutai pas que les autres n'y fussent aussi. Elles sortirent le soir de terre, comme je m'y étais attendu. Lorsque je visitai les choux à la lumière, je trouvai mes chenilles occupées à ronger leurs feuilles. On rencontre pourtant quelques-unes de ces chenilles en plein jour sur les choux des jardins ;

mais on y en rencontre peu ; elles sont souvent cachées dans la pomme du chou. Je retournai le même soir visiter à la lumière ces mêmes choux du jardin où elles m'avaient paru si rares ; je leur en trouvai plus que je n'en voulus, tant dessus que dessous les feuilles.

Si les jardiniers pensaient ordinairement, ils auraient dû être souvent surpris, et peut-être l'ont-ils été, de voir leurs choux tout mangés, et d'y trouver cependant peu de chenilles ; ils auront attribué aux limaçons un désordre dont elles étaient la cause. Ce n'est pas une chose indifférente, et surtout dans certaines campagnes, de songer à conserver les choux. Le moyen sûr est donc d'aller le soir les écheniller à la chandelle.

Bien des espèces de chenilles ont péri chez moi, quoiqu'on eût grand soin de les fournir de nourriture, parce que j'ignorais qu'il fallait qu'il y eût dans le fond des vases où je les tenais renfermées de la terre où elles pussent entrer, sinon tous les jours, au moins dans certains temps. On savait déjà qu'il y en a qui vont se cacher sous terre lorsqu'elles veulent se mettre en chrysalides ; mais je ne crois pas qu'on sût qu'il y en a qui pour l'ordinaire y vont passer le jour. Il y en a, et le fait est moins singulier, qui se tiennent constamment sous terre ; elles aiment les racines des plantes. Les jardiniers connaissent fort l'espèce qui mange les racines des laitues.

12. La manière dont agissent différentes chenilles lorsqu'on veut les prendre peut encore nous aider à en distinguer plusieurs espèces. Les unes se roulent en anneaux dès qu'on les touche ; ce sont celles qui, selon le vulgaire, font alors les mortes ; celles qui sont velues et qui se contournent ainsi prennent alors la forme d'un hérisson. D'autres se laissent tomber à terre dès qu'on touche les feuilles sur lesquelles elles sont posées. D'au-

tres cherchent à se sauver par la fuite. Il y en a de celles-ci, de remarquables par la vitesse avec laquelle elles marchent. La chenille rousse et velue dont nous avons parlé, qui mange les feuilles de vigne, peut être distinguée de beaucoup d'autres qui pourraient lui ressembler : elle est un lièvre parmi les chenilles par la vitesse de sa course; on peut fort bien l'appeler *le lièvre*. D'autres, plus courageuses, semblent vouloir se défendre; elles fixent la moitié de leur corps et agitent l'autre en des sens contraires, comme pour frapper celui qui les inquiète; c'est la partie antérieure de leur corps que les unes mettent en mouvement, et les autres y mettent la partie postérieure. Enfin, il y en a qui, quand on les touche, font prendre à leur corps des inflexions semblables à celles des serpents, qui les changent avec vitesse et un grand nombre de fois en des sens opposés, et cela, non pour marcher, mais comme pour marquer l'impatience avec laquelle elles souffrent qu'on les touche.

CHAPITRE III

Des changements de peau des chenilles.

13. Parmi les faits que les chenilles nous font voir dans
le cours de leur vie, il n'en est guère qui méritent plus
d'être bien examinés que leurs changements de peau. Ils
ne sont simples qu'en apparence ; ils nous mettent à
portée de mieux entendre ce qui se passe dans ces changements plus frappants après lesquels l'insecte paraît
sous une nouvelle forme. Toutes changent de peau et
même en changent plusieurs fois dans leur vie. Malpighi a observé que le ver à soie se défait quatre fois de
la sienne. Il a dix. onze ou douze jours, selon la saison,
la première fois qu'il quitte une peau. Il en quitte une
seconde environ au bout de cinq jours et demi ou de six
autres jours. Il se défait encore d'une troisième au bout
d'environ cinq jours et demi ou six jours et demi. Enfin,
six jours et demi ou sept jours et demi après, il se dépouille pour la quatrième fois. On ne s'est pas donné la
peine de suivre assez les autres espèces de chenilles, depuis leur naissance jusqu'à leur transformation, pour
savoir si elles se dépouillent précisément autant de fois
que le ver à soie ; mais le nombre des fois qu'une chenille se trouve couverte d'une nouvelle peau n'est pas ce
qu'il y a ici d'important ; ce qui l'est, c'est ce qui précède, ce qui accompagne et ce qui suit ce changement,
ne se fît-il qu'une fois.

Ce n'est pas assez de dire que les chenilles changent de peau ; les dépouilles qu'elles laissent sont si complètes qu'on les prend quelquefois pour des chenilles ; elles ont tout ce que nous fait voir l'extérieur de l'insecte. La dépouille d'une chenille velue est toute hérissée de poils ; les fourreaux des jambes, tant écailleuses que membraneuses, y restent attachés ; on y voit tous les ongles de leurs pieds ; les parties qui ne sont même visibles qu'au microscope s'y retrouvent.

14. C'est assurément une grande opération pour un animal que celle de quitter une dépouille si complète, de tirer tant de parties des fourreaux où elles étaient contenues. Un jour ou deux avant que ce moment critique arrive, les chenilles cessent de manger ; elles perdent leur activité ordinaire, elles ne marchent point ou marchent peu ; elles choisissent quelque endroit où elles se fixent ; la plupart y restent, quoiqu'on les touche ; elles sont alors devenues paresseuses ou languissantes ; elles se donnent pourtant divers mouvements, mais sans sortir de leur place. C'est par de pareils mouvements et par la diète que les chenilles se préparent à quitter leur dépouille.

Celles qui vivent en société ont des logements de soie, des espèces de nids, où elles se retirent en certains temps ; elles ne manquent pas de s'y rendre pour se dépouiller ; elles accrochent les ongles de leurs pieds dans les toiles des nids. Celles qui vivent solitaires filent aussi, pour la plupart, des toiles légères, lorsque le temps où elles doivent quitter leur peau approche. La chenille, par exemple, du prunier et de l'abricotier, qui porte sur le dos une espèce de pyramide charnue, tapisse alors une feuille d'une toile assez forte dans laquelle elle cramponne ensuite ses pieds. Il est plus aisé aux chenilles de se tirer de leur vêtement quand elle l'ont ainsi arrêté, il ne suit pas le corps dans les mouvements qu'il se donne pour s'en dégager.

A mesure que le temps où une chenille va se dépouiller approche, ses couleurs s'affaiblissent; les plus vives et les plus brillantes deviennent foncées et ternes, ou presque effacées. Leur peau alors se dessèche en quelque sorte ; elle ne reçoit plus les sucs qui la nourrissaient ci-devant; il doit lui arriver ce qui arrive à une feuille d'arbre à qui la sève cesse d'être apportée. Enfin, quand cette peau s'est desséchée jusqu'à un certain point, le moment arrive où elle commence à se fendre, et c'est au-dessus du dos, sur le second ou le troisième anneau, que la fente s'ouvre. Elle laisse entrevoir une portion de la nouvelle peau, très-reconnaissable par la fraîcheur et la vivacité de ses couleurs. Dès que la fente est commencée, il est facile à l'insecte de l'étendre, et alors la chenille a une ouverture suffisante pour se tirer entièrement de son ancien fourreau.

Toute laborieuse qu'est cette opération, elle est finie en moins d'une minute. Pour la bien voir, il faut s'attacher aux chenilles qui vivent en nombreuses sociétés, dont il y a quantité d'espèces tant dans les jardins que dans les bois. Comme des centaines de ces chenilles changent de peau dans le même jour, il est aisé à l'observateur d'en saisir dans l'instant où le changement se fait ; les dépouilles qui ont été quittées par quelques-unes l'avertissent que d'autres se disposent à quitter les leurs.

Celles qui sont couvertes d'une nouvelle peau sont très-reconnaissables ; leurs couleurs sont plus fraîches et plus belles. Quelquefois ce n'est pas seulement par la vivacité et le degré de nuance que les couleurs qu'elles ont sur leur nouvelle peau diffèrent de celles qu'elles avaient sur l'ancienne ; c'en sont de tout à fait différentes. Celles qui sont d'espèces à être velues sont alors chargées de poils, comme elles l'étaient auparavant, quoiqu'il ne paraisse pas en manquer un à la dépouille.

Les chenilles continuent encore de faire diète environ un jour entier après avoir mué ; leurs parties nouvellement exposées à l'air ont besoin de quelque repos pour s'affermir. Soit que les organes de mastication qu'elles ont alors soient réellement des organes nouveaux, soit qu'ils soient seulement sortis des fourreaux anciens, ils seraient encore trop mous pour hacher des feuilles, dans les premières heures qui suivent la mue.

CHAPITRE IV

Des parties extérieures des papillons.

15. Sous la forme de papillons, les insectes nous présentent un spectacle plus agréable que sous celle de chenilles; pour se prêter à considérer, à manier des papillons, le

Fig. 1. — Grand Paon de jour.

commun des hommes n'a pas à vaincre une répugnance
qu'il sent à l'aspect des chenilles. La vivacité, le grand
éclat et la surprenante variété de leurs couleurs leur ont
fait bien des admirateurs. Nous avertirons cependant
qu'on serait souvent trompé si l'on nourrissait de belles
chenilles dans la seule espérance d'en avoir de beaux
papillons ; car il n'y a rien à conclure des couleurs des

chenilles pour celles des papillons qui en doivent sortir. Celles où le bleu, le jaune, le vert, et où d'autres couleurs sont agréablement mêlées donnent souvent des papillons tout blancs ou tout bruns ; des chenilles toutes vertes et des chenilles toutes brunes donneront également des papillons bruns ou gris. Il y a au contraire des chenilles brunes qui donnent des papillons parés de très-belles couleurs.

Le caractère générique des papillons est très-simple et très-commode pour les faire reconnaître ; tous ont quatre ailes, qui diffèrent de celles des mouches et de celles de tous les autres insectes ailés en ce qu'elles sont couvertes d'une espèce de poussière ou de farine qui s'attache aux doigts qui les touchent. Cette poussière les a fait nommer par les naturalistes des *ailes farineuses*. Les ailes des mouches et celles de divers autres insectes sont transparentes et semblent une espèce de gaze, au lieu que les ailes des papillons sont opaques ; mais elles ne doivent leur opacité qu'à la poussière qui les couvre ; c'est à cette même poussière qu'elles doivent leurs belles couleurs.

Depuis qu'on a su faire usage du microscope, on sait que ces poussières sont dignes de l'attention des physiciens par leurs figures et par leur arrangement ; qu'elles ne doivent pas être regardées comme les fragments irréguliers de corps pilés ou broyés. Elles sont, au contraire, un assemblage de grains de figures régulières et remarquables. Des ailes de papillons de différentes espèces et différents endroits de la même aile ont de ces grains de différentes formes. Ce sont de petites lames, de petites palettes, plus ou moins allongées, qui ont un court pédicule qui s'engage dans la substance de l'aile. Le bout d'où part le pédicule est ordinairement arrondi ; dans quelques-unes, le côté qui lui est opposé, celui qui termine l'écaille, est aussi arrondi, et celles-là sont des espèces de palettes ovales. D'autres ont une petite entaille, une petite échancrure, comme celle d'un cœur, directement opposée au pédicule. Les figures du plus grand nombre de ces écailles sont plus évasées; le côté qui les termine est souvent l'endroit où elles ont plus de largeur. Dans les unes, ce côté est presque une ligne droite; dans les autres, il est ondé; dans d'autres, ce même côté a des dentelures, des découpures, dans les unes plus, et dans les autres moins profondes. Le nombre des dentelures varie dans différentes écailles; plusieurs de celles qui sont profondément découpées ressemblent en quelque sorte à une main ouverte.

Si l'on se contente de considérer une aile de papillon avec une loupe faible, son tissu paraît assez semblable à celui d'un camelot; mais quand on l'observe avec une loupe forte, ou encore mieux avec un microscope, c'est alors qu'on voit avec plaisir l'arrangement de nos petites écailles, dont les rangs sont aussi exactement alignés que le sont ceux des écailles des poissons, ceux des ardoises ou des tuiles des toits. L'arrangement de tant de petites écailles, si joliment façonnées, est assurément un coup d'œil agréable; le dessus et le dessous de l'aile en sont également remplis. Celles d'un rang sont un peu en recouvrement sur celles du rang qui suit.

16. L'aile elle-même mérite bien que nous en disions quelque chose. Pour voir sa structure, il faut la dépouiller des petites écailles dont elle est couverte. Plusieurs grosses nervures en sont la charpente; toutes tirent leur origine de l'endroit où elle est assujétie contre le corps. La plus grosse et la plus large suit son bord extérieur et le fortifie; une autre suit le bord intérieur; les autres se dirigent vers le milieu de l'aile; elles s'y divisent et s'y ramifient, comme les fibres des feuilles des plantes, en plusieurs branches. La substance qui remplit les espaces que les fibres laissent entre elles est d'un genre particu-

lier. Elle est blanche, transparente et friable : elle ne diffère peut-être de celles des grosses nervures que parce qu'elle est étendue en feuille mince. Les ailes des papillons sont, par leur construction, solides et légères ; les milliers, ou plutôt les millions d'écailles qui les couvrent ne les appesantissent pas beaucoup, et elles défendent cette matière qui remplit les espaces qui sont entre les fibres. Dans ces espaces, ou ces aires renfermées par des fibres, on distingue très-bien, avec le secours d'une forte loupe, de petites rides, des espèces de petits sillons parallèles entre eux, et qui vont d'une fibre à celle qui est opposée. Je ne puis les comparer à rien de plus ressemblant qu'à ces plis des papiers dans lesquels les épingles sont piquées. Dans chacun de ces sillons, on aperçoit de même une suite de petits points plus obscurs que le reste, qui sont chacun le trou dans lequel le pédicule d'une écaille était piqué ou planté avant qu'on l'enlevât de dessus l'aile. On a beau tâcher de dépouiller entièrement l'aile de ses écailles, il en reste toujours quelques-unes en place, et celles qui restent alors isolées montrent très-bien comment les autres étaient engagées dans la file des trous vides.

Avec des ailes grandes et légères, il est aisé aux papillons de se soutenir pendant longtemps en l'air ; ils volent pourtant, pour la plupart, de mauvaise grâce. Leur vol ne se fait point selon une ligne droite. Quand ils ont à faire en l'air un chemin de quelque longueur, ils montent et descendent alternativement ; et la ligne de leur route est composée d'une infinité de zigzags de haut en bas et de droite à gauche. Sussent-ils mieux voler, arriver à leur terme par un chemin plus court, il devraient voler comme ils font, pour courir moins de risque. Les oiseaux les cherchent pour s'en nourrir ; ils fondent volontiers sur ceux qu'ils voient en l'air. L'irrégularité du vol du papillon l'empêche souvent d'être la proie de l'oiseau ; celui-

ci dirige son vol selon une ligne au-dessus ou au-dessous
de laquelle se trouve le papillon avant que l'oiseau l'ait
atteint. Je vis un jour avec plaisir un moineau qui pour-
suivit en l'air un papillon pendant plus d'un demi-quart
d'heure, sans venir à bout de le prendre. Le vol de l'oiseau était pourtant considérablement plus rapide que
celui du papillon, mais le papillon se trouvait ou plus
haut ou plus bas que l'endroit où l'oiseau arrivait, et où
il avait cru le joindre.

Nous avons déjà dit que toutes ces couleurs si vives et
si variées, qui rendent admirables les ailes de certains
papillons, sont dues aux poussières, ou petites écailles.
Le corps de l'aile, dans lequel elles sont implantées, est
transparent, presque sans aucune couleur, ou partout de
même couleur; il est comme la terre d'une prairie qui
se trouve tapissée au printemps de tant de différentes
fleurs : certains endroits de l'aile ne sont remplis que
d'écailles du plus beau bleu, d'autres places le sont d'é-
cailles rouges, d'autres d'écailles jaunes, d'autres d'é-
cailles noires, d'autres d'écailles d'un blanc ordinaire,
d'autres d'écailles de ce blanc plus beau que celui de
l'argent, et qu'on appelle *nacré*, parce qu'il a l'éclat de la
nacre de perle, etc.

17. Mais quittons les ailes pour passer aux autres parties du papillon ; il y en a trois principales qui portent et
renferment toutes les autres. La *tête* est la première. Ce
que les anatomistes appellent le tronc dans les grands
animaux nous fournit , dans les papillons et dans les
insectes ailés, deux parties distinctes. Il nous a paru
commode de nommer l'antérieure, le *corselet;* c'est celle
qui tient à la tête, et que l'analogie pourrait faire regarder comme la poitrine. Nous laissons simplement le
nom de *corps* à la postérieure, qui est la plus longue,
et celle dans laquelle les intestins sont contenus.

Le corps est composé d'anneaux, dont la partie supérieure, au moins, est visiblement écailleuse ou cartilagineuse. La forme qui naît de l'assemblage de ces anneaux est celle d'une espèce d'olive, plus ou moins allongée dans différents papillons. Souvent les anneaux sont cachés sous les grands poils et sous les plumes qu'ils portent ; mais, outre tant de poils et tant de plumes, ils sont recouverts d'écailles semblables à celles des ailes.

Le corselet est la partie qui est le plus solidement construite, et celle à qui plus de solidité est nécessaire. Elle porte les quatre ailes ; elle a à soutenir tous leurs mouvements ; aussi sa charpente est-elle forte ; elle est composée de pièces écailleuses, épaisses, et si bien liées ensemble qu'elles n'ont aucun jeu.

C'est aussi le corselet qui est chargé des jambes du papillon. Ceux de toutes les espèces n'en ont que six ; il y en a même qui n'en emploient jamais que quatre, soit pour marcher, soit pour se fixer. Ils tiennent souvent les deux premières jambes si appliquées contre leur corps, où de longs poils aident à les cacher, qu'on a peine à s'assurer qu'ils les ont.

18. La tête nous offre des parties que nous ne devons ni ne pouvons nous dispenser de considérer avec quelque attention, entre autres deux, formées en portions de sphère et qui sortent des deux côtés diamétralement opposés. La position de ces organes, leur forme, le luisant et la consistance de leur enveloppe leur donnent une ressemblance avec les yeux des grands animaux qui détermine sur-le-champ à les prendre pour de pareils organes. Les insectes n'ont peut-être aucunepartie aussi propre à nous faire voir avec quel prodigieux appareil la nature les a formés, et

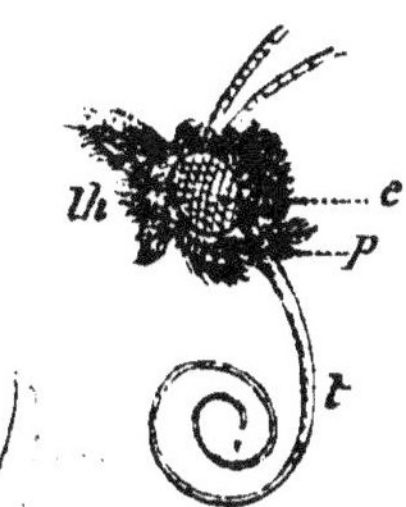

Fig. 2. — Tête d'un papillon (*zygène de la scabieuse*). — *e*, œil composé. — *p*, palpe. — *t*, trompe. — *th*, thorax ou corselet.

à nous montrer en général combien elle a produit de
merveilles qui nous échappent. Les yeux des mouches,
des scarabées[1] et de divers autres insectes ne diffèrent
en rien d'essentiel de ceux des papillons; ce que nous
dirons des yeux des papillons, sera donc dit pour ceux
de presque tous les insectes.

Ceux des papillons n'ont pas tous précisément la même
forme extérieure; tous pourtant sont à peu près une portion de sphère. Les uns les ont plus gros, les autres les
ont plus petits, par rapport à la grosseur de leur tête.
L'enveloppe extérieure des yeux, qui, par sa position et sa
consistance, peut être regardée comme la cornée, a une
sorte de luisant qui fait voir souvent des couleurs aussi
variées que celles de l'arc-en-ciel. Mais la couleur qui
leur sert de base à toutes est noire dans quelques papillons, brune dans d'autres, grise dans d'autres; dans
d'autres, ce sont diverses couleurs d'or ou de bronze très-
éclatantes, et qui tirent tantôt sur le rouge, tantôt sur
le jaune, tantôt sur le vert. Nos yeux seuls reconnaissent
que ces cornées, malgré leur brillant, ne sont pas absolument unies, qu'elles sont comme pointillées; mais c'est
lorsqu'on les observe au microscope qu'on découvre leur
vraie composition et qu'on l'admire. Toute la surface
paraît un réseau à mailles régulièrement symétrisées.
Nous ne voulons pourtant pas laisser imaginer que le
milieu de chaque maille est vide; tout est plein; le milieu
est plus relevé que le reste, il paraît avoir de la rondeur;
en un mot, le milieu de chaque maille semble une petite
lentille. De cette sorte, la cornée, l'extérieur de l'œil, ne
paraît autre chose qu'un assemblage d'un nombre prodigieux de petites lentilles encadrées dans une matière
pareille à la leur; mais le cadre ou la maille du réseau
où est la lentille est une figure rectiligne, à quatre côtés

---

1. Il faut entendre par *scarabées* la généralité des insectes à premières ailes en forme d'étuis.

dans quelques yeux, et à six dans d'autres. On peut comparer la cornée entière à un verre taillé à facettes convexes et à un prodigieux nombre de facettes; ou, enfin, la cornée peut être regardée comme un assemblage d'un nombre étonnant de cristallins. M. Leuwenhœck [1] a calculé qu'il y en avait environ 3,181 sur une

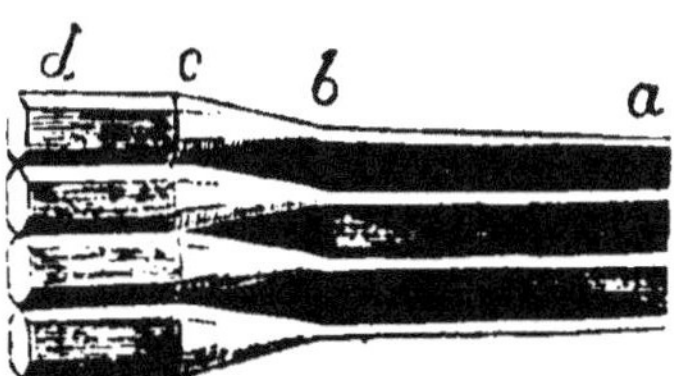

Fig. 3. — Détails de l'œil composé du hanneton : quatre cornées partielles. — *ab*, filament du nerf optique; *dcb*, tube oculaire.

cornée d'un scarabée; qu'il y en a plus de 8,000 sur celle d'une mouche. Un autre savant en a compté 17,325 sur chaque cornée d'un papillon.

Dans quelques insectes, et surtout dans quelques espèces de papillons, ces gros globes, qui sont chacun un assemblage de tant de milliers de cristallins, sont extrêmement chargés de poils. Des poils semblent mal placés sur une cornée; ceux qui ont eu peine à regarder ces globes comme les organes de la vision en ont tiré une objection assez forte. Il est vrai aussi que tant de poils troubleraient absolument la vision, si chaque globe n'était qu'un seul œil; mais, dès que le globe est un paquet d'yeux posés les uns auprès des autres, alors les poils tiennent peut-être lieu de paupières à chaque œil. Ces poils qui s'élèvent perpendiculairement sur le globe n'empêchent pas absolument les rayons d'arriver à cha-

1 LEUWENHŒCK (Antoine), célèbre naturaliste hollandais, né à Delft en 1632, mort en 1723, se servit avec une extrême habileté des moyens d'observation microscopique dont on disposait à cette époque, fabriqua lui-même des lentilles très-simples et d'une grande perfection et fit les découvertes les plus importantes relativement à la structure intime des organes chez l'homme et les animaux.

que petit œil, à chaque cristallin; ils arrêtent pourtant un grand nombre de ceux qui y arriveraient; mais la constitution· faible de ces yeux exige peut-être que cela soit ainsi.

19. Tous les papillons et la plupart des autres insectes ailés portent sur leur tête deux espèces de cornes, différentes par leur structure de celles des grands animaux; on leur a aussi donné un nom particulier; on les a nommées-des *antennes*. Il y a entre elles des variétés de forme et de construction qui fournissent une partie des caractères les plus commodes et les plus sûrs pour distinguer les principales classes des papillons. En général, les antennes sont mobiles sur leur base; elles ont un grand nombre d'articulations qui leur permettent de se courber, de se contourner en différents sens et de s'incliner de différents côtés. Elles sont implantées sur le dessus de la tête, assez proche du bord extérieur de chaque œil.

Les antennes des papillons sont assurément des parties composées avec art et très-organisées. Mais à quoi sert tout cet appareil qui est l'ouvrage d'une main qui ne fait rien d'inutile? Il faut avouer que nous l'ignorons; car les usages qu'on a attribués aux antennes ne répondent pas assurément au travail qui entre dans leur composition. Quelques uns ont dit qu'elles étaient faites pour mettre les yeux à couvert. Des antennes qui n'ont que la grosseur d'un filet à leur origine, c'est-à-dire, auprès de l'œil, et qui vont assez loin se terminer par une grosse tête ne sont pas faites pour défendre l'œil. D'autres les ont employées à nettoyer, à balayer, pour ainsi dire, les yeux; c'est un usage bien peu important, et auquel la forme des antennes les rend peu propres. Les papillons peuvent, quand il leur plaît, passer sur leurs yeux leurs jambes antérieures ou leurs pieds, qui, au moyen des poils dont ils sont couverts, nettoient mieux une surface

dans laquelle il y a une infinité d'inégalités que ne le
peut un cordon de grains, qui, d'ailleurs, est dans une
place où il est difficile de le faire agir.

Ceux qui ont cru que les papillons se servaient de leurs
antennes comme l'aveugle se sert d'un bâton, qu'elles
leur annonçaient les corps contre lesquels leur tête pourrait se heurter ne me paraissent pas avoir mieux imaginé
leur véritable usage, quoiqu'ils en aient imaginé un plus
utile. Il ne faut qu'avoir observé un papillon pendant
qu'il marché, pour avoir vu que sa tête serait souvent mal
garantie par l'avertissement que donneraient les antennes ; souvent, en effet, elle les précède. Quantité de papillons tiennent alors leurs antennes droites ; il y en a
même qui les tiennent inclinées vers le dos. Elles ne
leur serviraient guère davantage pendant qu'ils volent,
et d'ailleurs, pour un pareil usage, toutes les variétés de
formes que nous avons observées ne leur seraient pas
fort nécessaires. Apparemment pourtant qu'elles leur
sont utiles. Il n'entre peut-être pas plus d'artifice dans la
composition de plusieurs des organes de nos sensations
qu'il en entre dans la composition de ces antennes. Se-
raient-elles aussi l'organe de quelque sens à nous
connu, comme de l'odorat ? Plusieurs insectes semblent
l'avoir exquis, et l'on ne sait pas où en est l'organe chez
eux ; mais c'est sur quoi nous n'oserions même hasarder
des conjectures. Si elles étaient les organes de quelque
sens qui nous a été refusé, il nous serait absolument
impossible de nous faire aucune idée des avantages que
les insectes en tirent. Des hommes nés sourds ne devi-
nent pas que les oreilles sont les organes d'un sens dont
ils ne se savent pas privés. Après tout, les corps des insectes ne sont pas faits sur le modèle du nôtre ; leurs sensations aussi pourraient bien n'avoir pas été prises d'a-
près les nôtres.

20. Une partie dont l'usage nous est mieux connu que celui des antennes, c'est la trompe, avec laquelle plusieurs espèces de papillons sucent le suc des fleurs : je dis plusieurs espèces, parce que tous les papillons n'ont pas une trompe sensible. On la trouve dans l'instant à ceux qui en sont pourvus, si l'on observe, même à la vue simple, le dessous de leur tête ; elle est précisément entre les deux yeux. Quoiqu'il y en ait de très-longues, toutes y tiennent fort peu de place. Tant que le papillon ne cherche point à prendre de nourriture, sa trompe est roulée en spirale, comme le sont les lames d'acier dont sont faits les ressorts des montres ; je veux dire que chaque tour enveloppe celui qui le précède. Il y en a de courtes qui ne forment guère qu'un tour et demi ou deux tours ; il y en a de grandeur moyenne qui forment trois tours et demi ou quatre tours ; enfin il y en a de très-longues qui font plus de huit ou dix tours.

Si l'on est curieux de voir comment les papillons se servent de leur trompe, on n'a qu'à suivre un de ceux qui volent autour de quelque fleur ; on le verra se poser dessus ou tout auprès pour quelques instants ; on observera alors qu'il porte en avant sa trompe entièrement ou presque entièrement déroulée ; bientôt après il la redresse au point de lui laisser à peine un peu de courbure ; il la dirige en bas, il la fait entrer dans la fleur, il en conduit le bout jusqu'au fond du calice, quelque profond que soit celui que la fleur forme. Quelquefois, un instant après, il l'en retire pour la courber, pour la contourner un peu et quelquefois même pour lui faire faire quelques tours de spirale. Sur-le-champ, il la redresse pour la plonger une seconde fois dans la même fleur, d'où il la retire comme la première fois pour la recourber.

Après avoir répété sept à huit fois le même manége, il vole sur une autre fleur, moins apparemment par l'inconstance que nos poètes lui reprochent que parce qu'il ne trouve plus assez aisément, sur la fleur qu'il quitte, le suc qu'il veut recueillir.

On observera des papillons qui semblent encore plus volages ; ils ne s'appuient même jamais sur une fleur ; ils volent aussi continûment et plus continûment que les hirondelles. C'est en volant que celles-ci attrapent les moucherons dont elles se nourrissent, et c'est en volant sur les fleurs que ceux-ci en pompent le suc. Ils planent, pour ainsi dire, à la manière des oiseaux de proie, au-dessus de celles qui sont de leur goût ; leurs ailes, qu'ils agitent avec vitesse, font un assez grand bourdonnement. Malgré la force qu'ils sont obligés d'employer pour se soutenir en l'air, ils déroulent leur trompe, ils la piquent au fond de la fleur ; quelquefois ils la courbent, ils lui font faire quelque part un angle pour l'introduire plus commodément dans certaines fleurs ; après l'y avoir piquée, ils l'en retirent, chargée sans doute d'un suc miel-leux ; ils la roulent et la redressent ensuite, et ils répètent souvent ce manége.

CHAPITRE V

Des chrysalides en général.

21. Tous les insectes qui parviennent de l'état de chenille à celui de papillon passent par un état moyen qui est celui de chrysalide. Les chrysalides sont connues sous un autre nom par tous ceux qui élèvent des vers à soie ; ils les appellent des *fèves*. Sous cette forme, l'insecte ne paraît

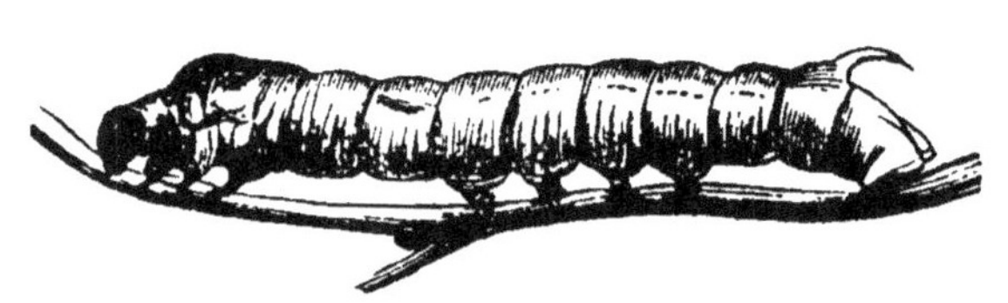

Fig. 4 et 5. — Chenille et chrysalide du Bombyx du mûrier.

avoir ni jambes ni ailes ; il ne peut ni marcher ni se traîner ; il semble à peine avoir vie ; il semble réduit à être une masse mal organisée ; il ne prend aucune nourriture et n'a point d'organes pour en prendre. Sa partie postérieure est la seule qui paraisse animée ; elle se peut donner quelques mouvements, quelques inflexions sur les jointures des anneaux qui la composent. Cette enveloppe extérieure, semble cartilagineuse ; elle est communément rase et même lisse. On voit pourtant quelques espèces de chrysalides qui ont des poils semés sur leur corps. Il y en a même d'aussi velues que des chenilles ; telle est celle qui vient de la chenille velue du peuplier blanc. Il y en a d'autres dont la peau paraît chagrinée. On leur distingue à toutes deux côtés opposés : l'un est celui du dos de l'insecte, l'autre est celui du ventre. Sur la partie antérieure de ce dernier, on aperçoit divers petits reliefs formés et disposés comme les bandelettes des têtes des momies ; nous prendrons pour la tête de la chrysalide l'endroit d'où ces espèces de bandelettes semblent tirer leur origine.

Le côté du dos est uni et arrondi dans un très-grand, et même dans le plus grand nombre des chrysalides ; mais quantité d'autres ont sur la partie antérieure de ce même côté, et même tout du long des bords qui séparent les deux côtés ou les deux faces, de petites bosses, des éminences plus larges qu'épaisses, qui finissent par des pointes aiguës et qui ont fait nommer ces chrysalides des *chrysalides angulaires*. C'est de là qu'on doit tirer la pre-

Fig. 6. — Chrysalide du Grand Paon de jour.

mière et la plus marquée des divisions des chrysalides. On a donc deux classes générales, dont la première est celle des chrysalides angulaires et l'autre, celle des chrysalides plus arrondies, qui sont celles qui pourraient être appelées des *fèves*. Cette division même s'accommode assez bien avec la division la plus commune des papillons. Toutes les chrysalides angulaires connues jusqu'ici donnent des papillons diurnes, et il n'y a que peu de chrysalides arrondies qui ne donnent pas des papillons nocturnes.

22. La tête des chrysalides de la première classe se termine quelquefois par deux parties angulaires qui s'écar-

tent l'une de l'autre, et lui forment deux espèces de cornes. Dans quelques autres, ces deux parties sont courbées en croissants tournés l'un vers l'autre ; la chrysalide de la chenille épineuse de l'orme appelée *bedeaude* (*Vanessa C-Album*) en fait voir de telles. D'autres n'ont au bout de la tête qu'une seule partie pointue. Ces espèces de cornes leur font à toutes une coiffure singulière, lorsqu'on les regarde du côté du ventre. Lorsqu'on les regarde du côté du dos, on est encore plus frappé de la figure qu'on aperçoit sur quelques-unes ; on y croit voir une face humaine, ou celle de certains masques de satyres. Une éminence qui est au milieu du dos a autant la forme d'un nez que le sculpteur pourrait la donner si en petit ; diverses autres petites éminences et divers creux sont disposés de façon que l'imagination a peu à faire pour trouver là un visage bien complet.

Les couleurs des chrysalides, au moins les couleurs de quelques-unes de celles de la première classe, ou des angulaires, sont plus propres que leurs figures à leur attirer des regards. Il y en a de bien superbement vêtues ; elles paraissent tout or. L'or qui couvre les unes est plus jaune, celui des autres est plus verdâtre ; celui des autres est plus pâle : c'est pourtant toujours de bel or, qui a le brillant et l'éclat de l'or bruni. C'est à la riche couleur qui pare celles-ci, que toutes les chrysalides doivent leur nom : on a rendu commun à toutes un nom qui n'avait été donné en grec que pour exprimer la beauté propre à quelques espèces ; on les a de même nommées toutes en latin *Aureliæ*. L'or se trouve employé avec plus d'économie sur d'autres chrysalides ; elles n'ont que quelques taches dorées sur le dos ou sur le ventre.

Parmi les chrysalides angulaires, il y en a qui restent toujours d'un assez beau vert ; telle est celle de la belle chenille du fenouil. D'autres sont jaunes, ou jaunâtres. D'autres, sur un fond d'un jaune verdâtre, sont marquées de taches noires et alignées avec ordre ; telle est la chrysalide de la plus belle des chenilles du chou. Mais la couleur du plus grand nombre des chrysalides est brune; elles font voir différentes nuances de brun, qui tirent assez communément sur le marron; il y en a de nuances de bruns plus clairs, mais il y en a de nuances de bruns plus foncés ; il y en a même d'absolument noires, et d'un très-beau noir, luisant et poli comme le vernis noir de la Chine. Le figuier nourrit une chenille qui donne une chrysalide de ce beau noir. La chenille de la vigne que nous avons appelée *le lièvre* donne aussi des chrysalides de ce noir éclatant.

En général, les couleurs des chrysalides n'offrent rien de bien remarquable que la dorure. Au reste, avant que d'arriver à une couleur permanente, elles en ont toutes eu de passagères, je veux dire que la chrysalide qui vient d'éclore est autrement colorée qu'elle le sera un jour ou deux après sa naissance. Mais la couleur qu'elle a prise au bout de deux ou trois jours, elle la conserve tant qu'elle vit chrysalide ; si, par la suite, on voit sa couleur noircir en quelques endroits, c'est qu'elle est morte, ou prête à périr. Les nuances de la couleur qu'elle avait en naissant changent insensiblement. La chrysalide de la petite chenille rase, verte et chagrinée du chou est d'abord du plus beau vert, et, dans vingt-quatre heures, elle passe successivement par différentes nuances de vert et devient enfin jaune.

23 Une mouche, une araignée[1], une fourmi, en un mot, des insectes de genres très-différents, ne diffèrent pas plus entre eux, à nos yeux, qu'y diffère le même insecte sous les formes de chenille, de chrysalide et de papillon. Cependant cet insecte, qui était chenille, paraît après quel-

---

1. Voir la note relative aux araignées, page 6.

ques instants, chrysalide. Il ne faut de même que quelques instants pour que l'insecte qui était chrysalide soit papillon. De si grands changements, opérés si subitement, ont été regardés comme des métamorphoses semblables à celles que la fable raconte ; et peut-être est-ce là la source où la fable elle même a pris l'idée de celles qu'elle a ennoblies ?

Nous avons deux métamorphoses ; la première est celle de la chenille en chrysalide, et la seconde est celle de la chrysalide en papillon. La dernière n'a plus rien de miraculeux, dès qu'on veut bien considérer une chrysalide avec quelque attention. On reconnaît qu'elle est un véritable papillon, mais qui est en quelque sorte emmaillotté. On lui trouve généralement toutes les parties du papillon, les ailes, les jambes, les antennes, la trompe, etc. ; mais ces parties sont posées, pliées et empaquetées de façon qu'il n'est pas permis à la chrysalide d'en faire usage ; il ne convenait pas aussi qu'il lui fût permis de s'en servir dans un temps où elles sont encore trop tendres et trop molles.

Il est bien certain et très-visible que la chrysalide n'est autre chose qu'un papillon, dont les parties sont cachées sous certaines enveloppes qui les collent toutes ensemble ; qu'elle n'est précisément, comme nous l'avons dit, qu'un papillon emmaillotté. Dès que ce papillon aura acquis la force de briser ses enveloppes, dès que ses ailes, ses jambes seront devenues capables de faire leurs fonctions, et dès que ses besoins exigeront qu'il se débarrasse des fourreaux qui ne lui seront plus qu'incommodes, il s'en défera ; toutes ses parties extérieures, devenues libres, s'étendront ou se plieront, se placeront et s'arrangeront comme le demandent les usages auxquels elles sont destinées ; en un mot, le papillon sera alors tel que le sont ceux de son espèce. C'est là à quoi se réduit la seconde métamorphose, celle de chrysalide en papillon.

CHAPITRE VI

Transformation des chenilles en chrysalides.

24. Ce sont de grands événements pour un insecte que ces transformations qui, dans un temps assez court, le font paraître totalement différent de ce qu'il était auparavant, sans que sa vie coure de grands risques. S'il prévoit les efforts qu'il aura à faire pour se dépouiller de la forme de chenille, l'état de faiblesse et d'impuissance où il restera sous celle de chrysalide, il doit songer à choisir les endroits les plus commodes, les situations les plus avantageuses à une opération si considérable ; il doit songer à choisir les endroits où il sera exposé à moins de dangers, pendant le temps qu'il vivra sous une forme qui ne lui permettra ni de se défendre ni de fuir. Dans les approches de ce temps critique, toutes les chenilles agissent comme si elles savaient quelles en doivent être les suites ; mais différentes espèces ont recours à différents moyens pour se préparer à cette métamorphose, pour se mettre en état de l'exécuter sûrement, et pour se précautionner contre les accidents qui la peuvent suivre.

L'industrie de celles qui se filent des coques de soie, où elles se renferment pour subir leur tranformation en sûreté, est généralement connue ; à qui les vers à soie ne l'ont-ils pas apprise? Mais il y a bien des variétés dans la structure, dans la figure des coques des différentes chenilles, dans la manière de les suspendre, de les attacher, de les travailler.

D'autres chenilles ignorent l'art de se faire des coques de pure soie ; elles s'en bâtissent de terre et soie, ou de terre seule. Lorsque le temps de leur transformation approche, elles vont se cacher sous terre ; c'est là qu'elles quittent leur forme de chenille, et que les chrysalides restent tranquilles jusqu'à ce qu'elles soient prêtes à paraître avec des ailes. Elles n'ont point à craindre, sous terre, autant d'ennemis qu'elles en auraient à craindre si elles fussent restées au dessus de la surface, et peut-être y trouvent-elles une humidité qui leur est nécessaire.

Enfin, plusieurs espèces de chenilles ne savent ni se faire des coques, ni s'aller cacher sous terre ; pour l'ordinaire elles s'éloignent néanmoins des endroits où elles ont vécu ; c'est souvent sous des trous de murs, sous des entablements d'édifices, dans des creux d'arbres, contre de petites branches assez cachées, qu'elles vont se changer en chrysalides. Sans avoir songé à observer les insectes, on a pu voir cent et cent fois de ces différentes chrysalides immobiles dans des lieux écartés. On a pu remarquer les différentes positions dans lesquelles elles se trouvent, et comment elles sont retenues dans ces positions. Les unes sont pendues en l'air verticalement, la tête en bas ; le seul bout de leur queue est attaché contre quelque corps élevé. D'autres au contraire sont attachées contre des murs, ayant la tête plus haute que la queue ; il s'en présente de celles-ci sous toutes sortes d'inclinaisons. D'autres sont posées horizontalement ; leur ventre est appliqué contre le dessous de quelque espèce de voûte ou de quelque corps saillant. Les différentes manières dont elles sont assujéties dans ces situations différentes ont été remarquées en partie et méritaient de l'être. La plupart de celles qui sont appliquées contre des murs sous différentes inclinaisons y sont fixées par le bout de leur queue ; cette seule attache ne suffirait pas pour retenir leur corps ; un lien singulier embrasse leur dos ; c'est une ceinture qui le soutient bien. Chacun de ses bouts est collé contre le le bois, ou contre la pierre, à quelque distance de la chrysalide. La force de cette espèce de petit câble est bien supérieure à celle qui est nécessaire pour tenir suspendu le poids de l'insecte dont il est chargé ; il est composé d'un grand nombre de fils de soie très-rapprochés les uns des autres. D'autres chrysalides semblent s'attacher avec moins d'artifice ; elles paraissent collées par quelque partie de leur ventre contre le corps sur lequel elles sont fixées.

25. Lorsque le temps de la métamorphose approche, les chenilles quittent souvent les plantes ou les arbres sur lesquels elles ont vécu ; au moins s'attachent-elles plus volontiers aux tiges et aux branches qu'aux feuilles qu'elles rongeaient auparavant. Celles qu'on voyait manger pendant les jours précédents et qui sont tranquilles aux heures où elles avaient coutume de manger, et qui d'ailleurs sont parvenues à la grosseur ordinaire à leur espèce, se préparent à la transformation par la diète. A cette époque, il y en a qui changent totalement de couleur ; mais ce qui est plus ordinaire, c'est que leurs couleurs deviennent plus ternes, qu'elles s'effacent, et qu'elles perdent leur vivacité. Alors celles qui savent se filer des coques se mettent à y travailler. La coque a souvent une épaisseur qui ne permet pas de voir la chenille qui s'y est renfermée. On ne saurait apercevoir au travers de ses parois comment l'insecte quitte sa première forme pour en prendre une nouvelle ; mais il est aisé d'ouvrir sa coque sans le blesser et de l'en tirer. La transformation de la chenille en chrysalide et celle de la chrysalide en papillon ne s'en feront pas moins, surtout si l'on a l'attention de mettre dans une boîte la chenille qui

a été tirée de sa coque, afin que la chrysalide qui en doit naître ne soit pas trop exposée aux impressions de l'air extérieur. Cette précaution n'est pourtant au plus nécessaire que pour conserver les chrysalides qui sont renfermées dans des coques épaisses et bien closes, où elles doivent rester pendant plusieurs mois.

26. Pour faire mes observations, je me suis fourni de chenilles qui n'ont pas besoin d'être défendues contre les impressions de l'air pendant qu'elles sont en chrysalide. L'assemblage des fils qu'elles filent pour se préparer à leur première métamorphose ne mérite pas le nom de coque; les fils qui se croisent laissent entre eux tant de vides qu'à exactement parler ils ne composent pas un tissu; aussi ne cachent-ils nullement la chenille; ils ne semblent destinés qu'à la soutenir, et à tenir un peu recourbées quelques feuilles autour de l'endroit où elle s'est fixée.

Pour faire commodément et assez d'observations à mon gré, je fis prendre bien des centaines de ces chenilles, de celles que je jugeais n'avoir plus besoin de nourriture et être prêtes à se transformer, et de celles même qui avaient déjà commencé à filer leur espèce de coque. C'est l'expédient simple et nécessaire auquel il faut avoir recours pour bien voir et revoir un passage assez subit, sans mettre sa patience à de longues épreuves. J'avais une très-grande table toute couverte de ces chenilles; aussi ne se passait-il guère de quarts d'heure où je n'en pusse surprendre quelqu'une dans le fort de l'opération.

L'opération à laquelle les chenilles se préparent est dans le fond semblable à celle qu'elles ont subie toutes les fois qu'elles ont changé de peau : c'est encore ici une dépouille que l'insecte va quitter; mais, à la vérité, c'est une dépouille plus considérable.

Les chenilles dont la transformation est encore éloignée de plusieurs heures sont, pour la plupart du temps, parfaitement tranquilles ; leur corps est un peu plié en arc ; il semble d'ailleurs raccourci ; leur tête est recourbée et ramenée sur le ventre ; de fois à autres, elles s'étendent pourtant, mais bientôt après elles se recourbent. Quelquefois elles se renversent d'un côté sur l'autre. Si quelquefois elles changent de place, ce n'est pas pour aller loin ; elles ne font aucun usage de leurs jambes, il semble qu'elles ne peuvent plus s'en servir. Les jambes membraneuses[1] commencent déjà apparemment à se tirer de leurs fourreaux, et les jambes écailleuses sont trop pressées dans les leurs. Le plus vif de tous les mouvements qu'elles font voir dans cet état est celui de leur partie postérieure ; il y a des moments où elles l'élèvent et l'abaissent trois à quatre fois de suite très-prestement pour en frapper le plan sur lequel elles sont posées. Ces derniers mouvements sont rares ; elles sont souvent des heures entières sans s'en donner aucun de bien sensible. Leur attitude d'avoir le corps recourbé est ce qui semble le plus nécessaire pour les disposer à la métamorphose ; aussi, plus elle est prochaine, et plus leur tête avance vers le dessous du ventre ; quelquefois leur partie postérieure est étendue, et alors leur corps forme une espèce de crochet dont la tête est le bout, la partie propre à accrocher. Enfin, plus la chenille se raccourcit et se recourbe, et plus le moment de la tranformation approche ; les mouvements de sa queue, les allongements et les contractions alternatives deviennent aussi plus fréquentes. Elle ne semble plus être dans un si grand état de faiblesse ;

1. Toutes les chenilles ont d'abord six pattes écailleuses ou à crochets simples, correspondant aux trois premiers anneaux et aux six pattes que l'insecte doit avoir à l'état parfait, et, en outre, un nombre variable de tubercules ou d'appendices courts, membraneux, garnis chacun de rangées de petits crochets recourbés en dedans. Ces tubercules constituent les pattes membraneuses.

elle est bientôt prête à faire des actions qui demandent beaucoup de vigueur.

L'arrière du corps et les deux dernières jambes sont les premières parties que l'insecte dégage du fourreau de chenille. L'intervalle est bien court entre le moment où la chrysalide a commencé à dégager la queue et celui où elle fait sortir sa tête et tout son corps de ce fourreau ; il est au plus d'une minute. On peut prendre hardiment l'insecte entre ses doigts quand l'opération est commencée ; on ne l'arrêtera pas, on n'y apportera même aucun retardement. C'est un instant bien important pour lui ; il n'y fait pas voir les craintes qu'il pourrait montrer en d'autres temps ; il a même alors une force dont il est difficile d'arrêter l'effet. Dans l'instant où la métamorphose commençait à se faire, j'ai souvent pris la chenille et je l'ai jetée dans l'esprit de vin pour l'y faire périr. Pour peu que la fente de dessus le dos fût grande, la chrysa·lide achevait de se dépouiller au milieu de l'esprit de vin, qui pourtant la faisait périr bientôt après.

27. Une chrysalide qui vient de paraître au jour est si molle qu'on la blesse si l'on ne la touche pas avec grande précaution. Mais, après quelques heures, ces diverses parties sont toutes liées ensemble, de manière qu'on ne peut plus les séparer les unes des autres sans avoir recours à des pointes dures ou à des instruments tranchants. La liqueur qui suinte du corps de l'insecte, et celle que ces parties elles-mêmes laissent échapper, leur forme à toutes un enduit commun, qui devient une espèce de membrane lorsqu'il s'est bien desséché. Tous les anneaux de la chrysalide, en un mot, tout son extérieur se dessèche et s'affermit aussi peu à peu ; en moins de vingt-quatre heures elle devient dans un état où l'on peut la manier hardiment sans risque de l'offenser.

Les manœuvres que nous venons de voir employer aux

chrysalides pour se dépouiller sont les manœuvres de celles de toutes les chenilles qui se renferment dans des coques ; immédiatement après s'y être renfermées, toutes tombent dans l'état de langueur qui les prépare à leur transformation ; mais cette transformation se fait bien plus tard dans certaines espèces que dans d'autres. Les chenilles d'un très-grand nombre d'espèces subissent leur première métamorphose un jour ou deux après avoir cessé de filer ; il y en a de celles-ci qui, au bout de quinze à seize jours, paraissent sous la forme de papillon. Mais plusieurs autres espèces de chenilles qui se filent des coques y restent plus de quinze jours à trois semaines sans se métamorphoser : ce n'est, par exemple, qu'après ce terme que j'ai trouvé la chrysalide dans la coque de la grosse et belle chenille du poirier à tubercules en grains de turquoises ; aussi y doit-elle rester renfermée pendant plusieurs mois ; elle y passe l'hiver entier, et au moins une partie du printemps. Il est assez naturel que la première transformation se fasse plus tard dans les espèces où la dernière est si longtemps à se faire. Ceci pourtant ne peut pas être pris pour une règle générale. Il y a des chenilles qui restent plusieurs mois dans leur coque sous cette forme, et dont les chrysalides n'y conservent la leur que deux ou trois semaines.

CHAPITRE VII

Construction des coques destinées aux chrysalides.

28. De toutes les industries auxquelles les chenilles ont recours pour se métamorphoser plus commodément, et pour être plus en sûreté dans l'état de faiblesse où elles restent après leur métamorphose, la plus généralement connue est celle qu'elles ont de se faire des coques où elles se renferment. C'est même la plus connue de toutes les industries des insectes ; aussi tous ensemble ne font-ils peut-être rien de si utile pour nous que les coques que nous file une seule espèce de chenille, que nous appellons *ver à soie (Bombyx mori)*.

Les coques des vers à soie sont aussi des plus belles de celles que les chenilles nous font voir, soit par rapport à la matière dont elles sont composées, soit par rapport à la manière dont elle est mise en œuvre. D'autres chenilles pourtant en fabriquent de moins utiles mais plus remarquables par leur forme et par l'intelligence que leur construction semble supposer dans les ouvrières.

Il est dommage que ce soit inutilement pour nous que tant de chenilles filent, que nous ne sachions pas mettre à profit les coques qui nous seraient fournies abondamment par plusieurs espèces communes et prodigieusement fécondes. Peut-être y a-t-il de notre faute. Il est vrai pourtant qu'il y a des coques dont la soie est trop fine et trop faible ; mais il m'a paru qu'on néglige de faire des épreuves, qui apprendraient qu'il y en a des espèces qui pourraient être mises en œuvre, si on les cardait avec certaines précautions. Il y a même des soies de chenilles qui ne sont que trop grosses ; elles pourraient être travaillées, mais les tissus que l'on en ferait seraient grossiers : telle est celle des coques des grandes chenilles du poirier à tubercules qui imitent les turquoises (*Bombyx pavonia*) ; elle est brune, très-forte ; elle est presque aussi grosse que des cheveux ordinaires. Mais n'y a-t-il point des usages pour lesquels il conviendrait d'avoir une soie extrêmement forte ? Si l'on voulait faire des espèces de draps de soie qui imitassent ceux de laine, notre grosse soie y serait peut-être propre. Une seule coque de cette chenille pèse plus que trois de celles des vers à soie.

29. Quelques espèces de chenilles se contentent de remplir un certain espace de fils qui se croisent en différents sens, mais qui laissent entre eux beaucoup de vides. La chenille occupe le centre de cet espace ; les fils servent à la soutenir, mais ils ne la cachent pas. C'est au milieu d'un pareil tas de fils que se transforment en chrysalide certaines chenilles du chêne. D'autres se font des coques un peu mieux formées, mais dont le tissu peu fourni de fils laisse apercevoir la chrysalide.

La plupart des chenilles qui font entrer peu de fils, et écartés les uns des autres, dans la construction de leurs coques, qui y seraient presque à découvert, semblent pourtant n'aimer pas à y être vues ; et elles réussissent à se cacher assez bien. Tantôt elles attachent leurs fils à plusieurs feuilles assez proches les unes des autres, et qu'elles rapprochent encore davantage. Tantôt c'est entre deux ou trois feuilles seulement, qu'elles forcent à venir se toucher par leurs bords, qu'est le tas même de fils qui les a contraintes à prendre et à garder cette position.

Tantôt ce tas de fils est couvert par une seule feuille, qu'il a obligée à se courber et à se contourner. Quelquefois sous le même paquet de feuilles, il y a plusieurs coques de chenilles de la même espèce.

Quelques-unes même, qui arrangent leurs fils avec plus d'ordre, qui les pressent davantage les uns contre les autres, en un mot, qui en font une coque bien arrondie, la recouvrent des feuilles de l'arbre ou de la plante sur laquelle elles ont vécu. La chenille (*Noctua sponsa*) qu'on peut appeler *la lichénée* du chêne, parce qu'elle vit sur cet arbre et qu'elle a la couleur d'un lichen qui couvre souvent sa tige, cette chenille, dis-je, dont la grandeur est au-dessus de la médiocre, fait quelquefois prendre la figure d'une boule assez bien faite à deux ou trois feuilles qu'elle contourne en croix pour former l'enveloppe de sa coque.

30. Les chenilles qui emploient plus de soie que les précédentes dans la construction de leurs coques. qui les font plus fortes et plus serrées, ne cherchent pas à les couvrir, ou au moins à les couvrir de toutes parts avec des corps étrangers. Entre ces dernières coques, les unes ne semblent formées que d'une toile fine, mince et très-serrée ; telles sont celles que se font quantité de chenilles de grandeur au-dessous de la médiocre. D'autres, plus épaisses et plus soyeuses, réssemblent à de bonnes étoffes de soie ; telle est la coque du ver à soie. D'autres, quoiqu'assez fermes et épaisses, paraissent des espèces de réseaux. Ce n'est pourtant qu'en apparence que ces tissus ressemblent aux nôtres ; nous n'avons pas cherché à nous exprimer exactement quand nous avons parlé des différents fils qui entrent dans la composition de ces coques imparfaites qui sont les premières dont nous avons fait mention ; les plus grossières, comme les mieux finies, ne sont composées que d'un seul fil continu, s'il n'est point arrivé à

l'ouvrière de le casser pendant qu'elle l'employait ; et c'est ce qui ne lui arrive guère. Nos tissus doivent leur solidité à l'entrelacement du fil de la trame avec ceux de la chaîne ; le fil qui forme le tissu des coques n'en ren- contre pas d'autres avec lesquels il puisse s'entrelacer ; ce ne sont que différents tours et retours de ce même fil, ap- pliqués les uns contre les autres, qui composent le tissu. A mesure qu'une nouvelle portion de fil est tirée de la filière, la chenille la pose dans la place qui lui est conve- nable, et elle l'y attache en même temps ; le fil nouvel- lement sorti est toujours en état d'être attaché au corps contre lequel elle l'applique ; il s'y colle, parce qu'alors il est encore gluant. Les tissus des coques ne sont donc faits que par différents tours et contours d'un même fil appliqués et collés les uns au-dessous des autres. C'est là en général la fabrique de toutes les étoffes de soie tra- vaillées par des insectes, fabrique qui ressemble peu à celle des nôtres.

Dans chaque coque il y a généralement deux arrange- ments du fil sensiblement différents. Les tours et les retours de celui qui est le plus proche de la surface exté- rieure, ne forment point un tout qui ressemble à un tissu ; ils ne forment qu'une ou plusieurs couches assez semblables à celles d'une matière cotonneuse, d'une es- pèce de charpie ; c'est ce que les coques du ver à soie font assez voir. Avant que de parvenir à l'endroit où le fil peut être devidé, on enlève une soie qui n'est propre qu'à être cardée. La coque ne commence, à proprement parler, qu'où le tissu devient serré ; le reste lui sert d'enveloppe. C'est l'espèce d'échafaudage que la chenille a été obligée de faire pour construire sa coque. Quelquefois, au con- traire, le tissu extérieur est plus serré ; il est lui-même une première coque qui renferme la seconde.

La facilité avec laquelle on devide le fil des coques des vers à soie pourrait faire prendre une fausse idée de leur construction ; elle dispose à les regarder comme une espèce de peloton creux, dont le vide est occupé par la chenille ou par la chrysalide. Si pourtant on observe l'ordre dans lequel le fil se détache, on se fera une idée plus juste de son arrangement ; on verra bientôt que chaque tour du fil n'entoure pas la circonférence entière de la coque, comme chaque tour du fil d'un peloton entoure celle du peloton ; que le fil de soie forme des espèces de zigzags sur la surface de la coque ; qu'après avoir fait, près d'un bout ou du milieu, plusieurs de ces zigzags assez serrés les uns contre les autres dans un petit espace, il va subitement en faire de pareils à quelque distance de là, et quelquefois à l'autre bout. De ce bout, il prend souvent sa route vers quelque endroit de la surface opposée. Il ne paraît aucun ordre dans la façon dont le fil est conduit pour former des zigzags. Des circonstances dont nous ne pouvons pas juger déterminent la chenille à en remplir certains endroits avant les autres, savoir, apparemment, ceux qui présentent des appuis plus commodes.

31. Il y a un grand nombre d'espèces de chenilles qui n'ont pas une assez grande provision de matière soyeuse pour fournir à la construction d'une coque solide et capable de les bien cacher. La nature leur a appris à trouver sur elles-mêmes une autre ressource pour ôter la transparence à leurs coques, et pour leur donner plus de solidité. Les chenilles dont je veux parler sont des espèces de chenilles velues qui font entrer leurs propres poils dans la composition de leurs coques ; elles se les arrachent et les emploient pour fortifier leurs coques. Ces poils, après avoir couvert l'insecte sous la forme de chenille, lui sont donc encore utiles ; ils le recouvrent encore en partie sous celle de chrysalide.

Des chenilles du marronnier d'Inde, qui, lorsqu'elles

sont établies sur ces arbres, les dépouillent de leurs feuilles en peu de jours, nous fourniront le premier exemple de celles qui font un pareil usage de leurs poils. Quand elles sont près de se métamorphoser, ce qui arrive avant la fin de juillet, elles quittent les marronniers sur lesquels elles ont vécu ; elles vont chercher des trous de murs, des dessous d'entablements pour y faire leur coque.

J'en ai mis chez moi dans des poudriers de verre où elles ont travaillé. Elles font de pure soie la couche qui doit former la surface extérieure de leur coque ; elles l'épaississent même par des couches de fils qu'elles étendent dessous. Quand elles la jugent assez épaisse, elles commencent à s'arracher les poils, tantôt d'un endroit et tantôt d'un autre. Je n'ai pas remarqué qu'elles suivissent en cela d'ordre constant ; elles se recourbent vers un côté ou vers l'autre ; elles élèvent tantôt plus et tantôt moins leur tête ; la flexibilité de leur corps leur permet de la porter partout sur leur dos. Les deux dents sont les pinces dont la chenille se sert pour saisir partie des poils d'une touffe et, quelquefois, pour saisir ensemble tous ceux d'une touffe ; et, dès qu'elle les a saisis, elle les arrache sans grand effort ; alors ils tiennent peu. Sur-le-champ elle les porte contre le tissu commencé, dans lequel elle les engage d'abord par la seule pression ; elle les y arrête ensuite plus solidement en filant dessus. Elle ne cesse de s'arracher les poils que quand elle s'est entièrement épilée. Lorsque la chenille a pris entre ses dents et qu'elle s'est arraché une touffe de poils entière, la tête la porte et la dépose sur quelque endroit de la surface intérieure de la coque ; mais elle ne laisse pas ensemble les poils d'un si gros paquet. Dans l'instant suivant, on voit que la tête se donne des mouvements vifs, qu'elle va prendre une partie des poils du petit tas pour les distribuer sur les endroits voisins Si l'on ouvre une de ces coques avant que la chenille se soit métamorphosée en chrysalide, cette chenille qui est toute nue et qu'on ne connaissait que par ses poils n'est plus connaissable.

Nous avons dit que les poils de la chenille du marronnier tiennent peu à sa peau, lorsqu'elle s'en dépouille pour les employer à former une coque ; quelque légèrement qu'on tire alors, avec les doigts, ceux d'une houppe, on les détache ; elle en laisse même sur les corps contre lesquels il lui arrive de se frotter. D'autres chenilles font entrer les leurs dans la composition de leur coque, quoiqu'ils soient bien plus difficiles à arracher et quoiqu'elles ne puissent peut-être se les arracher sans douleur. Il y a sur l'orme une chenille qui est très-couverte de longs poils dirigés vers la queue. Cette chenille se sert aussi de ses poils pour fortifier le tissu de sa coque, mais apparemment qu'elle aurait trop à souffrir si elle se les arrachait ; elle prend un autre parti, elle les coupe. Je ne l'ai point vue dans cette opération, qui ne demande aucun autre instrument que ses dents, et qui n'exige aucuns mouvements, soit de la tête, soit du corps, différents de ceux dont nous avons parlé ; mais j'ai ouvert une coque qu'une chenille de cette espèce avait finie depuis peu. La quantité de poils dont le tissu était fourni me fit croire que je trouverais la chenille bien épilée ; je trouvai qu'elle était seulement couverte de poils extrêmement courts. On n'aurait pu mieux faire qu'elle avait fait, quand on aurait pris plaisir à couper avec des ciseaux les poils de chaque houppe un peu au-dessus de chacun des tubercules qui leur servaient de base.

D'autres chenilles emploient également leurs poils à la confection de leur coque, mais elle ne les arrachent pas pour les coucher et les faire entrer dans un tissu. Elles les plantent droits, comme des piquets de palissades, sur la circonférence d'un ovale dans lequel elles sont placées.

Dans l'enceinte qui est renfermée par cette palissade, elles filent pourtant une toile blanche, si mince qu'elle est à peine visible, et qui, par conséquent, cacherait mal la chenille ou sa chrysalide. Cette toile, cette mince coque soutient les poils; elle en contraint même la plupart à se courber par leur bout supérieur, de sorte qu'ils forment une espèce de berceau.

32. Des chenilles qui n'ont ni assez de matière soyeuse pour fournir à la construction d'une coque aussi forte et aussi épaisse qu'elles la veulent, ni assez de poils pour suppléer au manque de soie, ont recours à des matières étrangères. Quelques-unes lient ensemble les feuilles de la plante même sur laquelle elles ont vécu. J'ai trouvé, sur un figuier, une coque d'où le papillon était sorti, que j'ai eu regret de n'avoir pas vu construire. La soie n'entre pour rien, ou presque pour rien, dans sa composition; sa forme est celle d'un long dé à coudre qui n'aurait point de rebord, mais dont l'ouverture serait exactement fermée par un petit couvercle circulaire et de même diamètre précisément que celui de l'ouverture. Une portion de feuille de figuier avait été coupée et roulée ensuite en forme de dé à coudre, et un autre morceau avait été coupé bien rond et appliqué contre son ouverture pour la boucher.

Vers le milieu du mois d'avril 1721, je trouvai plus de vingt chenilles qui s'étaient établies, à Charenton, sur la tablette extérieure de pierre d'une des fenêtres de mon cabinet. Leur grandeur était à peu près la même que celle de la petite chenille verte du chou. Elles étaient rases et bleuâtres. Elles firent leurs coques avec une matière que je ne me fusse pas avisé de leur donner, si je les eusse tenues renfermées; elles se couvrirent avec une mousse verte qui avait crû sur la pierre et qui était assez épaisse en quelques endroits. Elles coupaient avec leurs dents de

petites mottes de cette mousse ; elles les enlevaient avec
le peu de terre qui y était adhérent, et chacune arran-
geait au-dessus et autour d'elle ces petits gazons, dans
une position semblable à celle où ils étaient avant que
d'être détachés, je veux dire seulement que les racines
étaient de même en bas Elle les plaçait de façon qu'ils
formaient ensemble une petite voûte, sous laquelle elle se
trouvait fort bien cachée. Tous les petits gazons d'une
coque étaient si bien ajustés les uns contre les autres et
si bien liés ensemble que la mousse de l'enveloppe de la
chenille faisait un corps aussi continu que celui de la
mousse qui n'avait aucunement été remuée.

M. de Maupertuis[1] trouva, les derniers jours du mois de
juin 1733, sur un des murs des Tuileries, plus d'une
vingtaine de petites chenilles, dont quelques-unes avaient
déjà fait leur coque, et dont les autres étaient près de la
faire. La pierre du mur où elles étaient est une pierre
tendre ; elles avaient couvert tous les dehors de la coque
de soie dans laquelle elles étaient renfermées de fragments de grains de cette pierre, gros au plus comme des
têtes de grosses épingles. M. de Maupertuis me fit le plaisir de m'apporter quelques-unes de ces coques, et quelques-unes de ces chenilles qui n'avaient pas encore travaillé à se faire les leurs. Je les mis dans des poudriers
avec des fragments de la pierre que les autres avaient
employée. Elles s'y firent aussi chacune une coque de
soie, qu'elles couvrirent de toutes parts de pierre. De

---

1. **MOREAU DE MAUPERTUIS**, éminent géomètre français, né à Saint-
Malo en 1698, mort à Bâle en 1759. Elu membre de l'Académie des
sciences à 25 ans, il fut envoyé dans le Nord, avec une commission de savants, pour la mesure du méridien terrestre. En 1740, le roi de Prusse
Frédéric II le nomma président de l'Académie des sciences de Berlin, et il
ne tarda pas à se fixer dans cette ville. Il a laissé de nombreux ouvrages
qui sont loin de justifier l'immense réputation dont l'auteur a joui de
son vivant.

chaque coque il sortit, au commencement du mois d'août, un papillon de la classe des ·phalènes.

33. Plusieurs espèces de chenilles ne savent pas seulement se cacher dans leurs coques, elles savent cacher les coques mêmes, de façon que, bien qu'elles soient souvent très-grosses, il ne nous est presque pas possible de les trouver; je veux parler de ces chenilles qui, lorsqu'elles sentent approcher le temps de leur métamorphose, s'enfoncent en terre. Que ces chenilles trop connues des jardiniers, parce qu'elles mangent les racines des laitues, des chicons, et celles de diverses autres plantes, prennent ce parti, il n'y a là rien d'étonnant; elles passent sous terre, ou à fleur de terre, une partie de leur vie. Il n'est pas étonnant non plus que quelques-unes, telles que celles qui ne viennent sur le chou que pendant la nuit, et qui entrent en terre dès que le jour paraît, aillent aussi se transformer sous terre; mais il est singulier que des chenilles qui sont nées et qui ont passé toute leur vie sur des plantes, sur des arbres aillent faire leurs coques assez avant en terre. Non-seulement il y a de ces chenilles, mais le nombre en est très-grand, et, en général, il y a peut-être autant et peut-être plus de chenilles qui font leurs coques en terre qu'il n'y en a qui les font hors de terre.

Parmi les chenilles qui entrent en terre pour se métamorphoser, quelques-unes semblent négliger de s'y faire des coques, ou s'y font des coques très-imparfaites. Mais la plupart s'y font des espèces d'ouvrages de maçonnerie qui tous se ressemblent dans l'essentiel. A l'extérieur, en effet, toutes ces coques paraissent une petite motte de terre, dont la figure approche de celle d'une boule, ou d'une boule allongée. Il y en a pourtant dont l'extérieur est très-informe, et d'autres qui sont mieux façonnées. Au milieu de cette espèce de boule, est la cavité occupée par la chenille, ou par la chrysalide. La surface des parois de la cavité de toutes ces coques est lisse et polie. Le poli, le lisse de quelques-unes est précisément tel que celui d'une terre grasse, qui, après avoir été humectée et pétrie, a été unie avec soin, ce qui lui donne un luisant qu'a aussi l'intérieur de ces coques. Si l'on observe avec attention la surface intérieure de quelques-unes, on aperçoit de plus qu'elle est tapissée de fils, mais qui y sont si bien appliqués, et qui forment une toile si mince qu'elle n'est visible que quand on cherche bien à la voir. L'intérieur de quelques autres est couvert d'une toile de fils de soie très-sensible. L'épaisseur de la couche de terre qui forme la coque est plus ou moins grande dans des coques différentes; mais communément elle paraît faite d'une terre bien pétrie, dont tous les grains ont été bien arrangés et bien pressés les uns contre les autres. Ces grains sont liés ensemble par des fils de soie.

Certaines chenilles à corne qui vivent sur le caille-lait et qui se transforment en des papillons-éperviers ou bourdons se construisent des coques qui ne sont pour ainsi dire que des demi-coques de terre. Elles ne creusent que pour faire une cavité égale à peu près à celle de la moitié de leur coque; pour la renfermer, pour en former le dessus ou la voûte, elles se servent des racines et des petites branches d'herbes qui sont à la surface de la terre; elles les lient bien ensemble avec une toile de soie assez épaisse; elles portent même contre cette toile et y arrêtent divers grains de terre.

34. Il nous reste à examiner une espèce de coque de terre dont la construction semble exiger plus de génie et plus d'industrie que la construction de celles dont nous venons de parler. Les chenilles ne les bâtissent pas dans la terre. Quelquefois j'ai trouvé une de ces coques sur une des feuilles qui avaient été données à la chenille

pour aliment; quelquefois j'en ai trouvé d'attachées contre les parois et contre le haut des parois du vase même dans lequel la chenille était renfermée. Elle avait donc été obligée d'aller chercher au fond du vase et de transporter assez haut toute la terre nécessaire pour bâtir sa coque. Le travail qu'il lui en avait coûté ne fut pas pourtant ce qui me toucha le plus, la première fois que je vis une de ces coques. Les autres coques de terre dont nous avons parlé, sont raboteuses, ou au moins grainées par dehors. La surface extérieure de celle-ci était lisse et polie, comme l'est celle d'une terre fine qu'on a pris plaisir à polir pendant qu'elle est humectée à consistance de pâte; et la surface extérieure avait partout ce même poli; c'est ce qui faisait mon embarras. Je n'imaginais pas comment la chenille, qui devait être renfermée dans la coque au moins pendant qu'elle achevait d'en faire une grande partie, parvenait à polir également toute sa surface extérieure. Le procédé par lequel elle y parvient est cependant bien simple; elle se fait d'abord une coque de soie dont le tissu est peu serré; ce n'est qu'une espèce de grillage destiné à soutenir la terre. Quand cette coque ou bâti de soie est avancé à un certain point, la chenille va chercher de la terre; elle en porte à différentes reprises dans sa coque, jusqu'à ce qu'elle y en ait fait un amas qui puisse suffire à l'édifice qu'elle médite. Sa provision de terre étant faite, elle achève de fermer sa coque de soie, d'où elle ne doit plus sortir que sous la forme de papillon. Elle prend alors quelques parcelles de la terre qu'elle a mise en provision; elles les humecte avec une eau que sa bouche fournit; elle applique cette terre ramollie contre les parois intérieures du grillage de soie; elle la presse contre ce grillage. La terre, délayée à la consistance d'une boue très liquide, passe au travers du réseau de soie contre lequel elle est pressée; elle arrive sur sa surface extérieure, elle s'y étend et y prend un uni, un poli qu'a toujours la surface d'une terre fine qui a été rendue liquide, et à qui il a été permis de s'étendre librement et de sécher peu à peu.

35. Les coques des chenilles doivent nous apprendre à ne pas prononcer légèrement sur le détail, pour ainsi dire, des causes finales. Les chenilles qui se renferment dans les plus fortes coques sembleraient être celles qui doivent se métamorphoser le plus tard en papillon; être celles qui ont besoin de se faire un fort étui pour se défendre contre les injures de l'hiver. On n'a pas manqué d'en louer la prévoyance de la nature, qui ne saurait assurément être assez louée sur tout ce qu'elle a fait pour la conservation et la multiplication des animaux. Mais ici, comme dans beaucoup d'autres cas, on a substitué de faux éloges aux vrais. Les coques des vers à soie sont des plus épaisses, de celles qui couvrent mieux le papillon qui est renfermé sous la forme de chrysalide; il en sort pourtant au bout de vingt jours; au lieu que quantité de chrysalides passent l'hiver dans des coques très-minces, ou même sans coques, comme plusieurs de nos chrysalides angulaires le passent sous l'entablement d'un édifice, exposées à toutes les rigueurs du froid. La nature a su donner à leur corps, quoique délicat en apparence, la force de résister à toutes les injures de l'air; mais ce n'est pas par le plus ou le moins d'épaisseur de leurs coques qu'elle parvient à les conserver, comme on se l'est imaginé.

CHAPITRE VIII

Transformation des chrysalides en papillons.

36. Les papillons ne restent pas toujours aussi long-temps sous la forme de chrysalide qu'il serait naturel de le croire. A la vérité, la règle générale est que les chenilles qui se construisent des coques s'y transforment en chrysalides peu de jours après que leur coque est finie. Mais c'est une règle qui souffre quelques exceptions qui m'ont paru singulières. Il y a telle chenille qui, après s'être renfermée dans une coque, y reste huit à neuf mois avant que de devenir chrysalide. Nous sommes accoutumés à voir les animaux dans la nécessité de prendre des aliments pour soutenir leur vie, et il doit nous paraître bien extraordinaire que la nature ait privé de tous les organes qui en peuvent fournir des chrysalides qui ont à vivre neuf à dix mois. Mais il est bien surprenant que des chenilles pourvues de dents très-fortes, que des chenilles très-voraces, se renferment dans une coque où elles passent, non-seulement une partie de l'automne et l'hiver, mais encore le printemps entier, sans prendre aucune nourriture.

Quoi qu'il en soit du temps que les chenilles passent avant que de paraître sous la forme de chrysalide, l'opération de quitter le fourreau de chrysalide ne semble pas, à beaucoup près, aussi laborieuse que l'a été celle de

quitter le fourreau de chenille. En effet, le fourreau de la
chrysalide se dessèche à un point auquel celui de la chenille n'est jamais desséché. Si, lorsque le papillon est
bientôt prêt à sortir de son enveloppe, de son espèce de
coque, on la comprime un peu, les doigts qui la pressent lui font faire du bruit, une espèce de cri; on sent
qu'elle n'est plus adhérente au corps, qu'il y a des endroits où elle ne le touche pas immédiatement, et qu'elle
est friable; aussi se brise-t-elle alors sous les doigts, pour
peu que leur pression soit rude.

37. Les papillons qui, sous la forme de chrysalide,
étaient renfermés dans des coques, soit de soie, soit de
quelque autre matière, se défont entièrement ou en partie
de leur dépouille dans la coque même; et ils n'en sont pas
quittes pour se défaire de cette dépouille. Un papillon qui
vient de naître dans une coque de soie épaisse et forte, se
trouve avoir un grand ouvrage à faire; il est né dans une
prison dont il est obligé de percer les murs pour jouir
du jour et de la liberté. Plus la coque que la chenille a
construite était solide, plus elle était en état de défendre
la chrysalide, et plus grand est l'ouvrage que le papillon
a à faire. Il doit paraître difficile, non-seulement par rapport à l'état de faiblesse où est -l'insecte, mais surtout
parce que l'insecte ne paraît muni d'aucun des instruments qui lui sembleraient nécessaires pour une telle
opération; il n'a ni dents ni serres. J'ai toujours été
étonné, et je le suis encore, de voir sortir un papillon
de certaines coques. Malpighi dit que le papillon du
ver à soie commence par jeter par la bouche beaucoup
de liqueur sur la pointe de la coque, vers laquelle
sa tête est tournée; que la tête ensuite s'allonge pour
presser et pousser le tissu, pour écarter les fils sur
les côtés, que cette tête lui sert comme une espèce de
bélier pour agrandir l'ouverture. Il est certain que la

plupart des fils qui bordent l'ouverture par où le papillon sort ont été cassés; les coques des vers à soie qui ont donné des papillons ne peuvent être devidées, parce que leurs fils se trouvent coupés au bout où la coque a été percée.

Quoi qu'il en soit, dès que le bout de la coque est percé, dès que l'ouverture est suffisante pour laisser passer la tête, elle se montre en dehors. Les efforts que fait alors le papillon pour porter son corps en avant font faire à son corselet l'office d'un coin conique; il gonfle même la partie du corselet qui est dans le trou, pour travailler avec plus de succès à l'agrandir. Bientôt il peut faire sortir les deux jambes antérieures par cette ouverture; il se cramponne sur la surface extérieure de la coque; il se tire sur ce nouveau point d'appui; d'autres jambes sont en état de venir au secours des premières, et enfin, en peu de temps, le papillon sort tout entier de sa prison.

Le papillon qui vient de sortir de sa coque n'a pas encore ses ailes développées à beaucoup près; elles ne font alors que commencer à s'étendre; étendues, elles l'eussent embarrassé dans le passage étroit d'où il avait à se tirer. Aussi, le papillon a-t-il à peine commencé à se décharger du fourreau de chrysalide, il est encore dedans, en grande partie, lorsqu'il commence à travailler à ouvrir la coque; c'est de quoi les coques de quantité d'espèces de chenilles donnent des preuves. On en voit où la dépouille de chrysalide est à moitié en dehors et à moitié en dedans de la coque. Alors le papillon n'a achevé de se dépouiller qu'en sortant de sa coque. Quantité d'autres papillons néanmoins, comme ceux de nos chenilles *livrées* et ceux des vers à soie, laissent leur dépouille dans la coque même; on y trouve toujours deux fourreaux, celui de chenille et celui de chrysalide.

38. Certaines coques sont faites d'un fil si gros et si

bien lié, leur tissu est si fort et si épais, qu'il ne paraît pas qu'il pût être possible à un papillon qui n'a que les instruments que nous lui connaissons de les percer, ou il faudrait qu'il y employât bien du temps. Telle est la coque de la grosse chenille du poirier à tubercules de couleur turquoise ; cependant, malgré la force et la grosseur de leur fil qui égalent presque celles des cheveux, malgré la solidité du tissu qui en est composé, le papillon qui naît dans une de ces coques trouve moins de difficulté à en sortir que d'autres papillons n'en rencontrent à sortir de coques dont le tissu est mince et fait de fils faibles. Il trouve une porte ou, pour mieux dire, deux portes toujours ouvertes ; il n'a qu'à vouloir sortir, elles ne s'y opposent pas ; je veux dire qu'il y a des ouvertures toutes faites qui lui permettent le passage ; qu'il n'a point à percer le tissu, ni à écarter des fils entrelacés ; tout l'obstacle se réduit à pousser des fils flottants ou une espèce de frange.

On pourrait craindre que le papillon ne fût pas en sûreté dans une coque qui, quoique d'ailleurs extrêmement solide, a un endroit qui peut permettre l'entrée à des ennemis voraces ; et les chrysalides ont bon nombre de pareils ennemis. Ouvrons une de ces coques tout du long, pour en mettre l'intérieur à découvert ; tout ce qui était nécessaire pour la sûreté du papillon et pour faciliter sa sortie paraîtra avoir été prévu. On connaît la structure des nasses dans lesquelles on prend le poisson ; leur artifice consiste en ce qu'elles sont composées de plusieurs entonnoirs d'osier ou de roseaux mis l'un dans l'autre. La circonférence évasée du premier entonnoir offre une entrée facile au poisson, il n'en craint rien ; il parcourt tout ce premier entonnoir, et entre sans défiance dans le second, qui se présente de même à lui ; il se rend dans la grande cavité de la nasse. Mais lorsqu'il veut revenir en arrière, il ne sait plus trouver, ou enfiler les petites ouvertures par où il est sorti de chaque entonnoir. L'orifice de la coque est fermé par des entonnoirs qui sont tournés, par rapport au papillon, comme les ouvertures des nasses qui invitent les poissons à s'y engager, et, par rapport aux insectes qui voudraient pénétrer dans l'intérieur de la coque, comme le sont les entonnoirs des nasses par rapport aux poissons qui en veulent sortir.

CHAPITRE IX

De la ponte des papillons.

39. Parmi nos papillons de tous genres et de toutes
espèces, il y a des mâles et des femelles. Ceux des différents sexes sont aisés à distinguer dans chaque espèce.
La règle presque générale pour tous les insectes, et contraire à celle qui s'observe assez ordinairement dans les
grands animaux, c'est que, parmi eux, les femelles sont
plus grandes et plus grosses que les mâles ; cette règle ne
se dément point par rapport aux papillons. Le corps des
mâles est plus petit, plus effilé ; celui des femelles est
plus gros, plus renflé et plus arrondi. Ces différences ne
sont pourtant pas aussi grandes et aussi frappantes dans
les papillons diurnes qu'elles le sont dans les phalènes.
Il y a des femelles de papillons nocturnes dont le corps
est une fois plus long que celui des mâles, et plus gros
dans la même ou dans une plus grande proportion. Chez
les papillons nocturnes dont les antennes ont dès barbes,
les antennes suffisent pour faire reconnaître les mâles et
les femelles. Celles des mâles sont mieux fournies de
barbes, et de barbes plus grandes, qui sont plus pressées
les unes auprès des autres, et arrangées d'une manière
qui donne une forme plus agréable à l'antenne.

Dans un grand nombre, et même dans la plupart des
espèces de papillons soit diurnes soit nocturnes, les

couleurs et les distributions des couleurs des ailes des mâles et des femelles sont semblables, ou n'ont que de ces variétés qu'on n'aperçoit que quand on cherche à les apercevoir. Ainsi les papillons diurnes des petites chenilles vertes du chou, soit mâles, soit femelles, ont des ailes blanches et ne diffèrent que par le nombre et la position de quelques taches noires. Les couleurs des ailes des papillons de différents sexes qui viennent des chenilles épineuses tant de l'orme que de l'ortie ne diffèrent point entre elles sensiblement. Les couleurs des ailes des grandes phalènes à yeux de paon qui sortent de la grosse chenille du poirier paraissent les mêmes au premier coup d'œil. Mais il y a d'autres espèces de papillons, et surtout de papillons nocturnes, où la femelle et le mâle sont si différents qu'on ne soupçonnerait pas, au premier abord, qu'ils ne diffèrent que de sexe.

40. Le ventre des femelles des papillons, et surtout des papillons phalènes, est gros, ferme et distendu. Quand on l'ouvre, il paraît si rempli d'œufs, sensibles par leur forme et leur grosseur, qu'il semble qu'ils ne laissent pas de place à d'autres parties ; aussi celle qu'ils leur laissent est-elle bien petite en comparaison de celle qu'ils occupent. Ils y paraissent très-pressés les uns contre les autres, et comme empilés. De là vient que les femelles phalènes sont communément très-pesantes ; elles semblent surchargées du poids de leurs œufs ; elles sont paresseuses à marcher.

Les œufs du plus grand nombre des espèces de papillons ont de vraies figures d'œufs, c'est-à-dire, qu'ils sont arrondis, les uns plus pourtant, et les autres moins. Mais les figures de quantité d'autres espèces d'œufs sont moins simples, et il semble que la nature ait pris plus de soin à les façonner. Celles de quelques-uns sont des sortes de segments de sphère ; d'autres sont de petits cônes très-écrasés ; la partie plane de l'œuf est appliquée ou contre quelque feuille, ou contre quelque branche. On ne saurait observer à la loupe leur partie convexe sans regarder avec plaisir le travail qui y paraît : on voit qu'elle est remplie de cannelures arrangées avec beaucoup de régularité, qui toutes partent de la base et se dirigent vers le sommet. Ces œufs paraissent très-joliment sculptés ; leurs formes approchent assez de celles de certains boutons, dont le tissu est couvert et orné par des fils d'argent ou d'or disposés par côtes ; ces côtes représentent la disposition des cannelures de nos œufs.

Assez communément la couleur des œufs nouvellement pondus est blanchâtre, ou d'un blanc jaunâtre. Il y en a pourtant qui sont d'un blanc éclatant, tel que celui de la nacre de perle ; mais il y en a de beaucoup d'autres couleurs. On en trouve de toutes les nuances de brun, d'entièrement verts et d'un beau vert, de bleus, de couleur de rose ; il y en a d'une seule couleur, et d'autres de couleurs combinées par taches, etc. Les enveloppes ou coques sont fermes et solides ; elles ne sont pourtant pas composées, comme celle des œufs des oiseaux, d'une matière analogue à celle des coquilles.

41. Les papillons semblent avoir été bien instruits par la nature sur le choix des endroits où il convenait qu'ils déposassent leurs œufs. Chaque œuf ne contient qu'une chenille ; c'est une règle à laquelle je ne sais point d'exception. Dès que chaque petite chenille sera sortie de son œuf, elle aura besoin de trouver de la nourriture à portée. Presque tous les papillons semblent aussi prévoir les besoins des chenilles naissantes et chercher à y pourvoir ; ils déposent leurs œufs sur les plantes ou sur les arbres dont les feuilles peuvent fournir une bonne nourriture aux chenilles nouvellement nées. Qu'on ne croie pas, au reste, que, si le papillon choisit une plante plutôt qu'une

autre, c'est son propre goût qui l'y porte; qu'il aime à se tenir auprès de cette plante, parce qu'elle lui fournit à lui-même des aliments agréables. Les papillons diurnes qui viennent de différentes espèces de chenilles du chou ne se nourrissent point sur le chou; ils voltigent continuellement autour de plantes tout à fait différentes, ils sucent avec leurs trompes le suc de leurs fleurs. Mais, quand il s'agit de faire leurs œufs, c'est sur les choux qu'ils se rendent, quoique les choux, souvent encore trop jeunes, n'aient point de fleurs pour les attirer. C'est ainsi que les papillons de nos chenilles épineuses de l'orme, que les papillons de la chenille du fenouil, et que les papillons de cent autres espèces de chenilles vont pomper le suc des fleurs de mille plantes différentes, et qu'ils se rendent sur celles de l'espèce qui les a nourris pendant qu'ils étaient chenilles, pour y laisser leurs œufs. Aussi, quand la figure singulière de quelques œufs ou quelques autres circonstances donneront envie d'élever les chenilles qui seront écloses de ces œufs, les feuilles qu'on doit leur offrir pour aliment sont celles de la plante ou de l'arbre sur lequel les œufs ont été trouvés.

42. Quelques papillons, et surtout des papillons diurnes de différentes espèces, dispersent leurs œufs sur les feuilles ou sur les tiges des plantes; ils les y laissent un à un, et écartés les uns des autres. D'autres papillons diurnes, et même des diurnes du chou, en même temps, plusieurs espèces nocturnes, ne dispersent pas ainsi leurs œufs; ils les arrangent sur la feuille les uns aussi près des autres qu'il est possible; ils en forment une plaque. Ces différents papillons fixent leurs œufs sur les feuilles ou les tiges par une couche de colle qui n'est sensible que par son effet, assez grand pour les bien retenir; mais les œufs de quantité d'autres papillons sont non-seulement retenus, ils sont même enchassés presque en entier ou en grande

partie dans un lit de colle, d'une couleur différente de
la leur. De tous les nids d'œufs de papillons, celui où
cette colle est plus visible, et qui d'ailleurs est un des plus
jolis pour l'arrangement des œufs, est un nid connu des
jardiniers, parce qu'ils le trouvent assez souvent en taill-
lant leurs arbres ; ils l'appellent le *bracelet* ou la *bague*,
et ils l'ont très-bien nommé. Ces nids entou-
rent un jet de poirier, de pommier, de pêcher,
de prunier, comme les bagues ordinaires entourent les doigts, ou comme les bracelets
entourent les bras. Ils ressemblent tout à fait
aux bracelets de grains d'émail ; chaque œuf
tient ici lieu d'un de ces grains. Il entre depuis 200 jusqu'à 350 œufs dans chaque bracelet. On ne voit que leur partie supérieure,

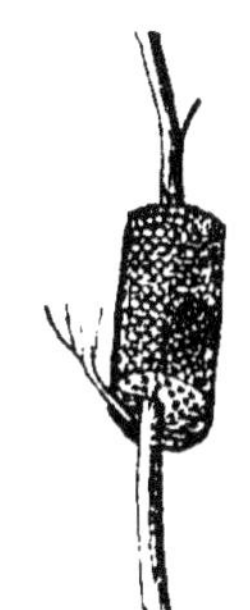

Fig. 7. —
Œufs du Bom-
byx livrée.

dont le contour est rond et blanc; le milieu
est plus brun ; la sommité est toujours marquée par un point noir. Ces grains ou œufs, qui se touchent seulement par quelques endroits de leur contour
et qui sont pressés les uns contre les autres, laissent nécessairement entre eux des espaces, qui sont remplis par
une espèce de gomme brune, dure et cassante. Il faut une
grande provision de colle ou de gomme à un papillon
pour fournir à la composition de ce bracelet. Le papillon
qui le fait est une phalène ; il nous est donné par la chenille que nous avons nommée ailleurs la *livrée (Bombyx
neustria)*. Elle ne s'accommode pas seulement des feuilles
des arbres fruitiers; elle vit très-bien des feuilles d'orme,
de saule, et de celles de différents autres arbres, autour
des petites branches desquels j'ai trouvé des bracelets.

43. L'industrie que nous allons examiner est celle de
papillons (*Bombyx dispar*, etc.) qui ne laissent pas leurs
œufs exposés aux injures de l'air. Chaque œuf en particulier est entouré de toutes parts de poils; il est dans une

espèce de loge de duvet. Des poils couvrent encore la masse entière formée de l'assemblage de tous les œufs, et souvent si bien qu'on ne voit la forme d'aucun de ceux qui y sont cachés. Cette adresse est commune à un grand nombre de phalènes. Ordinairement elles laissent leurs œufs en gros paquets oblongs sur des feuilles, et quelquefois sur des branches, sur des troncs d'arbres ou d'arbrisseaux. La première fois qu'on voit un de ces paquets d'œufs sur une feuille, et tant qu'on ne vient pas à le considérer de près, on est porté à le croire une grosse chenille bien velue qui s'est tapie là. Cette masse est toute recouverte de poils roux ou bruns, tous dirigés vers le même côté, et disposés comme ceux d'un drap à longs poils, ou comme ceux d'un chapeau qui vient d'être bien brossé ; ils forment ainsi une espèce de drap ou de feutre qui couvre tous les œufs et qui empêche la pluie de pouvoir pénétrer jusqu'à eux. Les poils sont si pressés, si bien couchés les uns contre les autres que, malgré leur longueur, leur assemblage a un œil velouté ou satiné. Si l'on rompt cette masse, on voit que son intérieur est rempli d'œufs assez ronds, brillants comme de la nacre, et à peu près de même couleur. Ils sont placés les uns à côté des autres et les uns au-dessus des autres ; mais on observe que chaque œuf est enveloppé de poils, de façon qu'il ne saurait être touché par ses voisins. La disposition des poils n'a là d'ailleurs rien de régulier ; ils se croisent, ils sont pliés irrégulièrement, ils ne sont employés que comme un duvet qui doit entourer chaque œuf de toutes parts.

Dans les années ordinaires, dans celles où il n'y a pas eu de grandes mortalités de chenilles, il ne faut qu'avoir envie de voir de ces paquets de nids d'œufs pour en trouver en grand nombre, dans les mois de juin et de juillet. Il ne faut pas même être observateur bien attentif pour reconnaître où les papillons prennent la grande quantité de poils nécessaires pour envelopper chaque œuf en particulier, et pour couvrir toute la masse. Lorsqu'on les considère, soit avant qu'ils aient commencé leur ponte, soit pendant qu'ils sont occupés à pondre, on voit que leur corps est tout couvert de poils parfaitement semblables à ceux qui sont employés à couvrir le nid. Enfin, si l'on compare un papillon qui a fini sa ponte avec un autre qui ne l'a pas encore commencée, on est bientôt convaincu que les poils qui couvraient une partie du corps du papillon ont été arrachés pour être étendus sur le nid et pour le rembourrer. Le corps du papillon qui n'a point commencé à pondre est extrêmement chargé de poils, et le corps de celui qui s'est délivré de ses œufs est presque nu. Il y a, comme nous l'avons déjà vu, des chenilles qui s'épilent pour se faire des coques plus solides ; mais ici, c'est pour pourvoir à la conservation de leurs œufs que des papillons se défont de leurs poils.

14. Les papillons femelles de nos chenilles à oreilles du chêne et de l'orme sont de ceux qui recouvrent leurs œufs de poils L'assemblage de leurs œufs, ou le *nid*, forme une espèce de plaque. Ils appliquent assez souvent ces plaques contre les troncs des arbres, et plus souvent encore contre leurs grosses branches, en dessous. Ces papillons multiplient extrêmement. J'ai vu dans certaines années que le bois de Boulogne n'avait presque point de chêne dont plusieurs des grosses branches ne fussent remplies en dessous, sur une étendue de plus de sept à huit pieds, et quelquefois d'une bout à l'autre, de ces plaques d'œufs, posées si proches les unes des autres qu'il y en avait qui se touchaient. Aussi, dans les années dont je parle, toutes les feuilles des chênes de ce bois avaient été dévorées par les chenilles. Ce n'est qu'au printemps que doivent éclore les œufs, qui ont été pondus dans le mois de juillet. Étant placés en dessous des branches, ils sont

moins exposés à être gâtés par l'eau : la branche leur sert de parapluie. Aussi trouve-t-on les nids bien entiers, bien sains, à la fin de l'hiver.

Ces papillons et ceux de la chenille commune ne quittent souvent leurs nids d'œufs que pour tomber morts ou mourants par terre ; quand ils s'éloignent du nid, ce n'est pas pour aller loin. Leur vie n'est que de quelques jours, ou au plus d'une ou de deux semaines. Quand ils ont fait leurs œufs, la fin à nous connue pour laquelle ils avaient été produits est remplie ; ils n'ont plus besoin de vivre.

45. Toutes les femelles de papillons nocturnes que j'ai observées font leurs œufs peu de temps après s'être tirées de la dépouille de chrysalide : mais j'ai lieu de soupçonner, que plusieurs espèces de papillons diurnes, quoique nées pendant l'été, ne font leurs œufs qu'après la fin de l'hiver. Dès les premiers jours d'avril, j'ai vu voler plusieurs espèces de papillons diurnes venus de diverses chenilles épineuses, comme de celles de l'orme et de l'ortie. Ces espèces de chenilles épineuses n'avaient point encore paru alors. Les papillons sortent en été des chrysalides dans lesquelles elle se sont transformées. Enfin, les papillons que je voyais voler au commencement d'avril étaient ceux-mêmes que j'avais trouvés pendant l'hiver, renfermés dans des creux d'arbres. Ayant ouvert un de ces papillons femelles au mois d'avril, je lui trouvai le ventre rempli d'œufs. D'où il paraît que ce papillon, qui devait être né en juillet, avait différé sa ponte jusqu'après l'hiver, sans doute, parce qu'il n'avait pas été plus tôt en état de la faire. Ainsi, quoique les œufs de quantité d'espèces de papillons puissent rester pendant tout l'hiver exposés aux injures de l'air sans en souffrir, d'autres œufs demandent à être conservés pendant tout l'hiver dans le corps même du papillon.

CHAPITRE X

Histoire des chenilles qui vivent en société pendant une partie de leur vie.

46. Les chenilles n'ont pas été trop regardées jusqu'ici comme des insectes sociables. La plupart vivent sans paraître avoir de commerce avec les autres de leur espèce. Il y en a pourtant de plusieurs genres qui passent toute leur vie en société, et d'autres qui n'en passent qu'une partie ; ces dernières sont celles dont les sociétés sont plus communes, et dont on ne trouve que trop : aussi a-t-on plus cherché à les détruire qu'à les observer. Les chenilles qui vivent ensemble viennent toutes d'une même mère, d'un même papillon, et de ces œufs qui ont été déposés les uns auprès des autres, ou entassés les uns sur les autres pour former une espèce de nid, et cela dans un intervalle de peu de jours. Les petites chenilles en éclosent presque toutes dans le même jour ; en naissant, elles se trouvent ensemble, et elles continuent d'y vivre. Ces sociétés ne sont donc, pour ainsi dire, que de frères et de sœurs ; elles ne laissent pas d'être assez nombreuses pour composer quelquefois une république de plus de six cents ou de sept cents chenilles, et communément de deux cents ou de trois cents. Il y en qui ne s'abandonnent point tant qu'elles sont chenilles ; les chrysalides qui en viennent sont même arrangées les unes auprès des autres. La séparation ne se

fait que lorsque les papillons sont sortis de leur dernière
dépouille. D'autres chenilles ne vivent ensemble que jusqu'à ce qu'elles soient parvenues à une certaine grandeur;
quand ce temps est arrivé, elles se dispersent; chacune va
de son côté.

La chenille que nous avons nommée la *commune (Bombyx chrysorrhœa)*, celle de toutes qui fait plus de ravages
dans les arbres de nos jardins et de nos campagnes, est
une de celles qui passent en société une partie de leur vie.
La ponte de tous les papillons de cette espèce se fait en
quinze jours ou trois semaines, parce que toutes les femelles pondent peu de temps après qu'elles ont commencé
à voir le jour, et elles y emploient chacune au plus deux
fois vingt-quatre heures. Celles qui se tirent les premières
du fourreau de chrysalide s'en dégagent quinze jours à
trois semaines plus tôt que celles qui s'en tirent les dernières. Les petites chenilles sortent des œufs de chaque
nichée environ quinze jours après qu'ils ont été pondus.
C'est depuis la mi-juillet jusque vers le commencement
d'août qu'elles naissent toutes.

47. Chaque tas d'œufs a été appliqué sur une feuille propre à donner un aliment convenable aux chenilles naissantes. Le jour où celles d'une nichée doivent éclore étant arrivé, on en voit à chaque instant qui, avec leur tête, séparent
les poils du dessus du nid, et qui viennent de l'intérieur se
rendre sur la surface. Après y être un peu restées en repos,
elle marchent pour aller chercher de la nourriture. Pour
en trouver, elles n'ont qu'à quitter le tas de poils; ses environs en offrent de toute prête. Elles se mettent à ronger
le dessus de la feuille sur laquelle il est établi; car il est à
observer que le paquet d'œufs est ordinairement sur le
dessus de la feuille. Il y est plus exposé aux injures de l'air,
mais il y est aussi plus exposé aux rayons du soleil, dont
la chaleur n'aide pas peu à faire éclore les œufs. Ces jeu-

nes chenilles ne s'accommodent que du parenchyme de la substance du dessus de la feuille ; celle du dessous n'est pas de leur goût. Elles ne rongent qu'à peu près la moitié de de l'épaisseur de la feuille ; encore ne la rongent-elles pas en entier ; elles ne touchent pas aux grosses nervures, ni même aux fibres d'une grosseur sensible à la vue simple ; elle seraient trop dures pour de si petites dents, qui n'ont pas encore eu le temps de s'affermir ; elle ne détachent que la substance qui est dans les petites aires qui sont renfermées par les fibres sensibles.

Dès qu'une chenille naissante s'est mise à ronger la feuille, elle a bientôt une compagne. Une autre qui vient de sortir du nid va se placer auprès d'elle, côte à côte ; une troisième ne tarde pas à se rendre auprès de cette seconde ; ainsi de suite se forme un rang de petites chenilles, toutes posées parallèlement les unes aux autres, ayant toutes leur tête sur une ligne à peu près droite. Ce rang est aussi long que le permet la largeur de la feuille dans le sens où elles se sont disposées; elles avancent toutes à peu près également, toujours en mangeant.

Ce premier rang étant rempli, la chenille qui vient ensuite en commence un second, en se mettant à la queue d'une de celles qui précèdent ; et peu à peu le second rang est formé comme le premier l'a été. Un troisième se forme quand le second est complet, et ainsi, dans peu de temps, une feuille se trouve entièrement couverte de chenilles, excepté dans la partie que celles du premier rang ont laissée devant elles. A mesure que celles du premier rang avancent pour ronger, celles du second rang rongent l'endroit que viennent de quitter les dernières jambes de celles du premier rang. Par cette disposition, chaque rang qui suit le premier peut trouver à manger sur une bande de la feuille de la largeur d'une file, et qui a pour longueur la longueur même d'une chenille ; ou, ce qui revient au même, chaque chenille d'un rang postérieur ne peut guère ronger qu'une surface de la feuille égale à celle que son corps peut couvrir. Quelquefois toutes les chenilles d'une nichée ne sont pas nées encore que les premières sorties sont contraintes d'aller chercher une autre feuille que celle où le tas d'œufs avait été déposé. Elles se rendent et s'arrangent encore mieux dans l'ordre que nous venons de décrire, sur cette nouvelle feuille, qui est une des plus proches de la première.

48. C'est un assez joli spectacle que de voir une feuille ainsi couverte de rangs de chenilles toutes occupées à manger à la fois, et avec tant d'ordre. Petites comme elles le sont alors, une feuille en peut contenir un grand nombre : elle ne suffit pourtant pas pour celles d'une même nichée, qui en fournit peut-être plus de trois ou quatre cents. Elles se partagent sur différentes feuilles voisines, et quelquefois elles s'y mettent plus à leur aise. Il n'y a quelquefois que deux ou trois rangs et même qu'un seul rang sur une feuille; quelquefois les têtes des chenilles d'un rang sont placées sur une ligne courbe.

A peine les chenilles les premières écloses ont-elles eu le temps de se rassasier qu'elles se mettent à filer; elles travaillent à tirer des fils d'un des bords de la feuille au bord opposé, en commençant près de sa pointe. D'autres se joignent bientôt à celles-ci pour avancer l'ouvrage. Le côté de la feuille qui a été rongé s'est plus desséché que l'autre; la feuille est devenue concave vers ce côté, de sorte que les fils qui sont attachés à ses bords se trouvent élevés au-dessus de son milieu. Bientôt tous ces fils composent une toile, qui forme un voile étendu sur tout le dessus de la feuille; pendant qu'un grand nombre de chenilles travaillent à le fortifier, à l'épaissir, d'autres rongent tranquillement et, en quelque sorte, à couvert ce qui reste sur le dessus de cette feuille. La toile est d'abord très-transparente et ne cache pas les chenilles qui sont dessous;

mais elles y ajoutent successivement tant de fils qu'elles la rendent opaque; alors elle est extrêmement blanche.

Cette toile forme une espèce de tente, au-dessous de laquelle est un logement où les chenilles sont à couvert dans leurs temps de repos ; lorsqu'elles ne veulent ni manger ni filer, elles se rendent sous cette tente. Elles couvrent ainsi de soie plusieurs des feuilles dont le parenchyme supérieur a été mangé ; il leur faut plusieurs de ces petits logements pour les contenir toutes. Mais ce ne sont là que des logements, pour ainsi dire, faits à la hâte, et en attendant qu'elles soient en état de s'en procurer un plus spacieux, capable de les contenir toutes, et qu'elles habiteront tant qu'elles vivront ensemble. Elles y travaillent au bout de quelques jours ; après avoir rongé la moitié de la substance des feuilles qui sont près du bout de quelque jeune pousse ou de quelque petite branche, elles commencent leur grand ouvrage. Pour former ce nouvel édifice, que nous n'appellerons pourtant que leur nid, elles tapissent d'une toile de soie blanche une assez longue partie de la tige où il doit être; elles enveloppent aussi d'une toile de soie une ou deux feuilles des plus proches du bout de cette tige ; ensuite, elles font des toiles plus grandes, dans lesquelles ces deux ou trois feuilles et la tige se trouvent renfermées, et qui, en embrassant les feuilles, les obligent à s'approcher de la tige, à se courber vers elle. Elles sont presque toutes occupées en même temps à ce travail, et toutes au moins y ont part successivement.

49. On ne voit que trop de ces nids, sur les arbres fruitiers de nos jardins, en automne, et encore mieux en hiver, lorsque, toutes les feuilles des arbres étant tombées, il n'y a rien qui les cache. Ce sont de gros paquets de soie blanche et de feuilles, dont la forme extérieure n'a rien d'agréable ni de constant. Les uns sont plus aplatis, les autres sont plus renflés, plus arrondis, mais tous ont à

l'extérieur quelques angles. A mesure qu'ils deviennent plus étendus, soit en grosseur, soit en largeur ou en longueur, un plus grand nombre de feuilles, de petites branches, et même de tiges sont comprises dans l'enceinte du nid. L'irrégularité de leur forme extérieure vient de ce qu'ils sont formés de plusieurs toiles, toutes à peu près planes, tirées soit d'une feuille à une autre, soit d'une feuille à une petite branche, soit d'une feuille, ou petite branche, ou tige au nid commencé. Ces différentes toiles sont autant de cloisons qui partagent l'intérieur du nid en différents appartements, et tous les espaces compris entre deux toiles sont des capacités propres à loger des chenilles. Les toiles qui composent ces nids, quoique faites d'une soie extrêmement fine, sont fortes, et cela, parce que les chenilles y emploient chacune un nombre prodigieux de fils étendus les uns sur les autres ; aussi ces nids résistent-ils à toutes les attaques du vent, et ils doivent y résister, et à toutes les injures de l'air, au moins pendant huit ou neuf mois qu'ils seront habités. Le temps où ils pourraient être le plus dérangés, ce serait au printemps, si les tiges qu'ils enveloppent venaient à se couvrir de nouvelles feuilles, à croître elles-mêmes ; mais les chenilles parent bien cet accident ; elles rongent les principaux yeux de la tige, elles la mettent hors d'état de pousser ; au moins est-il constant que le bout de la tige que le nid enveloppe se dessèche et ne pousse plus.

. Les chenilles cherchent à rendre faciles tous les chemins qui vont de leur nid jusqu'aux endroits où elles s'en éloignent le plus. Nous pavons nos grands chemins ; elles tapissent les leurs. Si l'on y regarde de près, on observera que toutes les avenues du nid sont couvertes de toiles de soie ; la principale tige en est ordinairement enveloppée tout autour, sur une longueur de plus d'un pied au-dessous du nid, et quelquefois elle en est recouverte en partie beaucoup plus loin ; en un mot, depuis le nid jusqu'où les chenilles vont manger, on trouve des traces de soie. Les chemins par lesquels elles doivent retourner sont donc toujours marqués, et il leur est plus facile de marcher, de se cramponner sur des feuilles et sur des tiges tapissées de soie que sur des tiges et des feuilles nues.

50. Les nids sont des retraites où nos chenilles ne manquent pas de se rendre dans des temps de grosses pluies; elles s'y renferment quand le soleil est trop ardent; elles y passent une partie de la nuit; de sorte qu'il y a des heures où elles sont toutes dedans le nid, et il n'y en a guère où l'on n'y en trouve quelques-unes. Elles s'y rendent pour se reposer, pour se mettre à l'abri des injures de l'air, et elles en sortent pour aller chercher de la nourriture. Il leur est surtout nécessaire dans les temps où elles ont à changer de peau; c'est toujours dans le nid qu'elles quittent celle dont elles ont à se défaire; aussi le trouve-t-on rempli de vieilles dépouilles; les chenilles y sont en sûreté pendant un temps assez critique, elles ne s'exposent à l'air que quand leur nouvelle peau s'est suffisamment affermie. Dès que les froids commencent à se faire sentir, elles se renferment toutes dans leur nid pour y passer l'hiver, et cela quelquefois avant la fin de septembre, ou, au moins, dès le commencement d'octobre. Pendant tout l'hiver, elles y sont immobiles, un peu recourbées en arc; quand on les en retire, elles semblent incapables de se donner aucun mouvement et véritablement mortes; mais, quand on les tient un peu dans la main, ou qu'on les échauffe de quelque façon que ce soit, elles se redressent et se mettent à marcher.

Dans ce pays, elles ne commencent à sortir de leur nid que vers la fin de mars, ou dans les premiers jours d'avril; en 1732, je n'en ai point vu qui l'aient quitté avant le 31 mars. À leur première sortie, elles s'arrangent les unes auprès des autres sur la surface extérieure du nid, elles le

couvrent entièrement d'un côté ; elles paraissent ne chercher d'abord qu'à respirer le grand air. Le même jour
néanmoins, ou le jour suivant, elles vont chercher de la
nourriture ; elles doivent avoir grand besoin d'en prendre après un jeûne qui a duré plus de six mois, car, quand
elles se sont une fois renfermées, elles cessent absolument de manger. Il parait que c'est le degré de chaleur
qui a duré un certain temps qui les détermine à prendre l'essor. Ce n'est point, ou ce ne parait point être la
connaissance qu'elles ont qu'elles trouveront des aliments
qui en décide. J'ai vu des rosiers qui avaient des feuilles,
plus de trois semaines avant que nos chenilles eussent
tenté leur première sortie du nid qu'elles s'étaient fait sur
ces arbrisseaux ; et j'ai vu d'autres chenilles de cette espèce hors de ceux qu'elles s'étaient faits sur des chênes,
plus de quinze jours avant que les boutons de ces arbres
commençassent à s'entr'ouvrir. Le premier ou le second
jour de leur sortie, les chenilles vont chercher les feuilles
des environs ; elles les rongent. Alors les feuilles sont
tendres ; aussi ne s'en tiennent-elles pas, comme elles
faisaient en automne, à détacher seulement la substance
de leur partie supérieure ; elles les percent d'outre en
outre ; elles épargnent au plus les plus grosses fibres. Enfin, à mesure que ces feuilles deviennent plus fermes, nos
chenilles deviennent plus fortes ; aussi, par la suite, man-
gent-elles indistinctement toutes les parties de la feuille.
Ce n'est aussi qu'au printemps qu'on remarque bien le
désordre qu'elles font, parce qu'alors elles dépouillent les
arbres de leurs feuilles. Elles ne leur avaient pourtant
fait guère moins de mal dès la fin de l'été ; mais c'est un
mal qu'on met moins alors sur leur compte, parce qu'elles
laissent les feuilles dans leur entier. On pense que c'est
la sécheresse qui les a fait périr, tandis que la plupart
n'ont perdu leur beau vert que parce que la moitié de leur
substance a été mangée par nos petits insectes. Quoiqu'il

en soit, après avoir mangé, les chenilles reviennent sur leur nid, et, si l'air est doux, elles se placent sur la surface extérieure les unes auprès des autres, elles s'y tiennent en repos et comme immobiles. Mais, lorsque l'air devient froid ou qu'il tombe de la pluie abondamment, elles rentrent dans leur retraite.

Quand elles s'étaient renfermées à la fin de l'automne, elles étaient extrêmement petites ; elles sortent au moins aussi petites au printemps, mais alors leur volume croît assez vite. À mesure qu'elles croissent, elles songent à étendre l'enceinte de leur nid, elles ajoutent tout autour de nouvelles toiles. Les espaces renfermés entre l'ancien nid et les nouvelles toiles leur fournissent de nouveaux logements, dont elles augmentent encore le nombre par la suite en filant encore d'autres toiles. C'est dans ces nouveaux logements qu'elles se rendent toutes les fois qu'elles veulent se tenir tranquilles, se mettre à l'abri des injures de l'air, ou bien lorsqu'elles ont à changer de peau ; elles quittent celle de l'hiver peu de jours après leur première sortie.

51. Enfin, le temps de leur dispersion arrive. C'est dans les premiers jours du mois de mai qu'on commence à voir de ces chenilles une à une, ou par petites troupes, dans des endroits fort éloignés des nids ; aussi n'en ont-elles plus de commun. Cependant, elles ont encore à changer une fois de peau : pour y parvenir, elles filent chacune en particulier, ou peu ensemble, de petites toiles pour y cramponner leurs pieds, ce qui leur donne beaucoup de facilité à se tirer de leur dépouille. Quelques-unes étendent cette toile d'un des bords d'une feuille à son bord opposé ; une seule, et quelquefois quatre à cinq se placent en dessous de la toile, entre elle et la feuille. D'autres se contentent de couvrir de toile quelque tige d'arbre ou quelque branche ; des vingtaines et quelquefois davantage travaillent

en commun, et s'accrochent les unes auprès des autres.

Le temps de cette dernière mue est certainement pour elles un temps bien dangereux ; pendant l'état de faiblesse où il les met, elles ne sont pas aussi bien défendues contre les injures de l'air qu'elles l'étaient dans les mues précédentes ; pendant celles-ci, en effet, elles étaient à couvert dans un nid composé d'un grand nombre de toiles très-serrées. Les pluies froides, qui tombèrent les 10, 11 et 12 mai de 1732, et quelques autres qui tombèrent plus tard et dont on se plaignait, nous firent alors un bien auquel on ne pensait pas. Nos chenilles s'étaient multipliées à un point qui devait donner et qui avait donné au public de justes alarmes ; il ne semblait pas que les feuilles de nos arbres pussent suffire pour les nourrir ; et c'eût été bien pis pour l'année suivante, si celles qui existaient eussent multiplié dans la même proportion qu'avaient multiplié celles de 1731 ; c'eût été un fléau plus grand peut-être que tout ce que l'histoire nous rapporte des ravages des sauterelles. Ce que la prudence humaine pouvait alors ordonner de mieux, c'était assurément de faire écheniller les arbres ; c'est ce qui fut prescrit par un arrêt du Parlement ; mais les pluies froides dont je viens de parler firent plus que n'aurait pu faire tout le peuple du royaume, quand il se serait réuni pour travailler. J'en avais beaucoup espéré, et je fus attentif à observer ce qu'elles produiraient : je voyais chaque jour que, dans les petits tas de chenilles qui s'étaient réunies pour couvrir de soie quelque tige d'arbre ou quelques feuilles avant de se dépouiller, il y en avait plusieurs dont le corps devenait flasque ; leurs fibres n'avaient plus de ressort ; le corps de ces chenilles s'allongeait beaucoup, et perdait de sa grosseur et de sa rondeur ; elles périssaient ensuite. De jour en jour la mortalité devenait plus considérable. Enfin, la quantité de chenilles de cette espèce que les pluies firent périr est innombrable. Ces chenilles, dont tous les arbres étaient couverts, devinrent si rares en moins de dix à douze jours qu'il me fallait quelquefois en chercher sur plusieurs arbres pour en trouver une seule. Depuis cette grande et heureuse mortalité, ces chenilles ont peu multiplié; il y en a eu si peu en 1733, en 1734 et en 1735 que, s'il n'y en avait jamais davantage dans d'autres années, le nom de communes leur eût été mal donné.

52. Les chenilles, malgré les différentes couches de toiles qui composent leurs nids, restent très-exposées aux rigueurs de l'hiver. Car, après tout, un nid attaché à des branches qui n'ont plus de feuilles, et autour duquel l'air circule librement de tous côtés, ne doit pas être long-temps à prendre dans tout son intérieur le degré du froid de l'air qui l'environne. Ces chenilles alors extrêmement petites, qui par là sembleraient être très-délicates, doivent donc être assez fortes pour résister au froid. J'ai été curieux d'éprouver quel était le degré de celui qu'elles pouvaient soutenir, et surtout quel degré de froid était capable de les faire périr. Ce serait au moins une petite consolation, pendant que l'hiver nous fait sentir un froid trop rude, que de savoir qu'il nous délivre d'insectes qui se sont trop multipliés, et qui auraient dépouillé nos arbres au printemps et à la fin de l'été. Mais les expériences que j'ai m'ont appris que nous n'avons rien à espérer dans ce pays, pour la destruction de cette espèce de chenilles, du froid de nos plus terribles hivers; car elles sont en état de résister à un froid plus grand que celui de 1709 (14 degrés au-dessous de zéro du thermomètre de Réaumur).

Celui qui a fait les insectes semble aussi les avoir constitués différemment, selon qu'ils devaient être exposés à souffrir de plus grands ou de moindres froids. Quantité d'insectes, après avoir vécu sous la forme de chenilles, passent tout l'hiver sous celle de chrysalides, et il y a des chrysalides qui, pendant cette rude saison, sont attachées contre des murs, contre des entablements d'édifices et contre des branches d'arbre, et qui y sont nues, c'est-à-dire, qu'elles ne sont point couvertes par une coque de soie ou bien de quelque autre matière. Telle est la chrysalide de la plus belle des chenilles du chou, et telles sont quantité d'autres chrysalides du genre de celles qui ont l'industrie de se suspendre au moyen d'une ceinture de fils de soie. J'ai fait souffrir à plusieurs de ces chrysalides de très-grands degrés de froid, des froids de plus de 15 à 16 degrés au-dessous de la congélation, sans qu'elles se soient gelées. Nous savons que d'autres chrysalides passent l'hiver assez avant en terre ; là elles ne sont pas exposées à un aussi grand froid que celles qui sont de toutes parts à l'air. J'ai fait souffrir un froid de 7 à 8 degrés au-dessous de la congélation à quelques-unes de celles qui se tiennent en terre ; il a suffi pour les faire périr. Ainsi les insectes qui restent exposés à de grands froids sont en état de les braver. Ceux qui sont plus sensibles aux impressions du froid agissent comme s'ils prévoyaient celui qui doit régner pendant l'hiver sur la surface de la terre, et auquel ils ne pourraient pas résister. Je dis qu'ils agissent comme s'ils le prévoyaient, parce que ce ne sont pas les approches de l'hiver ou le froid actuel qui les déterminent à entrer en terre ; nous avons vu qu'il y a des chenilles qui s'y enfoncent dans les mois de juillet, et d'autres même dès le commencement du printemps. Peu de temps après y être entrées, elles s'y transforment en chrysalides, et ce n'est que l'année suivante qu'un papillon sort de chacune de ces chrysalides.

53. Mais, pour reprendre l'histoire de nos chenilles de l'espèce appelée la commune, depuis le commencement de juin jusque vers la fin du même mois, elles vivent soli-

taires, et ce n'est que vers le commencement de celui de juillet qu'elles songent à se faire des coques pour y prendre la forme de chrysalides. Leurs coques sont assez grossièrement faites ; elles sont d'une soie brune ; leur tissu est si lâche qu'il n'empêche point de voir l'insecte qui y est renfermé ; elles sont souvent sur une feuille de chêne, d'orme, de poirier, ou de quelque autre arbre. Ce que la chenille fait de mieux, c'est qu'elle courbe de telle sorte la feuille vers le côté où doit être la coque, que la portion de cette coque qui reste à découvert est souvent assez petite. Quelquefois deux ou trois chenilles commencent leurs coques si proche les unes des autres qu'elles sont obligées de les achever en commun ; alors deux ou trois chrysalides sont renfermées sous une même enveloppe.

Après être restées dans leurs coques pendant quelques jours, elles se transforment en une chrysalide qui n'a rien de remarquable, et de laquelle le papillon sort au bout de dix-huit à vingt jours ; de sorte que, comme nous l'avons dit, c'est vers la fin de juillet que les papillons venus de ces chenilles commencent à être communs ; c'est alors qu'ils font des œufs qu'ils couvrent de poils, comme nous l'avons expliqué précédemment. Les chenilles en éclosent vers la fin de juillet, ou dans les premiers jours d'août.

On pourrait commencer à faire la guerre à ces chenilles avant qu'elles nous eussent encore fait de mal, pendant qu'elles sont encore dans les œufs. Les papillons ne prennent aucun soin de cacher les nids où ils sont renfermés, puisqu'ils les laissent exposés sur le dessus des feuilles. C'est une chasse qu'on pourrait faire au moins dans les jardins, et qui conserverait à leurs arbres bien des feuilles que ces chenilles font périr avant la fin de l'été.

CHAPITRE XI

**Histoire des chenilles qui vivent en société pendant
toute leur vie.**

54. De toutes les républiques de chenilles que je connais, les plus considérables sont celles d'une espèce de chenille qui vit sur le chêne. Chacune de ces républiques n'est pourtant qu'une même famille; elle n'est formée que de chenilles nées d'un seul papillon; mais c'est une famille bien nombreuse; il y en a telle qui est peut-être composée de plus de six cents, et même de sept à huit cents chenilles. Tant que ces chenilles sont chenilles, elles ne se quittent pas, elles mangent ensemble, elles filent ensemble, elles se reposent ensemble. Non-seulement elles demeurent ensemble tant que dure leur vie de chenille; elles restent encore toutes ensemble sous la forme de chrysalide. Mais les papillons venus de ces chenilles se dispersent chacun de leur côté pour produire de nouvelles familles, pareilles à celle dont ils ont fait partie.

Pendant que les chenilles de chacune de ces petites républiques sont jeunes, elles n'ont point d'établissement fixe; elles campent successivement en différents endroits du chêne sur lequel elles sont nées; elles s'y font des toiles, sous lesquelles elles se tiennent peu de temps, et qu'elles abandonnent, quand elles ont changé de peau, pour en aller filer d'autres ailleurs. Mais quand elles sont par-

venues à environ les deux tiers de la grandeur à laquelle
elles doivent arriver, c'est-à-dire, vers le commencement de
juin, elles se font une habitation fixe, qui n'est abandonnée par ces insectes qu'après qu'ils ont pris des ailes.
Toutes les chenilles se rendent en certain temps dans
cette habitation ou dans ce nid ; le plus souvent elles s'y
tiennent tout le jour; ce n'est guère que quand le soleil
est près de se coucher qu'elles en sortent. Ces nids sont
souvent appliqués contre des troncs de chêne, quelquefois
proche de la terre, quelquefois à sept à huit pieds de
haut; assez souvent il y en a d'attachés contre une des
principales branches qui partent de la tige. Leur figure
n'a rien de singulier ni de bien constant; ils forment sur
l'endroit du chêne où ils sont appliqués une bosse pareille aux nœuds qu'on voit à ces arbres. Il y a de ces
nids qui ont plus de 18 à 20 pouces de longueur, 5 à 6
pouces de largeur, et qui, vers le milieu de leur convexité, s'élèvent de 4 pouces et plus au-dessus de l'arbre.
Plusieurs couches de toiles appliquées les unes sur les
autres forment les parois de ce nid. Entre le tronc de
l'arbre et ces parois, est la cavité où les chenilles vont se
renfermer de temps en temps et qui n'est partagée par
aucune cloison, de sorte que le nid n'est qu'une espèce de
de poche. Au haut de la toile, près du tronc de l'arbre,
elles laissent un trou par où elles entrent et par où elles
sortent quand il leur plaît. Malgré le grand volume de ces
nids, quoiqu'ils soient si peu rares qu'il y en a quelquefois trois ou quatre sur le même chêne, quoiqu'attachés
contre une tige nue et à hauteur des yeux, on ne les aperçoit que quand on cherche à les voir; autrement, on
les confond avec ces bosses de l'arbre auxquelles nous les
avons comparés. La soie qui les couvre devient d'un blanc
grisâtre, qui n'imite pas mal la couleur des lichens dont
les tiges des chênes sont ordinairement recouvertes.

55. Je crois qu'il y a une très-parfaite égalité entre les
habitants de cette république; ils marchent pourtant ayant
un chef à leur tête, et ils suivent ses mouvements avec
autant d'exactitude qu'ils pourraient faire s'ils l'eussent
choisi pour conducteur, après avoir reconnu sa capacité.
L'heure de sortir du nid étant venue, il y a une chenille
qui se met la première en marche; une autre la suit, et
toutes suivent à la file. Ce n'est pas seulement en sortant
de leur nid qu'elles suivent la première qui s'est mise en
marche; elles la suivent de même tant qu'elle est en mouvement; elles s'arrêtent toutes quand elle s'arrête; elles
attendent pour marcher qu'elle recommence à se mettre
en route. Elles vont toujours en espèce de procession,
aussi les ai-je nommées des *processionnaires*, ou des *évo-
lutionnaires*. C'est un vrai spectacle pour qui aime l'histoire naturelle que de se trouver, dans les jours chauds
d'été, vers le coucher du soleil, dans un bois où il y a plusieurs nids de nos processionnaires sur des arbres peu
éloignés les uns des autres. Quand le soleil est près de se
coucher, on en voit sortir une de quelque nid par l'ouverture qui est à sa partie supérieure et qui suffirait à peine
à en laisser sortir deux de front. Dès qu'elle est sortie,
elle est suivie à la file par plusieurs autres; arrivée environ à deux pieds du nid, tantôt plus près pourtant, et
tantôt plus loin, elle fait une pause pendant laquelle celles
qui sont dans le nid continuent d'en sortir; elles prennent leur rang, le bataillon se forme; enfin la conductrice
marche, et tout la suit. Ce qui se passe dans ce nid se
passe dans tous les nids des environs; on les voit tous se
vider à la fois; l'heure est venue où les chenilles doivent
aller chercher de la nourriture, où elles doivent aller ronger les feuilles du chêne. Ainsi, c'est pendant la nuit
qu'elles se promènent, qu'elles mangent; pendant le
jour, et surtout pendant les jours chauds, elles se tiennent en repos dans leurs nids. On en trouve pourtant

quelquefois en plein midi sur des troncs ou sur des
branches de chêne ; mais alors elles y sont ordinairement
plaquées les unes contre les autres, sans se donner aucun
mouvement ; d'où il arrive qu'il est difficile de les y
apercevoir, quoiqu'elles y occupent une assez grande
surface, qu'elles y forment une assez grande plaque.
Quelquefois, au lieu d'être simplement couchées les unes
à côté des autres, elles sont comme lacées ; les supérieures
se contournent sur les inférieures, elles forment ainsi diverses masses assez singulières. Quand elles sont dans leur
nid, elles y sont aussi arrangées de quelques-unes de ces
manières.

56. Je n'ai point vu de famille de ces chenilles qui se
fût fait un nid, en 1732, avant les premiers jours de juin ;
ceux que j'observai vers ce temps-là n'étaient encore en-
tourés que d'une toile aussi mince que celle des araignées ;
elle laissait voir les chenilles au-dessus desquelles elle
se trouvait ; toutes étaient posées sur l'écorce de l'arbre
et appliquées les unes contre les autres. Il semble qu'elles
ne songent à faire un nid solide que lorsqu'elles sentent
que le temps de leur métamorphose approche. En commençant ce nid, elles lui donnent toutes les dimensions,
au moins en largeur et en épaisseur, qu'il doit avoir ;
mais il leur arrive quelquefois de l'allonger, quand elles
ne lui trouvent pas assez de capacité. Après avoir commencé leur travail, elles ont encore une fois à changer de
peau. Lorsque ce temps est arrivé, elles cramponnent
leurs pieds contre la toile qui renferme le nid ; la dépouille y reste accrochée ; plusieurs centaines de dépouilles pareilles qui se trouvent successivement attachées à
la toile épaississent et fortifient l'enveloppe, d'autant
plus que, par la suite, les chenilles les lient encore avec de
nouveaux fils. Elles fortifient aussi journellement la toile
de leur nid en y étendant de nouvelles couches de fils ;

le tissu, que j'avais trouvé très peu serré un jour, me paraissait moins transparent le jour suivant, et, au bout de sept ou huit jours, il était entièrement opaque.

C'est dans leur nid que ces chenilles doivent perdre leur forme, et devenir chrysalides. Pour se préparer à ce changement, elles se filent chacune en particulier une coque ; elles joignent tous leurs poils à la soie qu'elles emploient pour la former : aussi, si l'on ouvre une coque avant que la chenille se soit métamorphosée, la chenille est méconnaissable, parce qu'elle est toute rase. Pendant qu'elles ont vécu en chenilles, elles ont toujours été ensemble, et, pour ainsi dire, appliquées les unes contre les autres ; pendant qu'elles sont chrysalides elles sont pareillement appliquées les unes contre les autres, autant qu'il est possible ; les coques sont posées les unes contre les autres et toutes parallèles les unes aux autres. L'assemblage de ces coques forme une sorte de gâteau.

57. Ceux qui peuvent avoir pris ici quelque envie d'observer ces républiques de chenilles, et surtout leur nids, auraient à se plaindre de moi, si je n'avertissais que ce n'est qu'avec précaution qu'on doit défaire les nids, surtout lorsqu'ils sont remplis de gâteaux de coques, et surtout encore lorsque les papillons sont sortis des coques. La première fois que je les observai, il m'arriva d'en trouver une grande quantité ; j'en détachai un bon nombre des arbres ; je les brisai, je les épluchai avec les mains, et ce ne fut qu'après les avoir bien observés que je m'aperçus que je les avais trop maniés. Je sentis à mes mains, au poignet, et principalement entre mes doigts, des démangeaisons cuisantes et qui le devinrent de plus en plus ; peu après j'en sentis de pareilles en plusieurs endroits du visage, et surtout à l'un de mes yeux, qui, au bout de quelques heures, se trouva dans le même état que si j'y avais eu une fluxion.

Les paupières, tant la supérieure que l'inférieure, étaient enflammées; je pouvais à peine les ouvrir à moitié. Plusieurs personnes qui étaient avec moi à la promenade manièrent ces mêmes nids, mais moins que je n'avais fait; elles eurent aussi des démangeaisons dont elles furent plus tôt quittes; elles leur durèrent pourtant deux jours.

Les poils qui produisent cet effet sont des poils extrêmement fins et légers; la plus faible agitation de l'air suffit pour les transporter. Ils sont si petits qu'on ne peut les distinguer bien sûrement sur les endroits de la peau où ils ont causé des élevations. Pendant que je défaisais avec ma canne de ces nids qui étaient posés seulement à quelques pieds de hauteur, il est arrivé quelquefois que les environs étaient très-éclairés du soleil; dans ces endroits éclairés, je voyais voltiger des milliers de petits corps, qui étaient pourtant beaucoup plus gros et en plus grand nombre que ceux qu'on voit au milieu des rayons de lumière qui entrent dans une chambre obscure; c'étaient sans doute les poils courts, ou les fragments de poils dont l'attouchement est capable d'exciter sur la peau des élevations accompagnées de démangeaisons cuisantes. Au reste, les nids ne sont pas également à craindre en tout temps; quand les chenilles les habitent sous la forme de chenille, il ne produisent des cuissons que quand on les manie beaucoup; ils deviennent plus à craindre quand ils sont remplis de chrysalides; ils le sont encore plus quand les papillons sont sortis, et d'autant plus qu'il y a plus longtemps que les papillons les ont abandonnés.

CHAPITRE XII

Des chenilles rouleuses, plieuses et lieuses de feuilles.

58. Il y a des chenilles qu'on trouve souvent en grand nombre sur le même arbre, sur la même plante, que nous ne laissons pas de regarder comme solitaires, parce qu'elles ne font point d'ouvrages en commun, que les travaux des unes n'influent point sur ceux des autres ; elles vivent en compagnie, comme si elles étaient seules : telles sont les chenilles dont le marronnier d'Inde est quelquefois tout couvert, celles qui mangent les choux, etc. Mais il y en a qui sont bien plus solitaires ; elles se font successivement plusieurs habitations où elles se tiennent renfermées, sans se mettre à portée de communiquer avec les autres, tant qu'elles sont chenilles. C'est dans cette grande solitude que vivent presque toutes celles qui lient ensemble plusieurs feuilles pour les réunir dans un paquet vers le centre duquel elles se tiennent.

Il ne faut point avoir fait une étude particulière de l'Histoire naturelle pour avoir vu dans les jardins, dans les bois, des feuilles simplement courbées, d'autres pliées en deux, d'autres roulées plusieurs fois sur elles-mêmes, d'autres ramassées plusieurs ensemble dans un paquet informe, et pour avoir remarqué que ces feuilles sont

tenues dans ces différents états par un grand nombre de
fils. Nos poiriers, nos pommiers, nos groseilliers, nos
rosiers et bien d'autres arbres et d'autres arbrisseaux, et
même de simples plantes, mettent chaque jour sous nos
yeux de ces sortes de feuilles. On a pu encore observer
que la cavité que ces feuilles renferment est souvent occupée par un insecte, et ordinairement par une chenille.
Le chêne, le meilleur de tous les arbres pour nos usages,
et le plus amusant pour un naturaliste, est aussi, de tous
les arbres, celui où l'on voit plus de feuilles pliées et
roulées : on y en aperçoit qui le sont avec une régularité
qui donne envie de savoir comment des insectes peuvent
venir à bout de les contourner de la sorte. De pareils ouvrages ne seraient pas bien difficiles à faire à qui a des
doigts : mais les chenilles n'ont ni doigts, ni parties qui
semblent équivalentes. D'ailleurs avoir roulé les feuilles,
c'est avoir fait au plus la moitié de la besogne ; il faut les
contenir dans un état d'où leur ressort naturel tend continuellement à les tirer. La mécanique à laquelle les chenilles ont recours pour cette seconde partie de l'ouvrage
est aisée à observer. On voit des paquets de fils attachés
par un bout à la surface extérieure du rouleau et, par
l'autre, au plat de la feuille. Ce sont autant de liens,
autant de petites cordes qui tiennent contre le ressort de
la feuille. Il y a quelquefois plus de dix à douze de ces
liens rangés à peu près sur une même ligne, lorsque le
dernier tour d'un rouleau présente à peu près la longueur,
ou seulement la largeur entière de la feuille. Chaque lien
est un paquet de fils de soie blanche, pressés les uns contre les autres, mais qu'on juge pourtant tous séparés. En
général, presque toutes les rouleuses sont d'une très-
grande vivacité. Dès qu'on les touche, elles se donnent
des mouvements si prompts et si différents en tous sens
qu'elles semblent être en convulsion.

59. Une partie d'une feuille ou même une feuille de
chêne entière ne serait pas une provision suffisante pour
la nourriture de nos chenilles pendant toute leur vie ;
elles se font un nouveau rouleau quand, elles en ont
besoin. Après y avoir vécu en chenilles, elles doivent s'y
métamorphoser en chrysalides et ensuite en papillons. La
peau des chrysalides est molle et tendre dans les premiers
moments de la transformation, quoique, par la suite, elle
devienne sèche et dure ; l'attouchement de la feuille serait trop rude pour cette peau, lorsqu'elle ne vient que
d'être dégagée de dessous l'enveloppe de chenille. Il semble que l'insecte ait prévu qu'il avait à craindre cette
incommodité ; car, lorsque le temps de sa première métamorphose approche, il tapisse l'intérieur du rouleau
d'une légère couche de fils de soie, dont l'attouchement
est plus doux que celui de la surface raboteuse de la
feuille. Enfin, à l'état de chrysalide doit succéder celui
de papillon. Je ne sais point assez précisément la durée
du temps pendant lequel l'insecte conserve la forme de
chrysalide ; mais il ne m'a pas paru qu'elle fût de plus de
trois semaines. Quand le papillon a commencé à briser
son enveloppe et à s'en tirer, il avance vers un des bouts
du rouleau, et c'est dans l'ouverture même de ce bout
qu'il achève de sortir de son fourreau. Les frottements du
contour de cette ouverture contre le fourreau l'arrêtent
et donnent plus de facilité au papillon de s'en dégager
et de le laisser en arrière. Dès qu'il est en liberté, il n'a
plus qu'à donner le temps à ses ailes d'achever de se dé-
velopper, après quoi, il est en état de prendre l'essor. Si
l'on examine dans le mois de juillet, et même avant la
mi-juin, les rouleaux de nos feuilles du chêne, il y en
aura peu à qui l'on ne trouve un fourreau de chrysalide
qui est resté à l'un de ses bouts.

60. Certaines chenilles, au lieu de rouler les feuilles,

se contentent de les plier. Le nombre de ces plieuses est encore plus grand que celui des rouleuses ; leurs ouvrages sont plus simples. mais il y en a qui, malgré leur simplicité, ne laissent pas de paraître industrieux. Le chêne nous offre encore de ces sortes d'ouvrages ; la plupart des autres arbres nous offrent aussi des feuilles pliées ; mais il n'y en a point où l'on en puisse observer plus commodément que sur les pommiers ; ils en ont de toutes espèces à nous faire voir. Au lieu que les chenilles rouleuses habitent des rouleaux, les plieuses se tiennent dans une espèce de boîte plate ; elles n'y ont pas un grand espace ; mais il est proportionné à la grandeur et à la grosseur de leur corps ; ordinairement elles sont des plus petites chenilles. Chacune est bien close dans cette espèce d'étui plat ou de boîte ; il reste pourtant quelquefois une ouverture à chaque bout, mais à peine ces ouvertures sont-elles sensibles. Elles se renferment ainsi pour se nourrir à couvert ; mais, si elles rongeaient, comme font les rouleuses, l'épaisseur entière de la feuille, leurs espèces de boîtes seraient bientôt tout à jour ; au lieu que, tant qu'elles y demeurent, jamais on n'y voit de trous. Leur goût, et peut-être leur prévoyance, les porte à ne manger qu'une partie de l'épaisseur de la feuille. Celles qui plient les feuilles en dessous épargnent la membrane qui en fait le dessus. Les unes et les autres n'attaquent point les nervures et les fibres un peu grosses. Elles savent ne détacher que la substance la plus molle, le parenchyme qui est renfermé dans le réseau fait par l'entrelacement des fibres. Aussi la structure de ce réseau est-elle bien plus sensible dans les endroits où ces chenilles ont rongé que dans les autres endroits.

On voit avec plaisir manger celles qui se contentent de courber des feuilles, surtout quand on les considère à la loupe. On remarque avec quelle adresse et avec quelle vitesse elles découpent une partie de l'épaisseur de la

6

feuille. Leur tête est un peu inclinée vers un côté, afin apparemment qu'une seule de leurs machoires perce d'abord une petite portion de la substance de la feuille, que les deux machoires, serrées l'une contre l'autre dans le moment suivant, savent détacher. Les coups de dents se succèdent avec une vitesse prodigieuse, et, à mesure qu'ils sont réitérés, le réseau formé par les fibres se découvre; il devient distinct dans les endroits où auparavant il était à peine sensible. Ce n'est que par petites aires que la substance de la feuille est emportée.

61. Quantité de chenilles, quoique aussi petites que celles dont nous venons de parler, ne se contentent pas de rouler ou de plier une seule feuille; elles en réunissent plusieurs dans un même paquet. On trouve sur presque tous les arbres et sur tous les arbrisseaux des paquets composés de feuilles assez différemment arrangées, et presque toujours irrégulièrement : elles sont attachées les unes contre les autres dans les endroits par où la chenille a eu plus de facilité à les obliger à se toucher. Cette chenille, nichée vers le milieu du paquet, se trouve à couvert et environnée de toutes parts d'une bonne provision d'aliments convenables. On voit fréquemment sur les poiriers de ces paquets de feuilles qui ressemblent assez aux nids des chenilles communes, à cela près qu'ils ne sont pas couverts de toiles : quelques fils seulement sont employés pour les contenir. Les paquets faits sur le rosier sont souvent composés de plusieurs feuilles, pliées chacune en deux et appliquées les unes sur les autres assez exactement. La chenille brune et rase qui les a réunies s'y est prise avant qu'elles se fussent développées. Elle perce ordinairement quelque part vers leur milieu toutes les feuilles qui sont appliquées ainsi les unes contre les autres, et, autour des ouvertures des trous, elle dispose des fils qui les tiennent

assujéties les unes contre les autres. Elle mange ensuite
à son aise les portions des feuilles de ce paquet qui sont
le plus de son goût.

Comme paquets de feuilles, je ne sais rien de si bien
fait que ceux que l'on trouve sur certaines espèces de
saules, et surtout sur une espèce d'osier. Les feuilles
longues et étroites de l'arbre et de l'arbrisseau en question sont très-propres à s'ajuster parallèlement les
unes aux autres ; c'est même la direction qu'elles ont au
bout de chaque tige, quand elles ne se sont pas entiere-
ment développées. Une espèce de petite chenille rase, à
seize jambes, dont le fond de la couleur est brun et ta-
cheté de blanc, lie ces feuilles les unes contre les autres
et en fait des paquets où elles sont souvent très-bien
étendues et très-bien arrangées. Sa mécanique n'a pourtant rien ici de bien remarquable ; elle fait précisément
ce que nous ferions en pareil cas ; elle dévide un fil autour des feuilles qui doivent être tenues ensemble, depuis
un peu au-dessus de leur queue jusqu'à une assez petite
distance de leur pointe. Elle a trouvé les feuilles presque
couchées les unes auprès des autres, elle a eu peu à les
rapprocher : les tours du fil qui les maintiennent sont
très-proches les uns des autres.

62. Une autre espèce de chenille lieuse, qui aime le
fenouil et qui vit de ses fleurs, fait encore un assez joli
ouvrage dans ce genre. On la trouve dans les mois de
juin, de juillet et d'août. La disposition des fleurs du fenouil n'a pas besoin d'être expliquée ; on sait qu'un
grand nombre de pédicules chargés de bouquets y forment une espèce de parasol. Les bouquets les plus proches du centre sont portés par des pédicules plus courts
que ceux des bouquets de la circonférence. Notre chenille
lie ensemble tous les bouquets qui sont vers le centre ;
elle les réunit dans un tas, au milieu duquel elle se loge.

Une des premières lieuses de feuilles qui paraissent au printemps, et qui est extrêmement commune, c'en est une qui rassemble en paquet les feuilles qui se trouvent au bout des jets ou des pousses du chêne. Ce paquet est quelquefois assez gros ; mais d'ailleurs sa forme irrégulière n'est pas propre à s'attirer de l'attention. Quand on le défait, on y trouve pourtant une particularité qu'on peut observer en quelques autres paquets de feuilles, mais qui ne se rencontre dans aucun de ceux dont nous avons parlé. Le centre du paquet est occupé par un tuyau de soie blanche, dans lequel la chenille rentre toutes les fois qu'elle sent qu'il se fait quelque mouvement extraordinaire autour des feuilles qu'elle a réunies ; du moins, toutes les fois qu'on les écarte pour mettre le tuyau à découvert, la chenille se cache dans ce tuyau. Elle n'a pas besoin d'en sortir entièrement pour ronger les feuilles ; elle les a mises si fort à sa portée qu'elle peut attaquer plusieurs de celles qui sont le plus loin, pendant que sa partie postérieure reste dans le tuyau.

63. J'ai donné ci-devant les rouleuses pour des chenilles qui vivent dans une parfaite solitude ; c'est la règle générale, à laquelle pourtant j'ai trouvé quelques exceptions. Ayant déplié et étendu des rouleaux de feuilles de lilas, au lieu d'une seule chenille que je croyais y voir, j'ai vu qu'ils en renfermaient quelquefois plus d'une douzaine, et, pour le moins, j'ai trouvé cinq à six chenilles dans chaque rouleau. Elles n'ont pas la vivacité ordinaire aux autres rouleuses ; mais leurs rouleaux sont des mieux faits, soit parce qu'elles sont des rouleuses très-adroites, soit parce que les feuilles de lilas, dont la tissure est lisse et assez égale partout, sont des plus aisées à rouler. Constamment c'est le dessus de la feuille qui forme le dessus du rouleau ; la pointe a été ramenée vers le dessous, pour faire un premier tour de spirale, qui, par la suite, se trouve enveloppé

par environ trois tours ; les deux bouts de ces rouleaux sont fermés.

Les rouleuses du chêne mangent toute la substance de la partie roulée. Avec le temps, elles réduisent un rouleau qui avait quatre à cinq tours de spirale à n'en avoir qu'un seul. Nos chenilles du lilas ont beau ronger, leur rouleau conserve tous ses tours, parce qu'elles se contentent de manger le parenchyme de la partie roulée. Elles commencent par manger celui du premier tour, et, de tour en tour, elles détachent celui de tout ce qui a été roulé ; alors le rouleau a la couleur d'une feuille fanée mais encore humide. Les chenilles que j'ai tirées de leurs étuis et que j'ai mises sur de nouvelles feuilles se sont contentées de ramener le bout de celles-ci sur le dessous, de plier la feuille par le bout ; elles ont mangé le parenchyme de cette espèce de boîte plate, comme elles mangeaient auparavant celui du rouleau. Quand elles veulent se transformer en chrysalides, elles abandonnent le rouleau, elles se dispersent, elles passent sur d'autres feuilles plates ; chacune s'y fixe dans l'endroit qui lui convient ; elle oblige la partie sur laquelle elle s'est arrêtée à se courber ; elle lui fait faire un pli, et c'est dans ce pli qu'elle se file une coque de soie.

Des rouleuses fort adroites s'établissent aussi en commun sur les feuilles du troène. Les rouleaux qu'elles forment sont ordinairement aplatis, mais d'ailleurs très-bien faits. Leurs sociétés sont moins nombreuses ; je n'ai jamais trouvé de rouleau habité par plus de six de ces chenilles, et souvent je n'y ai trouvé que deux à trois chenilles. Elles ne mangent que le parenchyme du dessous de la feuille, ou du côté de la feuille qui fait l'intérieur du rouleau. Je les ai vues travailler avec bien de l'activité à rouler de concert une feuille ; mais leurs manœuvres ne m'ont rien offert qui demande d'être rapporté.

CHAPITRE XIII

Histoire des arpenteuses à dix jambes.

64. Les arpenteuses à dix jambes vivent solitaires ; plusieurs d'entre elles rongent, dès qu'elles commencent à pousser, les feuilles des arbres les plus communs dans ce pays, les feuilles des chênes, celles des ormes, celles des charmes, celles des hêtres, celles des érables, celles des noisetiers, celles des aubépines, etc. Il est pourtant rare d'en voir sur les arbres qu'elles ont déjà très-maltraités, et sur lesquels elles sont encore ; les feuilles mêmes qu'elles mangent, servent à les cacher. La plupart ignorent néanmoins l'art de les rouler, de les plier, de les rassembler en un même paquet : elles n'ont point recours à ces procédés industrieux, que nous avons vu pratiquer par tant d'autres chenilles. L'expédient dont elles se servent est plus simple, et est le meilleur de tous, si elles ne se proposent que de se cacher à nos yeux de façon que rien ne les décèle. Elles se tiennent entre deux feuilles appliquées à plat l'une sur l'autre en entier ou en partie. Ces feuilles sont retenues en cet état par des fils de soie collés contre les deux surfaces qui se touchent ; leur position n'a rien qui détermine l'observateur le plus attentif à les considérer ; elles sont placées, l'une par rapport à l'autre, comme le sont mille autres feuilles

qui ne doivent leurs situations qu'au hasard. Mais ce qui distingue les feuilles entre lesquelles les chenilles ont été, c'est qu'elles sont percées, découpées et rongées. Qu'on les sépare doucement, on apercevra qu'elles sont ténues l'une contre l'autre par des fils. Si elles ne sont pas encore trop mangées, on trouvera entre les parties qui se touchent et qui n'ont point été attaquées, on trouvera, dis-je, la chenille qui est pliée presque en deux.

La plupart des arpenteuses, si communes au printemps, entrent en terre pour s'y faire une coque dans laquelle elles perdent leur forme pour prendre celle de chrysalide. Il y en a pourtant des espèces qui se font des coques dans des feuilles pliées ou rassemblées en paquets ; telle est, par exemple, une petite arpenteuse brune, de l'oseille, qui contourne une feuille de cette plante dans laquelle elle se file une petite coque de soie blanche. D'autres, après avoir contourné une feuille, se contentent de disposer dans sa cavité quelques fils qui ne forment pas, à proprement parler, une coque, mais qui suffisent pour empêcher de tomber la chenille et ensuite la chrysalide.

Assez généralement les arpenteuses se laissent tomber lorsque la main qui les veut prendre agite les feuilles sur lesquelles elles sont. Néanmoins elles ne tombent pas ordinairement à terre ; il y a une corde prête à les soutenir en l'air, et une corde qu'elles peuvent allonger à leur gré. Cette corde n'est qu'un fil très-fin, mais qui a de la force de reste pour porter une chenille. Celles-ci doivent à la façon dont elles marchent leur nom d'*Arpenteuses*, qui leur est commun d'ailleurs avec un grand nombre d'espèces. Elles semblent en effet mesurer avec leur corps le chemin qu'elles parcourent, comme un arpenteur toise le terrain avec une chaîne. Plusieurs de ces arpenteuses, que j'ai fait marcher sur ma main ou sur des plans où il m'était très-aisé de les observer, m'ont fait voir de plus qu'elles laissent sur un fil la mesure du chemin qu'elles ont parcouru ; je veux dire qu'en chaque endroit où la tête s'arrête, elle m'a paru attacher un fil. La tête se porte-t-elle aussi loin en avant qu'il est nécessaire pour faire un pas, pendant qu'elle avance, il se dévide de la filière une longueur de fil égale à celle dont la tête a avancé ; la tête se fixe-t elle pour finir son pas, elle attache le bout de ce fil dans l'endroit où elle s'arrête une seconde fois, et ainsi de suite la trace du chemin de la chenille est marquée par un fil. Si elle agit ainsi, ce n'est pas pour marquer son chemin, ni pour le mesurer, ni pour le retrouver ; les chenilles de ces espèces ne retournent pas aux endroits qu'elles ont quittés, comme font nos chenilles de société ; mais ce fil qui se trouve toujours attaché assez près de l'endroit où est la chenille et qui, par son autre bout, tient à la filière, a un autre usage aisé à reconnaître. Toutes les fois que la chenille tombe de dessus une feuille, soit volontairement, soit involontairement, une petite corde est toujours prête et disposée pour la soutenir en l'air ; la chenille ne court point risque de tomber jusqu'à terre.

65. Nos arpenteuses ne se servent pas seulement d'une semblable corde pour se suspendre un peu au-dessous d'une feuille.; elles s'en servent pour descendre des plus hauts arbres et pour remonter jusqu'à la cîme de ces mêmes arbres ; une chenille sait descendre du plus haut chêne jusqu'à terre, et elle y sait remonter par une voie plus courte et plus commode que celle qu'elle serait obligée de suivre en marchant. Dès que la chenille est suspendue par un fil qui tient par un bout à une feuille, à une tige d'arbre, et par l'autre à la liqueur visqueuse contenue dans la filière et dans les réservoirs à soie, il n'est pas étonnant que ce fil s'allonge, que de nouvelle liqueur soit continuellement tirée hors des réservoirs et de la filière ; le poids de la chenille est une force plus que

suffisante pour cela. Tout ce qui semblerait être à craindre, c'est que le fil ne s'allongeât trop vîte, et que la chenille tombât plutôt à terre qu'elle n'y descendît; c'est-à-dire, qu'elle ne vint frapper la terre avec tout le poids de son corps et la vitesse acquise. Mais, ce que nous devons remarquer d'abord, et même admirer, c'est que la chenille est maîtresse de ne pas descendre trop vite ; elle descend à plusieurs reprises ; elle s'arrête en l'air quand il lui plaît. Ordinairement elle ne descend de suite que d'un pied de haut au plus, et quelquefois d'un demi-pied, ou de quelques pouces ; après quoi, elle fait une pause plus ou moins longue, à sa volonté. Ainsi elle arrive jusqu'à la terre sans jamais la frapper rudement, parce que jamais elle n'y tombe de bien haut.

Le même fil qui a servi à notre chenille pour descendre du haut d'un arbre lui sert aussi pour y remonter. Une corde qui a des nœuds d'espace en espace, ou même une corde sans nœuds, devient une espèce d'échelle pour des hommes exercés à la manœuvre de grimper. Le fil de notre chenille est aussi pour elle une échelle ; mais la mécanique par laquelle elle se remonte le long de son fil est tout à fait différente de celle de l'homme qui grimpe le long d'une corde. Plusieurs espèces de chenilles peuvent nous faire voir cette mécanique ; mais les arpenteuses en bâton [1] et un peu grosses sont celles qu'il est le plus aisé d'obliger d'y avoir recours, et celles que j'ai le plus observées pendant qu'elles la pratiquaient.

Quand on prend une de ces arpenteuses, on peut apercevoir le fil qui tient à la filière ; qu'on saisisse ce fil entre deux doigts, et qu'on fasse tomber la chenille de dessus le

---

1. Un grand nombre de chenilles ont l'habitude, lorsque quelque danger les menace, de se dresser sur les pattes de derrière en donnant à leur corps une raideur et une immobilité qui pourraient le faire confondre avec un fragment de branche rompu ; de là le nom de *chenilles en bâton*.

corps où elle était posée, elle se trouve en l'air, pendue au fil. Si l'on secoue alors le fil, c'est-à-dire, si l'on élève et abaisse brusquement la main à diverses reprises, le fil s'allonge, la chenille descend plus bas; si on la tirait en bas avec l'autre main, on produirait le même effet, mais on courrait plus de risque de rompre le fil. Qu'ensuite on laisse la chenille tranquille, ordinairement on la voit sur le champ travailler à se remonter le long du fil, et elle s'y remonte vite. C'est une manœuvre qu'on lui fait recommencer autant de fois qu'on veut, et qu'il faut lui faire recommencer plusieurs fois pour voir comment elle l'exécute, et pour s'assurer qu'on a bien vu, parce que les mouvements sont plus prompts qu'on ne les voudrait.

Pour se remonter, elle saisit le fil entre ses deux dents, le plus haut qu'elle peut le prendre; aussitôt sa tête se contourne, se courbe d'un côté, et cela de plus en plus; elle semble descendre au-dessous de la dernière des jambes écailleuses qui est du même côté. Le vrai est pourtant que ce n'est pas la tête qui descend : l'endroit du fil qu'elle tient saisi est un point fixe pour elle et pour tout le reste du corps; c'est la partie du dos qui répond aux jambes écailleuses que la chenille recourbe en haut, par conséquent ce sont les jambes écailleuses et la partie à laquelle elles tiennent qui remontent alors. Quand celles la dernière paire se trouvent au-dessus des dents de la chenille, une de ces jambes, celle qui est du côté vers lequel la tête est inclinée, saisit le fil et l'amène à la jambe correspondante qui s'avance pour prendre ce même fil. Il n'est pas aisé de voir laquelle des deux le retient; mais, dès qu'on suppose la partie du fil qui était auprès de la tête saisie et tenue par les dernières jambes écailleuses, il est clair que voilà un nouveau point fixe. Si la tête alors se redresse, ce qu'elle ne manque pas de faire dans l'instant, elle est en état d'aller saisir le fil dans un endroit plus élevé que celui où elle l'avait pris d'abord, ou, ce qui est la même chose, la tête et, par conséquent, tout le corps de la chenille se trouvent remontés d'une hauteur égale à la longueur du fil qui est entre l'endroit où les dents l'avaient saisi la première fois et celui où elles le saisissent la seconde fois.

Voilà, pour ainsi dire, le premier pas fait en haut. A peine est-il achevé, que la chenille en fait un second ; elle se recourbe du côté opposé à celui où elle s'était recourbée la première fois ; la dernière des jambes écailleuses de ce même côté vient accrocher le fil, quand elle s'en trouve à portée ; la jambe correspondante se présente pour lui aider à le prendre ou à le tenir ; la tête se redresse ensuite ; et ainsi la même manœuvre se répète, la tête s'inclinant alternativement de l'un et de l'autre côté, et se redressant lorsque le fil a été saisi par les dernières jambes, et cela jusqu'à ce que la chenille soit arrivée assez près des doigts par lesquels nous avons fait tenir le bout du fil pour pouvoir monter dessus ces doigts et y marcher. Si l'on saisit alors la chenille, on lui voit un paquet de fils entre les quatre dernières jambes écailleuses. Ce paquet est plus ou moins gros, selon qu'elle s'est plus ou moins remontée ; tous les tours du fil qui le composent sont mêlés. Aussi, la chenille n'en tient-elle aucun compte ; dès qu'elle peut marcher, elle s'en défait, elle en débarrasse ses jambes, et elle le laisse avant que de faire un premier ou, au plus, un second pas. Chaque fois donc qu'elle se remonte, il lui en coûte la corde dont elle s'est servie pour se remonter : mais c'est une dépense à laquelle elle fournit tant qu'elle veut ; elle a en elle-même la source de la matière nécessaire à la composition du fil, et, d'ailleurs, la façon du fil lui coûte peu ; aussi, les arpenteuses sont-elles si peu ménagères de ce fil que la plupart en laissent sur tous les chemins qu'elles parcourent.

CHAPITRE XIV

Ravages causés par les arpenteuses à douze jambes.

66. — Il n'est pas aisé de se représenter la quantité de chenilles qui a paru cette année (1735) aux environs de Paris et dans une grande étendue du royaume, comme depuis Paris jusqu'à Tours, comme en Auvergne, en Bourgogne, etc. Elles ont commencé par attaquer les légumes ; elles ont ravagé presque tous les jardins potagers des environs de Paris appelés *Marais,* à un tel point qu'on n'y voyait au plus que des fragments de feuilles ; les plantes n'avaient plus que des tiges, et des côtes de feuilles. Ces chenilles appartiennent au groupe des arpenteuses ; nous leur donnerons le nom de *chenilles de légumes,* qu'elles n'ont que trop bien mérité par la manière dont elles les ont traités. Les laitues romaines ont été les premières attaquées par ces chenilles, qui ont ensuite passé aux autres espèces de laitues, aux pois, aux grosses fèves, aux haricots, et qui n'ont épargné presque aucune plante de nos jardins. Mais ce n'était pas dans les jardins seulement que ces chenilles s'étaient si fort multipliées ; les campagnes en étaient remplies. J'ai vu des champs de pois d'une vaste étendue, où il ne restait que les tiges et les gousses des pois ; toutes les feuilles, à quelques-unes de leurs fibres près, avaient été dévorées. Les légumes, au reste, ne sont pas les seules plan-

tes de leur goût; elles s'accommodent des feuilles d'un
très-grand nombre d'autres plantes, et de saveurs très-dif-
férentes, comme de celles de la renouée, du trèfle, du gramen, des chardons, et surtout des chardons à grandes
feuilles, de celles de la bardane, de la sauge, de l'ab-
sinthe. Elles n'aiment que trop le chanvre. En Alsace, elles
ont attaqué les plants de tabac, et elles y ont fait de si
grands désordres que M. Bazin m'a écrit que les vicaires
venaient demander permission à M. l'Évêque de Paros,
suffragant de Strasbourg, de faire des processions pour
obtenir d'être délivrés de ces chenilles. Enfin, il serait plus
court peut-être de nommer les plantes de nos jardins, de
nos champs et de nos prairies dont elles ne mangent pas
les feuilles que de nommer celles dont elles mangent
les feuilles. Il est bien heureux que nos blés de différentes
espèces, nos froments, nos seigles, nos orges soient du
nombre des plantes qui ne sont pas de leur goût. Que seraient devenues les récoltes des grains qui nous sont si
essentiels, si les chenilles eussent aimé les plantes qui les
produisent? On sait combien les feuilles sont nécessaires
aux plantes; souvent les plantes périssent lorsqu'on les dépouille trop tôt de leurs feuilles, ou, au moins, leurs fruits
ne viennent pas à parfaite maturité. Les pois se fanaient
dans les gousses portées par des tiges dont les feuilles
avaient été mangées par les chenilles; et, si les feuilles
eussent été mangées plus tôt, peut-être que les pois ne se
fussent pas formés dans les gousses, ou que les gousses
elles-mêmes ne se fussent pas montrées. Dans quelques
pays, néanmoins, ces chenilles ont attaqué les avoines.
Des témoins oculaires m'ont assuré que, dans les environs
de Chartres, les feuilles des avoines avaient été mangées
de bonne heure, et que la récolte de cette espèce de grain
en avait été beaucoup diminuée.

67. Comment des chenilles qui, pendant plusieurs

années, m'ont paru être assez rares sont-elles devenues si communes dans les mois de juin et de juillet 1735 ? Qu'est-ce qui a pu occasionner une si étonnante multiplication ? Dans la campagne, les jardiniers et les paysans n'ont pas été embarrassés pour en assigner la cause : cette multiplication a été l'effet d'un sort. Dans quelques endroits, on m'a assuré avoir vu le vieux soldat qui avait jeté ce sort. Dans d'autres endroits, on a vu la laide et méchante vieille qui avait opéré tout le mal. De telles multiplications sont des espèces de prodiges, dont les causes ne semblent pas devoir être cherchées dans les lois ordinaires de la nature. Si cependant nous faisons attention qu'en douze mois il y a au moins deux générations des papillons qui produisent ces chenilles, et si nous nous rappelons la grande fécondité de presque tous les papillons femelles, ce qui nous paraîtra la véritable merveille, c'est que les plantes de nos jardins et de nos campagnes ne soient pas autant ou plus ravagées tous les ans par ces chenilles qu'elles l'ont été en 1735. Nous admirerons avec quelle sagesse et quelle prévoyance tout a dû être combiné pour que ces insectes nous nuisissent si rarement.

Nos arpenteuses à douze jambes, qui désolaient les jardins et les campagnes dans les mois de juin et de juillet, sont devenues des papillons dans le mois d'août ; ces papillons ont fait leurs œufs, et, de ces œufs, sont écloses des chenilles semblables à celles que j'ai trouvées déjà grandes, en hiver, sur la chicorée. Ces chenilles qui ont passé l'hiver sont donc en état de se transformer en chrysalides dans le mois d'avril. Les papillons de ces chenilles paraissent au mois de mai, et, des œufs qu'ils pondent, naissent des chenilles qui rongent nos légumes en juin et en juillet, et qui sont transformées en papillons au mois d'août. Nous avons donc, au moins, chaque année, deux générations de ces papillons et de leurs chenilles. Les papillons femelles font des œufs en forme de bouton et très-joliment sculptés ; ils sont petits ; le corps de la femelle en doit contenir un grand nombre. Je n'ai pu m'assurer exactement du nombre d'œufs de chacune ; mais, quand nous supposerons qu'elles en font autant à peu près que les papillons femelles des vers à soie, c'est-à-dire, environ 400, peut-être ne supposerons-nous rien de trop. Supposons encore que le nombre des femelles est égal à celui des mâles. Si, dans un assez grand jardin, il n'y avait que vingt chenilles de ces papillons, distribuées sur différentes plantes, elles y seraient si rares qu'on aurait peine, après bien des recherches, à en trouver une. Cependant, si ces chenilles se transformaient en papillons, et que tous les œufs des papillons femelles vinssent à bien ; si les chenilles sorties de ces œufs se transformaient toutes, à leur tour, en papillons au mois de mai de l'année suivante, et si les œufs des femelles de ces dernières donnaient encore tous des chenilles, ce jardin, dans lequel il n'y avait eu que 20 chenilles au mois de juillet, en aurait 800,000 au mois de juin de l'année suivante, et, par conséquent, beaucoup plus qu'il ne faudrait pour y faire de terribles ravages. Le calcul est simple. Des vingt papillons de la première année, il y en a eu 10 qui ont fait chacun 400 œufs. Voilà 800,000 œufs, desquels un pareil nombre de chenilles doit sortir.

Il s'agit donc moins d'expliquer pourquoi il a paru tant de nos chenilles des légumes en 1735, que pourquoi il en paraît si peu dans les autres années. Nous ferons connaître plus loin les ennemis communs à toutes les espèces de chenilles et les ennemis particuliers à certaines espèces ; nous y verrons qu'elles en ont tant qu'il est surprenant qu'ils ne parviennent pas à les détruire toutes. D'ailleurs, elles sont sujettes à des maladies qui causent parmi elles de grandes mortalités. Il y a, d'un autre côté, des années qui peuvent être saines aux chenilles et aux papillons, et il peut arriver que ces mêmes années soient malsaines aux insectes qui leur font la guerre. Lorsque ces deux circonstances se réunissent, et apparemment elles se sont réunies en 1735, la multiplication de certaines espèces de chenilles doit nous paraître étonnante. Enfin, ce qui est arrivé cette année nous autorise à prédire que, de temps en temps, il doit y avoir des années où des chenilles qui avaient paru rares jusque là paraîtront en nombre prodigieux, et cela doit surtout arriver à des espèces dont il y a deux générations dans une année.

Le froid du mois de décembre 1734 et celui des mois de janvier et février 1735, ont été assez médiocres ; nos chenilles des légumes n'ont donc pas eu beaucoup à souffrir pendant l'hiver; elles ont mangé et cru pendant cette saison ; la plupart sont parvenues à devenir des papillons au printemps de 1735. Aussi étais-je surpris, dans le mois de mai, de voir beaucoup plus de ces papillons que je n'en avais vu jusqu'alors ; mais je n'avais pas prévu que les chenilles qui sortiraient des œufs de ces papillons trouveraient une année aussi favorable à leur accroissement que cette année l'a été.

68. Le mal que les chenilles des légumes ont fait dans nos jardins et dans nos champs, est assurément très-réel ; mais est-il bien sûr qu'elles soient capables de produire encore un mal plus grand, qu'elles soient une espèce de poison, et qu'elles aient empoisonné des hommes qui en ont mangé en mangeant des salades ou de la soupe ? Est-il bien sûr même, en général, qu'il y ait des chenilles venimeuses ? Entre les chenilles velues, il y en a qui, dans certains temps, laissent tomber leurs poils ; ces poils s'engagent dans notre peau et y causent des démangeaisons cuisantes, pareilles à celles qui sont excitées par les poils dont sont couvertes les gousses de certaines fèves de l'Amérique. On ne dit point que ces gousses sont venimeuses ; on ne doit pas dire non plus que les chenilles qui

produisent sur notre peau un effet semblable à celui de ces gousses le sont. Aucune des chenilles rases n'est capable de produire de pareilles démangeaisons ; toutes ces dernières peuvent être touchées impunément. On peut manier tant qu'on voudra nos chenilles des légumes, sans craindre qu'elles causent la moindre élévation, la moindre rougeur, la moindre cuisson à la peau. Les preuves qu'on a rapportées des mauvais effets que ces chenilles sont capables de produire dans notre intérieur ne sont pas suffisantes pour les rendre redoutables. Quelques personnes se sont trouvées mal après un souper, et d'autres après un dîner, et cela est arrivé dans un temps où les chenilles étaient très-communes, dans un temps où l'on ne parlait que de chenilles ; on a cru alors bien deviner la cause de ces maladies subites en les attribuant à des chenilles qui avaient été dans la salade et dans la soupe, mais qu'on n'y a pas vues, car, si on les eût vues, on ne les eût pas mangées.

Il n'est personne peut-être à qui il n'arrive chaque année plusieurs fois de manger de la soupe dans laquelle des chenilles ont cuit. Quand les cuisinières et les cuisiniers apporteraient beaucoup plus d'attention à éplucher les herbes qu'ils n'en apportent, il serait presque impossible qu'ils ne missent souvent au pôt avec l'oseille, avec la laitue, avec la poirée, etc., de petites chenilles qui se trouvent sur ces plantes. En mangeant de la salade, il doit souvent arriver qu'on mange une petite chenille cachée dans un cœur de laitue, qu'on en mange de cachées sous les replis de quelque feuille. Qu'est-ce qui porte à croire que les chenilles des plantes et des fruits sont plus dangereuses que les vers des fruits et des plantes ? Combien mange-t-on de vers en mangeant des bigarreaux ? Ces vers ne font aucun mal à ceux qui les ont avalés. Nous verrons que de véritables chenilles vivent dans l'intérieur des prunes, des châtaignes, des poires, des pommes, des navets, etc. Il arrive quelquefois que l'on mange, sans le vouloir, de ces petites chenilles, et il n'arrive point qu'on en soit incommodé.

69. Nous sommes peu familiarisés avec les insectes, et nous savons qu'il y a des circonstances où quelques-uns sont capables de nous faire du mal : c'en est assez pour nous les faire craindre presque tous, et en tout temps. Si les grosses chenilles rases devenaient aussi communes dans ce pays que le sont les sauterelles en quelques autres, et surtout si elles devenaient communes dans une année de famine, peut-être que les paysans mangeraient en France les chenilles comme on mange les sauterelles en Afrique. Que sait-on si elles ne seraient pas regardées par la suite comme un mets agréable et sain ? Plusieurs espèces de vers se nourrissent et croissent dans l'intérieur du bois de différents arbres ; il y a de ces vers de différentes grosseurs ; on en trouve assez communément d'aussi gros que le petit doigt, et il y en a de beaucoup plus gros. La plupart ont le corps ras et blanc ; ils sont pesants et lourds ; ceux qui ont été tirés de leurs trous peuvent à peine se traîner sur leurs anneaux ; ils ont enfin un air fort dégoûtant. Cependant Pline nous apprend que les Romains avaient mis ces vers au nombre des animaux qu'ils engraissaient avec de la farine pour les servir sur leurs tables, comme des mets fort recherchés et fort délicats. Mais, sans remonter à des temps si éloignés, des vers d'une grosseur énorme, qui se transforment ensuite dans les plus gros scarabées qui nous soient connus, ces vers, dis-je, vivent dans l'intérieur de quelques arbres de nos îles de l'Amérique. On y fait rôtir ces vers, on les mange, et il y a des gens qui les trouvent succulents. Loin de déclamer avec Pline contre le luxe de la table qui avait conduit les Romains à engraisser les vers des chênes, il me paraît très à souhaiter qu'un pareil goût pût nous venir,

que nous devinssions aussi friands de ces vers que l'é-
taient les Romains.

Avec le temps, nous pouvons guérir notre imagination,
nous pouvons l'accoutumer à voir sans répugnance des
objets contre lesquels elle se révoltait; et cela, quand, en
nous familiarisant avec ces objets, nous venons à reconnaître que, non-seulement ils ne sont pas à craindre, mais
qu'ils peuvent même faire sur nos sens des impressions
agréables. On s'est accoutumé à manger les grenouilles,
les serpents, les lézards; en différentes provinces du
royaume, on n'a aucun dégoût pour les limaçons, soit de
terre, soit de mer. Les huîtres paraissent bien dégoû-
tantes à qui les voit pour la première fois; peut-être
celui qui en a mangé le premier y a-t-il été forcé par une
pressante faim. Concluons de tout ce qui vient d'être dit
que nous avons tort de redouter tant les chenilles; que,
quand des hasards feraient entrer dans notre estomac des
aliments assaisonnés, pour ainsi dire, du suc des chenilles, nous n'aurions aucune suite fâcheuse à en craindre ; qu'il est probable que des chenilles entières et même
vivantes pourraient être conduites dans notre estomac,
comme elles l'ont été, en 1735, dans les estomacs de tant
de bœufs, de chevaux, de moutons, d'ânes, etc., sans que
nous en souffrissions plus que ces animaux en ont souffert. Quoiqu'il y ait des vers, et même plusieurs espèces de vers qui vivent dans nos intestins et dans différentes parties de notre corps, une chenille qui y serait
parvenue sans être blessée y périrait bien vite; les aliments convenables lui manqueraient; elle y serait, d'ailleurs, bientôt noyée.

CHAPITRE XV

Histoire des chenilles mineuses de feuilles et des vers mineurs.

70. De toutes les espèces de vers, ou, au moins, de toutes les espèces de chenilles qui vivent dans l'intérieur de quelques parties des plantes, les plus petites sont celles qui trouvent des logements assez spacieux dans l'intérieur des feuilles, et même des feuilles les plus minces. Des insectes savent se placer et s'ouvrir des routes entre la membrane supérieure et la membrane inférieure d'une feuille ; là ils sont bien à couvert ; ils minent dans la substance charnue de la feuille ; ils en détachent le parenchyme. Leur travail leur sert à deux fins ; les décombres des cavités qu'ils agrandissent ne les embarrassent pas : ils mangent tout ce qu'ils détachent. En même temps qu'ils travaillent pour étendre leur domicile, ils travaillent pour se procurer des aliments. Nous examinerons à la fois les chenilles et les vers qui s'ouvrent de pareils chemins, qui minent entre les deux membranes des feuilles, Nous nommerons les unes des *chenilles mineuses* et les autres, des *vers mineurs*. Nous n'avons pas cru devoir séparer des insectes qui, quoique de différentes classes, échappent presqu'à nos yeux par leur petitesse, et qui n'attirent notre attention que par une adresse qui leur est commune.

Les insectes mineurs des feuilles, quoique très-petits, sont aisés à trouver. On n'a besoin que de voir l'extérieur d'une feuille pour reconnaître si quelque mineur s'est logé dans son intérieur; quoique saine et verte partout ailleurs, elle est desséchée, jaunâtre ou blanchâtre, ou, au moins, d'un vert différent du reste, vis-à-vis les endroits que l'insecte habite ou qu'il a habités. Il est peu d'arbres et de plantes, s'il y en a, dont les feuilles ne soient pas attaquées par des mineurs. Quelques-uns s'établissent dans les tendres feuilles du laiteron ; c'est même une des plantes sur lesquelles on en trouve le plus ; d'autres se logent dans celles du houx, toutes dures qu'elles sont, et même dans le temps où elles sont le plus dures, c'est-à-dire, vers la fin de l'été.

71. Tant que la plupart des mineurs sont vers ou chenilles, ils vivent dans une grande solitude ; chaque galerie est l'habitation d'un seul insecte, qui n'a aucune communication avec celles que d'autres insectes de la même espèce ou de différentes espèces peuvent s'être faites dans la même feuille. Il y a pourtant des mineurs habitants d'une même feuille qui, après avoir passé une grande partie de leur vie séparés les uns des autres, se rencontrent lorsque le temps de leur métamorphose approche. Il n'est pas difficile, avant la fin du printemps, de trouver des feuilles de chêne où l'on voit diverses routes étroites et tortueuses. Toutes ces routes aboutissent à un endroit blanchâtre, qui a quelquefois une étendue qui surpasse celle de la moitié de la feuille. Là, l'épiderme du dessus de la feuille a été détaché par plusieurs petites chenilles à qui il fait une tente bien close, au-dessous de laquelle elles mangent la substance charnue de la feuille sans crainte d'être inquiétées ; elles avaient vécu d'abord chacune séparément dans d'étroits sentiers. Il y a, d'ailleurs, des mineurs qui, dès leur naissance, s'établissent plus de vingt

7.

ou trente ensemble dans une même cavité qu'ils agrandissent journellement pour se nourrir. On trouve de ces sociétés de mineurs dans des feuilles de lilas.

Après que nos insectes mineurs ont subi leur dernière métamorphose, après qu'ils sont devenus des insectes ailés, les femelles vont déposer leurs œufs sur les feuilles propres à nourrir les petits qui en doivent éclore. Elles en laissent peu sur chacune, comme si elles savaient que communément ces insectes ne doivent quitter la feuille qu'après leur dernière transformation, et que, s'il y en avait un grand nombre dans la même feuille, ou bien elle ne leur fournirait pas assez de subsistance, ou bien ils s'y incommoderaient les uns les autres.

72. L'endroit par où le mineur en galerie s'est introduit dans une feuille, est aisé à reconnaître. A l'un de ses bouts, à son origine, la galerie est si étroite qu'elle offre souvent à peine le diamètre du fil le plus délié ; là elle ne paraît quelquefois qu'un trait tiré sur la feuille ; mais elle s'élargit insensiblement en s'éloignant de ce terme ; à son autre bout, elle a quelquefois la largeur d'une petite tresse ou d'un petit ruban. A mesure que le mineur creuse, qu'il s'ouvre un chemin en avant, il mange et il croît ; le diamètre de son corps augmente et demande un logement mois étroit. Qu'on détache une feuille minée de la sorte, et qu'on la regarde vis-à-vis le grand jour, ou, pour le mieux encore, vis-à-vis le soleil, on ne manquera pas de voir l'insecte, s'il n'est pas sorti de la feuille. Les endroits minés ont une transparence que les autres n'ont pas : la tête de l'insecte sera toujours tout auprès du bout le plus large de la galerie. Si le temps qu'on a choisi pour observer une chenille mineuse est celui où elle était occupée à travailler, on lui verra saisir entre ses dents, comme entre deux pinces, le parenchyme de la feuille ; on verra qu'elle le détache, ou l'on verra, du moins, qu'une

petite portion de la feuille qui était opaque est devenue transparente, et cela, parce que ce qu'elle avait de charnu a passé dans le corps de l'insecte. Les deux dents qui forment une pointe en devant de la tête sont très-propres à ouvrir un chemin dans la substance de la feuille et à en saisir de très-petites portions. On peut très-bien observer la mineuse du rosier pendant qu'elle creuse ainsi dans l'épaisseur de la feuille.

Les vers mineurs qui doivent se transformer en mouches à deux ailes n'ont point de jambes et leur tête n'est point écailleuse; elle ne ressemble point à celle des chenilles mineuses, ni même à celle des vers mineurs qui doivent se transformer en scarabées. Ces vers mineurs qui doivent devenir des mouches ont recours à une mécanique différente de celle des chenilles mineuses et qu'on observe avec plus de plaisir; elle a quelque chose de plus singulier. Au lieu que les chenilles mineuses coupent la substance de la feuille avec leurs dents, comme avec des espèces de ciseaux, nos mineurs semblent piocher à peu près comme nous piochons pour creuser la terre, ou plutôt pour creuser la pierre. On peut voir travailler de ces sortes de vers dans les feuilles du laiteron, dans celles de plusieurs espèces de renoncules des prés qui sont découpées, dans celles du trèfle, dans celles de la bardane, dans celle du chèvrefeuille, et, en un mot, dans celles de cent et cent espèces de plantes, d'arbrisseaux et d'arbres. Si l'on tient et si l'on considère vis-à-vis le grand jour une feuille où l'un de ces mineurs s'est établi, pourvu qu'on soit muni d'une loupe forte, on ne sera pas longtemps sans le voir travailler. Chaque coup détache une petite portion de la substance de la feuille. Tout cela se voit très-bien; mais la forme de l'espèce de petite pioche ne se découvre pas si nettement; il n'est pas possible de voir assez distinctement une partie si déliée au travers d'une membrane. On ne distingue alors qu'un crochet, et, quand après avoir retiré un

de ces vers de sa feuille, je l'ai observé avec une forte loupe,
je lui en ai toujours trouvé deux semblables, posés l'un
près de l'autre, et parallèlement l'un à l'autre ; ils frappent
tous deux en même temps. Les instruments de quelques-
uns de ces vers que j'ai observés pendant qu'ils minaient
m'ont paru semblables à des marteaux à deux têtes, de
sorte qu'ils devaient donner leur coup tant en s'élevant
qu'en s'abaissant.

73. Les mineurs qui sont des vers sans jambes et qui
doivent par la suite paraître sous la forme de mouches à
deux ailes se transforment la première fois, comme les
vers de la viande, en une nymphe renfermée dans une
petite coque faite de la peau même que le ver à quittée.
Quand l'insecte se dégage de la peau qui lui donnait la
forme de ver, il ne sort point de cette peau, il s'en détache
seulement ; elle le couvre toujours, à peu près comme un
homme pourrait rester enveloppé dans une robe de
chambre de laquelle il aurait retiré ses bras. Cette peau
qui n'est plus unie à l'insecte se dessèche et forme une
espèce de boîte, une coque dans laquelle la nymphe est
aussi bien et mieux renfermée qu'elle le pourrait être
dans les coques que les chenilles construisent avec le plus
d'art pour s'y transformer.

Plusieurs espèces de nos vers mineurs sortent des
feuilles dans lesquelles ils ont pris leur accroissement,
lorsqu'ils sont près de leur première transformation. J'ai
trouvé sur des feuilles, les coques des mineurs de la jus-
quiame, celles des mineurs de la poirée, celles des mineurs de la bardane, celles des mineurs des renoncules,
celles des mineurs du trèfle, etc. D'autres se mettent en
coque dans la cavité même qu'ils ont creusée dans la
feuille. J'aï trouvé la coque d'un mineur du plantain au
bout de sa galerie.

74. Beaucoup de chenilles vivent dans l'intérieur même de différentes parties des arbres et des plantes. La peau de ces chenilles, souvent plus tendre que celle des autres, n'est pas aussi en état de résister à l'action de l'air ; si elle y était exposée, elle se dessècherait trop. J'ai eu, il y a longtemps, une grosse phalène d'un blanc grisâtre, venue d'une chenille qui avait vécu dans l'intérieur de la tige très-saine d'un jeune pommier en plein vent. De la sciure, que je voyais sortir journellement par un trou dont l'ouverture était à la surface extérieure de l'écorce, m'avertit qu'il y avait un insecte qui hachait les fibres intérieures. Persuadé qu'il n'achèverait pas ses jours dans la tige du pommier, j'attachai un sac de toile contre cette tige, de manière que l'insecte ne pouvait, sans entrer dans le sac, sortir par l'ouverture par laquelle il jetait la sciure. Aussi, au bout de quelques semaines, trouvai-je dans ce sac la grosse phalène dont je viens de parler. M. Bernard de Jussieu[1] m'a donné une branche de troëne dans laquelle s'était établie et avait crû une chenille qui m'a paru si semblable à celle dont nous venons de parler que je la crois de même espèce. Entre les chenilles qui vivent de bois, il y en a auxquelles les bois de différentes espèces d'arbres conviennent, comme, entre celles qui mangent des feuilles, il y en a qui mangent celles des plantes d'espèces différentes.

Il n'y a que des hasards assez rares qui puissent mettre à portée de nos yeux les chenilles qui vivent dans l'intérieur des troncs et des branches d'arbres. Mais d'autres chenilles se tiennent dans des tiges et dans des racines dont les fibres sont plus aisées à couper que celles des tiges d'orme, de chêne, de pommier, et qu'il nous arrive

---

1. Bernard DE JUSSIEU, célèbre botaniste, né à Lyon, en 1699, mort à Paris, en 1777. Il est considéré comme le créateur de la méthode qui consiste à classer les plantes d'après l'ensemble de leurs affinités, de manière à former des groupes véritablement naturels.

plus souvent de briser. Telles sont les chenilles qui se tiennent dans les tiges des laitues et des chicons. Il y a des années où ces chenilles se multiplient beaucoup dans les laitues ; elles les font périr avant qu'elles aient eu le temps de pommer. Ordinairement ces chenilles percent la tige assez près de l'origine des racines ; à mesure qu'elles mangent, elles agrandissent leur logement.

75. Des insectes croissent dans l'intérieur de la plupart de nos fruits. Des poires, des pommes, des prunes qui sont plus tôt à maturité que les autres fruits des mêmes arbres tombent tous les ans dans nos jardins. Si ces fruits sont devenus plus précoces que les autres fruits de leur espèce et s'ils sont tombés, c'est parce que quelque insecte a crû dans leur intérieur. On accuse souvent des vents froids de faire tomber, au printemps, les fruits, peu de temps après qu'ils ont été noués, et on les en accuse quelquefois avec raison ; mais très-souvent les fruits qui ne sont presque que noués tombent comme ceux qui sont plus près d'avoir acquis leur véritable grosseur, parce que les insectes ont pénétré dans leur intérieur et s'en sont nourris. C'est sur le compte de ces insectes qu'on devrait mettre ce qu'on met à tort sur le compte des mauvais vents.

Enfin, les plus importants de nos fruits, ceux qui sont la base de nos aliments, ne sont pas encore en sûreté après que la récolte en a été faite. On ne sait que trop que nos blés de toutes espèces, nos froments, nos seigles, nos orges, etc., sont quelquefois consommés dans les greniers par des insectes. Ceux qui se trouvent dans les fruits, soit verts, soit à maturité, de nos arbres fruitiers, dans les poires, les pommes, les prunes, etc., sont nommés des *vers*, bien que plusieurs soient de véritables chenilles, et l'on appelle les fruits où ils sont logés des fruits *véreux*. M. Redi nous a appris, il y a longtemps, que les vers si ordinaires dans les espèces de cerises douces, et surtout dans celles que nous appelons des bigarreaux, se transforment en mouches. L'insecte qui fait le plus de ravages dans nos greniers, est une espèce de petit scarabée qui y ronge les grains, et sous cette forme, et sous celle de ver qu'il a avant sa métamorphose.

Nous avons vu plus d'une fois que les papillons ne jettent pas leurs œufs à l'aventure ; leur principale attention, s'il est permis de parler ainsi, est de les déposer dans des endroits tels que les chenilles qui en doivent sortir puissent trouver, dès l'instant de leur naissance, des aliments convenables et tout prêts. Ainsi, les papillons dont les chenilles doivent se nourrir de fruits collent leurs œufs sur des fruits souvent si jeunes que les pétales de la fleur ne sont pas encore tombés, et c'est quelquefois entre les pétales mêmes qu'ils les laissent contre ce pistil qui est l'embryon du fruit. Les chenilles, qui ne sont pas long-temps à éclore, se trouvent placées, dès leur naissance, sur un fruit tendre qu'elles percent aisément ; elles s'introduisent dans son intérieur. Là, elles se trouvent au milieu des aliments qu'elles aiment, et bien à couvert. L'endroit même par où elles sont entrées se referme quelquefois de façon qu'il est difficile ou même impossible de retrouver le petit trou qui leur a donné passage.

Les pois sont très-sujets à être rongés par un ver qui se transforme en un scarabée qu'on nomme *Cosson* en plusieurs provinces du royaume. Les cossons ne sortent que des pois secs ; mais les pois renfermés dans les gousses encore vertes et moins renflées qu'elles ne le doivent devenir sont mangés par une petite chenille. Sans avoir vu la chenille, dès qu'on a ouvert une gousse, on apprend qu'elle en renferme une, lorsqu'auprès de quelques-uns des pois on aperçoit de petits grains noirs ou grisâtres ; ce sont ses excréments, qu'elle lie ordinairement ensemble avec des fils de soie. Quand elle a pris tout son accroissement, elle est encore très-petite. Elle sort alors de la gousse des pois.

Je dirai encore un mot de certains vers sans jambes, qu'on trouve quelquefois dans les gousses de pois verts, et qu'on trouve dans quelques-unes en très-grand nombre. Ils sont très-petits ; à peine leur corps a-t-il un diamètre égal à celui d'une épingle de grosseur médiocre ; leur longueur est proportionnée à leur grosseur ; elle n'est guère que d'une ligne ou d'une ligne et demie. On voit quelquefois plusieurs centaines de ces vers dans la gousse qu'on vient d'ouvrir. Ils sont blancs ; ils sont assez semblables, au premier coup d'œil, aux vers de la viande ; ils rampent de même ; mais ils savent plus que ramper, ils savent sauter, et faire des sauts qui les élèvent d'un pouce ou deux et qui les portent à trois ou quatre pouces de l'endroit d'où ils sont partis. Après avoir ouvert plusieurs gousses qui en étaient peuplées, j'ai quelquefois vu tous les papiers qui étaient sur mon bureau couverts en peu d'instants de ces vers qui avaient sauté dessus.

Les petites chenilles des pois ne cherchent point à se cacher dans le fruit qu'elles mangent ; elles en sont dehors en partie. En effet, elles sont assez bien cachées par la gousse qui renferme ces grains. Mais les chenilles qui mangent des fruits qui ne sont pas renfermés dans des gousses se tiennent toujours dans l'intérieur du fruit. Les chenilles des pommes, par exemple, ne sortent des pommes que lorsqu'elles sont prêtes à se métamorphoser, et, quand elles en sortent, c'est pour n'y jamais rentrer. Ces chenilles, et généralement toutes celles que j'ai trouvées dans les différentes espèces de fruits, sont rases ; elles ont au plus quelques poils dispersés sur leur corps. Si les poils n'ont été accordés aux animaux que pour les couvrir, une épaisse fourrure serait très-inutile à des chenilles qui doivent croître dans des endroits bien clos. D'ailleurs, leurs habitations sont étroites et humides ; leurs poils y seraient toujours mouillés et exposés à frotter contre les parois de la cavité. Les chenilles des pommes et celles des prunes sont souvent presque rouges, d'une nuance beaucoup plus haute que la couleur de chair. Il y en a, dans les mêmes fruits, d'une couleur plus pâle. Celles des poires sont ordinairement plus blanchâtres; celles de quelques autres fruits, tels que les noisettes, sont ordinairement blanches ou presque blanches.

76. Une remarque, qui ne doit pas être omise, et que Redi a faite, il y a longtemps, par rapport aux vers des cerises, c'est que, dans chaque fruit, on ne trouve jamais ou presque jamais qu'une chenille. Une grosse pomme de rambour pourrait cependant fournir de la nourriture de reste à plusieurs chenilles telles qu'est la seule qu'on trouve souvent dans son intérieur. Quelquefois pourtant j'ai rencontré dans un fruit beaucoup plus petit qu'une pomme, dans un gland, deux insectes ; mais l'un était une chenille, et l'autre un ver. Les mères papillons portent-elles l'attention jusqu'à ne laisser qu'un seul œuf sur chaque pomme ? Veulent-elles donner un fruit tout entier à chacun de leurs petits ? Craignent-elles que deux jeunes chenilles qui auraient à se partager une pomme ne le fissent pas en bonnes sœurs, qu'elles ne se fissent la guerre, ou, au moins, qu'elles ne s'incommodassent mutuellement ? Ce n'est pas même assez de l'attention de la mère ; il faut encore celle des autres mères papillons de la même espèce. Pourquoi une autre femelle ne serait-elle pas invitée par la pomme bien conditionnée, sur laquelle la première a laissé un œuf, à y venir placer un des siens ? Le papillon commence-t-il par examiner s'il n'y a pas déjà un œuf sur cette pomme ? Tout cela a pourtant l'air très-vraisemblable, et je suis bien disposé à le croire vrai par rapport à quelques insectes ; mais il ne l'est pas par rapport à tous. J'ai beaucoup suivi une petite chenille

qui vit dans les grains de différents blés, et principalement dans les grains d'orge. Le papillon femelle qui vient de cette espèce de chenille laisse un paquet d'œufs, peut-être de vingt ou trente, sur chaque grain d'orge. Il est donc sûr au moins que la prévoyance de ce papillon ne mérite pas les éloges que nous avons soupçonné être dus à celle de quelques autres papillons. Que deviennent, en effet, les petites chenilles qui éclosent sur le même grain? La première qui y naît s'empare-t-elle de l'intérieur du grain, et, quand elle en a une fois pris possession, les autres qui naissent ensuite ont-elles la discrétion de ne pas faire de tentatives pour pénétrer dans ce même grain? Ou bien, la première défend-elle le grain dont elle s'est emparée? Les grains dont nous parlons ont un endroit plus tendre que le reste, et il y a grande apparence que la jeune chenille qui a à percer le grain d'orge sait choisir cet endroit. En ce cas, il est aisé à la chenille qui ne s'est pas encore logée de voir si celui des grains qui est le plus à sa bienséance n'est point déjà occupé ; et la chenille qui s'y est logée doit être en état d'en garder les avenues.

Chacune des chenilles dont il est question ne nous coûte dans sa vie qu'un grain de blé quelconque. Celui dans lequel elle s'est introduite, peu après être sortie de l'œuf, contient la provision de farine nécessaire pour la nourrir jusqu'à ce qu'elle ait pris tout son accroissement et qu'elle soit en état de se transformer. C'est dans ce grain même qu'elle devient chrysalide, et l'insecte n'en sort que sous la forme de papillon. Dans ce dernier état, il ne fait plus de mal au blé ; il est incapable de le ronger.

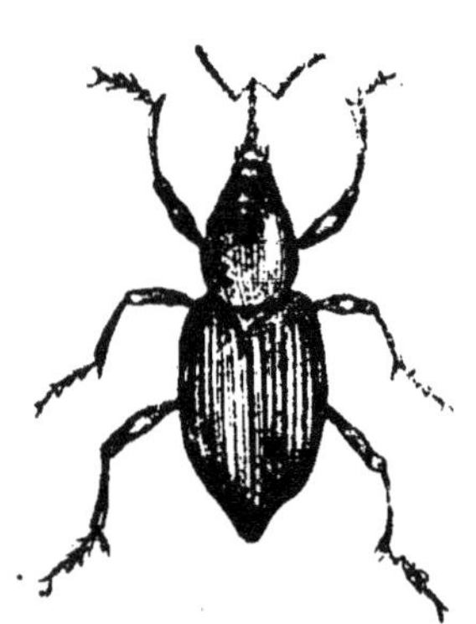

Fig. 8. — **Charançon du blé très-grossi.**

Ainsi ces chenilles nous en quittent à meilleur marché que les petits scarabées que nous nommons des *charançons*; ceux-ci, sous leur première forme, sous leur forme de ver, mangent aussi chacun leur grain de blé, et, devenus charançons, ils percent encore le blé et le rongent. Généralement parlant même, ces chenilles sont moins communes que les charançons. Il y a encore une autre chenille (la *fausse teigne* ou *alucite*) qui fait beaucoup de ravages dans les greniers, et qui est plus connue que la précédente. On les peut aisément distinguer l'une de l'autre. La dernière ne se tient pas dans les grains de blé; elle les ronge sans se renfermer dedans. Elle en attaque plusieurs dans sa vie, parce qu'elle ne s'embarrasse pas de manger chaque grain en entier; enfin, dans les endroits où elle s'est établie, les grains sont liés ensemble par des fils de soie.

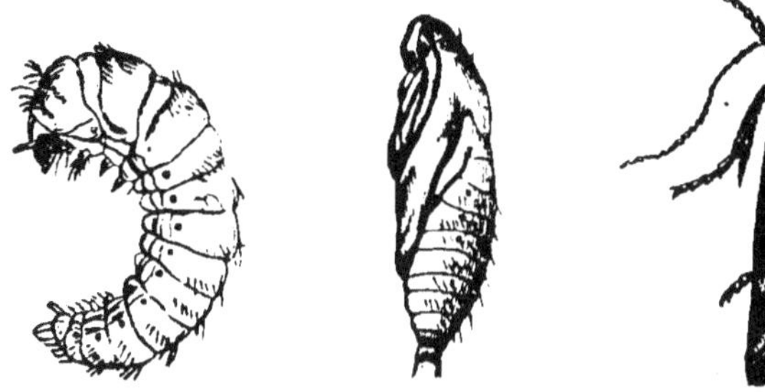

Fig. 9, 10 et 11. — Larve, chrysalide et papillon de l'Alucite (très-grossis).

77. Les trois espèces d'insectes les plus redoutables pour nos greniers, dans ce pays, sont les charançons, les fausses teignes, ou ces chenilles qui lient ensemble les grains de blé, et, enfin, les petites chenilles qui se logent dans les grains mêmes. Celles-ci nous font du mal avec moins de fracas; des tas de froment et des tas d'orge peuvent en être remplis sans qu'on s'aperçoive qu'il y en ait une seule qui les ronge. Les grains dans lesquels elles sont logées, et dont elles ont, dans certains temps, mangé toute la substance, paraissent tels que les autres; ils n'en sont en rien différents à l'extérieur, parce qu'elles en ont épargné l'écorce. Mais, qu'on presse entre deux doigts

différents grains, on distinguera aisément ceux qui sont
habités de ceux qui ne le sont pas. Quand notre chenille a
consommé toute la substance de son grain, elle travaille à
se filer une coque de soie blanche ; les parois intérieures
du grain même servent à soutenir cette coque, qui semble
n'être faite que pour les tapisser. Je ne sais pas précisément combien la chenille reste dans sa coque avant que
d'y perdre sa forme ; ce que je sais, c'est que, vers la fin
de novembre, j'ai trouvé encore plusieurs chenilles dans
des grains, et qu'au printemps je n'ai presque trouvé que
des chrysalides. C'est vers le commencement de mai que
j'ai d'abord eu le plus de papillons. Une autre année, je les
ai eus dans le mois de juin. J'en ai eu quelques-uns dans
le mois de novembre,·quoiqu'ils ne puissent vivre que
deux ou trois semaines au plus.

Le papillon se tire de ses enveloppes de chrysalide dans
le grain même, duquel il sort par un petit trou rond qui
est percé dans un des côtés, ordinairement plus près du
petit bout que du gros bout de ce grain ; il n'y a cependant rien de constant à cet égard. Sur quelques-uns des
grains d'où le papillon est sorti, on voit encore une petite
pièce bien ronde et qui ne tient au grain que par une portion de sa circonférence qui n'a pas plus d'étendue qu'un
cheveu n'a de diamètre. La petite pièce ronde est précisément la portion de la peau qui a été coupée circulairement.

Nous avons supposé, et notre conjecture n'a pas tardé à
se vérifier, que la chenille avait coupé avec ses dents le
contour de la pièce, qui, étant emportée, laissait une ouverture suffisante au papillon pour sortir du grain. Elle
avait, en même temps, l'attention de laisser cette pièce en
sa place, comme une porte dans sa baie ; au moyen de quoi
la coque était close tant que l'insecte l'habitait. D'un autre
côté, le plus petit effort du papillon devait suffire pour lui
ouvrir une porte ; il n'avait qu'à pousser la pièce circulaire qui bouchait le trou.

La femelle dépose ses œufs sur un grain de blé ; elle y choisit ordinairement la place où ils sont le plus en sûreté, où ils sont le moins exposés à être détachés par les frottements, lorsqu'il arrive à l'endroit du tas où est le grain de s'ébouler. C'est dans la petite rainure qui est tout du long du grain qu'elle les niche les uns auprès des autres, soit à la file, soit dans un petit tas oblong. Je n'ai pas assez suivi ces œufs pour savoir précisément le nombre de jours au bout duquel chaque petite chenille sort du sien ; ce qui serait plus curieux à savoir, c'est ce que deviennent toutes les chenilles nées sur un grain qui ne peut suffire qu'à en nourrir une.

Ces insectes ne sont pas sans ennemis qui en font périr beaucoup ; mais ils n'en font pas périr autant que nous voudrions. Sous la forme de chenille et sous celle de chrysalide, ils sont exposés à être mangés par de très-petits vers, qui, après avoir crû à leurs dépens, se transforment en moucherons dans le grain de blé. J'ai trouvé quelquefois plus de quinze à vingt petites mouches prêtes à sortir du grain de blé dans lequel je comptais trouver une chenille ou une chrysalide.

78. Notre chenille de l'orge et du froment se métamorphose dans le grain même où elle a vécu ; il n'en est pas de même des chenilles des pommes, de celles des poires, de celles des prunes et de celles de divers autres fruits. Elles ne se tiennent dans ces fruits que tant qu'elles ont besoin de manger ; elles les quittent, quand le temps où elles doivent se transformer en chrysalides approche. On voit donc ce qui les détermine à ouvrir un chemin qui aboutit à la surface du fruit. Lorsque le fruit véreux tombe ou est prêt à tomber, la chenille en est souvent sortie ou est prête à en sortir. J'ai quelquefois ouvert cent pommes véreuses qui étaient tombées, sans en trouver plus de deux ou trois où la chenille fût encore.

C'est vers la fin de septembre que les glands habités par des chenilles ou par des vers commencent à tomber. Si l'on observe ceux qui sont alors à terre, on les trouve pour la plupart percés par un trou bien rond ; c'est l'ouverture que l'insecte s'est faite pour en sortir. Le trou est différemment placé sur différents glands ; mais jamais il n'est percé dans la partie du gland qui est contenue dans le calice. L'insecte agit comme il agirait s'il avait visité les dehors du gland, comme s'il avait appris que, s'il perçait le gland près de sa base, il aurait ensuite à percer un calice aussi dur et plus dur que le gland même.

Les châtaignes sont un des fruits les plus sujets à être attaqués par les chenilles. Dans certaines années, où les châtaigniers promettent la plus abondante récolte, ils ne nous tiennent pas ce qu'ils nous avaient promis ; leurs fruits tombent de bonne heure, avant que d'être à maturité, et il n'en reste presque pas sur les arbres qui achèvent d'y mûrir. Les châtaignes qu'on trouve alors tombées sont aplaties, ridées et comme mal nourries. Leur chute prématurée, qui arrive dans le mois de septembre, ne pourrait guère être attribuée aux gelées ; aussi, nos paysans de certains cantons du bas Poitou la mettent sur le compte des brouillards. Ils appellent *brime*, les brouillards qu'on nomme, en terme de marine, *brume*, et ils disent que les châtaignes ont été *brimées*, lorsqu'ils voient tomber en trop grande quantité ces fruits dont la récolte est pour eux un objet important. Mais tant de châtaignes ne tombent alors que parce que l'année a été trop féconde en papillons qui ont fait leurs œufs sur ces mêmes châtaignes, dès qu'elles ont commencé à paraître. J'ai ouvert et fait ouvrir bien des centaines de ces châtaignes qu'on prétendait être tombées parce que les brouillards les avaient gâtées ; mais j'ai vu que c'était aux chenilles et non aux brouillards qu'il fallait s'en prendre. Dans l'intérieur de chaque châtaigne, ou j'ai trouvé une chenille,

ou j'ai trouvé une grande quantité d'excréments, et peu de
la substance du fruit de reste. Après avoir crû dans la
châtaigne, cette chenille la perce, comme font, en pareil
cas, la plupart des autres chenilles des fruits ; elle en
sort et va se filer une coque.

L'amande de la noisette donne un logement à un ver qui
la mange longtemps avant que sa coque soit devenue ligneuse. Lorsque le ver veut sortir du fruit,
il est obligé de percer une coque dure ; mais
alors il a pris tout son accroissement ; ses
dents sont devenues assez fortes pour agir
avec succès contre les mur de la prison. La
dureté des coques des noisettes n'est rien en
comparaison de celle des noyaux de dattes,
qui sont aussi durs ou plus durs qu'aucuns
noyaux connus ; j'ai eu, cependant, une chenille qui avait crû dans un de ces noyaux, et qui ne devait en être sortie que longtemps après qu'il eût pris toute
sa dureté.

Fig. 12.
Charançon des noi-
settes très-grossi.

CHAPITRE XVI

Histoire des teignes qui rongent les laines et les pelleteries.

79. On connaît et on ne connaît que trop, au moins par leurs ravages, ces insectes si redoutables à nos ouvrages de laine et à nos pelleteries. Malgré le mal qu'ils nous font, dès qu'on s'arrête à les observer, on ne saurait refuser son admiration à leur industrie. Des poils, des plumes, des écailles, des coquilles couvrent la surface extérieure du corps de différents animaux ; la nature les a pourvus de vêtements solides qui, les défendent contre les injures de l'air et contre les frottements qu'ils sont exposés à souffrir ; nous suppléons par notre génie à ce qui nous a été refusé de ce côté-là. La nature a aussi refusé des vêtements à certains insectes, à qui ils semblaient nécessaires parce qu'ils ont une peau très-tendre ; mais elle leur a appris à s'en faire, et elle a appris à quelques-uns à se les faire d'étoffes assez semblables à celles que nous employons au même usage.

Nous donnerons le nom de teignes à tous ces insectes qui, ayant une peau rase, tendre et délicate, ont besoin de se faire des espèces de fourreaux pour se couvrir, et qui se les font ; à ces insectes, qui, comme nous, naissent nus, et qui, comme nous, savent se vêtir. Les uns se font des fourreaux qu'ils transportent partout avec eux, et ces insectes sont les *véritables teignes;* d'autres se font des fourreaux immobiles, dans lesquels ils marchent, et nous appellerons ceux-ci des *fausses teignes.* Les teignes les plus connues, et les seules presque qui soient connues, sont celles qui le sont par les désordres qu'elles font dans nos meubles, dans nos habits et dans nos fourrures. Quoique, dans le langage ordinaire, on appelle, comme nous, *teignes* les insectes qui rongent les laines et les pelleteries, on les appelle encore plus communément des *vers.* On dit qu'une tapisserie, qu'un lit sont *mangés des vers,* pour faire entendre que les teignes les ont criblés. On dit qu'un manchon est *mangés par les vers,* pour faire entendre que les teignes en ont coupé le poil. Mais, pour parler exactement, nous devons mettre bien des espèces de teignes, et, au moins, celles des laines et des peaux chargées de poils, au rang des chenilles : les papillons dans lesquels elles se transforment l'exigent. D'ailleurs, elles ont tous les caractères des chenilles ; mais ce sont des chenilles très-petites.

80. Le travail de celles qui attaquent nos étoffes est le plus aisé à observer ; elles sont aussi les premières que nous suivrons dans la fabrique de leur fourreau. Ce fourreau est un tuyau creux dans toute sa longueur, ouvert par les deux bouts, près desquels il a ordinairement un peu moins de diamètre que vers le milieu. Celui des plus vieilles teignes a environ quatre à cinq lignes de longueur; il en a rarement six. Tout l'extérieur est une sorte de tissu de laine, tantôt bleue, tantôt verte, tantôt rouge, tantôt grise, etc., selon la couleur de l'étoffe à laquelle l'insecte s'est attaché et qu'il a dépouillée. Quelquefois, diverses couleurs s'y trouvent mélangées de façons fort singulières; plus souvent, ces différentes couleurs sont rapportées par bandes les unes auprès des autres. Ce n'est, au reste, que cet extérieur qui est de laine ; tout l'intérieur est gris-blanc et de soie. C'est une doublure qui fait corps avec le reste de

l'étoffe; ou, plutôt, le fourreau est fait d'une sorte d'étoffe dont la plus grande partie de l'épaisseur est de laine, et dont le reste est de soie : espèce de tissu que nous ne nous sommes pas encore proposé d'imiter.

Ce que la nature apprend est su de bonne heure. Peu après qu'elles sont nées, les chenilles travaillent à se vêtir. On les trouve logées dans des fourreaux pareils à ceux que je viens de décrire, dans des temps où elles sont si petites qu'on ne peut bien s'assurer que ce sont des fourreaux qu'on voit, sans se servir du secours de la loupe. Pour suivre l'artifice du travail de nos teignes, il faut les prendre dans un âge plus avancé. Arrêtons-nous, comme j'ai fait, à une teigne qui est parvenue à une grandeur sensible, comme à celle de deux ou trois lignes, et qui est dans le fort de son accroissement. Dès que son corps va croître, son fourreau sera bientôt trop court pour le couvrir; aussi s'occupe-t-elle journellement à l'allonger. Elle en est entièrement couverte, quand elle est dans l'inaction. Quand elle veut travailler, elle fait sortir sa tête par celui des deux bouts dont elle est le plus proche; on voit ensuite cette tête chercher avec vivacité à droite et à gauche les poils de laine les plus convenables. Si les poils qui sont proches ne sont pas tels que la teigne les veut, elle tire quelquefois plus de la moitié de son corps hors du fourreau pour aller choisir mieux plus loin. A-t-elle trouvé un poil tel qu'elle le veut, elle le saisit avec deux dents ou serres qu'elle a au-dessous de la tête, près de la bouche; elle arrache ce poil après des efforts redoublés, et aussitôt elle l'apporte au bout de son tuyau, contre lequel elle l'attache.

81 Nous avons déjà dit que, si l'on regarde les fourreaux de plus près, on reconnaît que la soie entre aussi dans leur composition, que leur couche extérieure est laine et soie, et que leur couche intérieure est pure soie.

Comment est appliquée cette doublure de soie? Par quel artifice les brins de laine sont-ils liés ensemble ? Les procédés que ce travail exige ne sont pas difficiles à deviner, lorsqu'on sait que nos insectes sont des chenilles, qui, comme les autres chenilles, sont en état de filer, qu'elles filent dès qu'elles sont nées et que leur fil sort aussi un peu au-dessous de la tête, comme celui des chenilles ordinaires. C'est avec ce fil que l'insecte lie ensemble les différents brins de laine qui composent le fourreau, de sorte que le tissu de la partie supérieure peut être comparé à une étoffe dont la chaîne serait de laine et la trame de soie. Il n'est pas pourtant aisé de voir si l'entrelacement est aussi régulier que nous le ferions en pareil cas ; mais il est sûr que nous aurions peine à en faire un aussi serré. Peut-être même que l'entrelacement n'est pas nécessaire ici. Les insectes qui filent ont un avantage que nous n'avons pas; les fils qui ne viennent que de sortir de leur corps sont encore gluants; il suffit qu'ils soient appliqués et pressés contre d'autres fils ou contre d'autres corps pour qu'ils s'y attachent solidement. Il semble pourtant que notre teigne entrelace ses fils avec les brins de laine, qu'elle ne se contente pas de les y coller.

Dans le travail ordinaire, on ne saurait découvrir si l'insecte commence par faire la portion du tissu qui est laine et soie, ou celle qui est pure soie; mais on le force à nous manifester tous ses procédés, en le contraignant à se vêtir de neuf. Pour y obliger une teigne, j'ai introduit dans un des bouts de son fourreau un petit bâton d'un diamètre à peu près égal à celui de son corps ; poussant ensuite ce bâton peu à peu, je l'ai forcée à lui céder la place, et, ainsi, je l'ai chassée de son fourreau. Dans diverses expériences que j'ai faites, la teigne a toujours mieux aimé en venir à se faire un nouveau vêtement que de rentrer dans celui dont elle avait été chassée, et qui cependant lui avait couté tant de mois de travail. J'ai eu beau remettre auprès d'elles leurs fourreaux, je ne leur ai jamais vu faire de tentatives pour y rentrer. Quelques-unes, après avoir été dépouillées, sont restées un demi-jour inquiètes, errantes, et se sont enfin fixées. Alors elles ont commencé à se filer une enveloppe un peu plus blanche que les toiles des araignées de maison, mais à peu près de pareille consistance. Cette enveloppe a été ordinairement finie dans une nuit. Je l'ai quelquefois trouvée au milieu de tontures de laine qui ne lui étaient pas adhérentes. Enfin, au bout de cinq à six jours au plus, le tuyau de soie a été entièrement recouvert de laine. Dans peu de jours, la teigne avait fait l'ouvrage qu'elle n'a coutume de finir qu'en plusieurs mois.

Comme, chaque année, ces insectes se transforment en papillons, il y a chaque année bien des fourreaux abandonnés ; les jeunes teignes m'ont paru prendre la laine dont ils sont faits par préférence à celle des étoffes. Ils leur offrent, en effet, des matériaux tout préparés ; les brins de laine qui les composent sont choisis et sont coupés de longueur, ou à peu près. Des teignes nées sur du drap bleu, sur du drap rouge, etc. m'ont souvent paru vêtues de toutes autres couleurs, quand il y avait de vieux fourreaux dans les endroits où je les avais renfermées. Celles que je croyais voir avec des fourreaux rouges ou bleus en avaient de bruns, de verts, ou de quelque autre couleur. De là vient qu'il est rare de rencontrer bien conditionnés des fourreaux d'où les teignes sont sorties. Souvent aussi, j'ai vu des fourrreaux de laine blanche à des teignes nouvellement nées sur des draps de couleur. Peut-être qu'elles aiment mieux, dans cet âge tendre, la laine qui n'est point altérée par la teinture, qu'elles choisissent les brins sur lesquels la couleur n'a pas pris. Or, parmi les brins d'une étoffe de couleur, la loupe en fait apercevoir de blancs. J'ai observé de ces mêmes teignes un peu plus vieilles, qui, quoique sur un drap gris de souris ou canelle, avaient ce-

pendant des bandes d'un très-beau rouge et d'un très-beau
bleu. Aussi, ces draps avaient-ils été faits de laine de différentes couleurs; en les examinant à la loupe, je distin-
guais des brins rouges, des bleus et des verts; les teignes
en avaient choisi de ceux-là par préférence.

82. Les laines de nos étoffes ne fournissent pas seulement aux teignes de quoi se vêtir; elles leur fournissent
aussi de quoi se nourrir : elles les mangent et elles les
digèrent. Enfin, quand elles sont parvenues à leur parfait
accroissement, quand le temps de leur métamorphose approche, elles abandonnent souvent les étoffes; ellès cherchent des endroits qui leur donnent des appuis plus fixes
que ne sont des tissus que tout peut agiter. Il y en a alors
qui vont s'établir dans les angles des murs, d'autres grim-
pent jusqu'aux planchers. Celles qui, pendant le cours de
l'année, ont ravagé les dessus et les dos des fauteuils se
nichent alors volontiers dans les petites fentes qui restent
entre l'étoffe et le bois. Quel que soit l'endroit qu'elles ont
choisi, elles y attachent leur fourreau, tantôt par les deux
bouts, et tantôt par un seul. Enfin, ce à quoi elles ne manquent pas, c'est à bien clore avec un tissu de soie les ouvertures des deux bouts du fourreau.

L'insecte ainsi renfermé change bientôt de forme; il
prend celle d'une chrysalide, qui est d'abord d'un blanc
légèrement jaunâtre, et qui,
passant successivement par des
nuances plus foncées, devient
d'un jaune roussâtre. Enfin,
l'insecte, après être resté sous
l'enveloppe de chrysalide pendant un temps dont j'ignore
la durée précise, mais qui ne

Fig. 13. — Papillon de la teigne
tapissière très-grossi.

va pas à plus de trois semaines, s'en dégage pour paraître
papillon. Le papillon n'a pas plus tôt tiré sa tête de des-

sous cette enveloppe qu'il perce le bout du fourreau vers lequel elle était tournée ; il avance hors de ce fourreau, emportant la dépouille dont il n'a pu encore se défaire entièrement ; il la fait sortir plus d'à moitié du fourreau ; enfin, il achève de se tirer de cette dépouille, et alors il paraît sous forme de phalène, avec des ailes d'un gris argenté.

83. En faisant l'histoire des teignes des laines, nous avons presque fait celle des teignes des pelleteries Les façons de travailler des unes et des autres ne diffèrent aucunement ; elles se font des fourreaux de même forme ; elles les construisent de la même manière ; ces fourreaux ne diffèrent que par la qualité des matières dont ils sont faits. Ceux des teignes des fourrures sont des espèces de feutres ; ils approchent de la qualité des étoffes de nos chapeaux ; au lieu que ceux des autres approchent plus de la qualité de nos draps. Il n'est pas aisé de voir travailler les teignes qui se sont établies dans les peaux ; elles s'attachent immédiatement contre leur surface ; elles y sont entièrement couvertes par les poils qui s'en élèvent. Elles y font bien d'autres dégâts et plus prompts que ceux que les autres font dans les étoffes de laine. Les dernières ne détachent de laine des étoffes que ce qu'il leur en faut pour se nourrir et se vêtir ; le travail est plus difficile ; elles ont affaire à de gros poils, souvent bien liés entre eux par l'entrelacement ; au lieu que les poils des fourrures ordinaires sont très-fins et nullement entrelacés ensemble. L'insecte les coupe à fleur de la peau, et il semble qu'il se plaît à les couper ; car ce qui lui est nécessaire pour ses besoins n'est rien en comparaison des gros flocons de poils qui tombent d'une peau où il s'est établi, pour peu qu'on la secoue. Il les coupe ou, peut-être, il les arrache si bien qu'il n'en reste aucun brin sur la peau ; un rasoir ne les couperait pas si net. Peut-être n'aime-t-il pas à avoir le corps posé

sur une peau velue ; car tous les chemins qu'il a parcourus sont bien tracés par la façon dont la peau a été dépouillée ; à mesure qu'il va en avant, il coupe tous les poils qui se trouvent dans son passage.

J'ai ôté de dessus des peaux des teignes extrêmement jeunes ; je les ai mises sur des morceaux d'étoffes de laine ; elles en ont tiré tout ce qui a été nécessaire pour augmenter les dimensions de leur habit, elles s'y sont nourries, et, enfin, elles se sont métamorphosées en papillons. J'ai, de même, mis sur des peaux des teignes nées depuis peu sur de la laine ; elles y ont crû et se sont métamorphosées, comme elles eussent fait si elles fussent restées sur les étoffes où elles avaient pris naissance. Peut-être même que les teignes attaquent par préférence les poils des peaux, que ce n'est que faute d'en trouver qu'elles restent sur les tissus de laine. Quand elles n'ont point à leur bienséance des poils aussi délicats que ceux de nos fourrures, elles cherchent ceux des laines, quoique plus grossiers. En cas de nécessité, elles attaquent encore des poils plus durs ; j'en ai renfermé des unes et des autres dans des bouteilles où je ne leur ai donné pour toute pâture que du crin de cheval ; elles en ont vécu, et elles s'en sont habillées. On n'a d'ailleurs que trop d'exemples de teignes qui se sont établies dans le crin dont les fauteuils sont rembourrés, qui l'ont haché, et qui l'ont réduit en si petits brins qu'il n'était plus propre à agir par son ressort, qu'il n'était plus propre à produire l'effet par rapport auquel on l'emploie. J'ai trouvé des teignes que le hasard avait conduites dans des boîtes où j'avais mis des papillons morts ; elles s'y sont fait de fort jolis habits des poils de ces papillons ; elles avaient vécu, soit de ces poils, soit de la chair desséchée. et, peut-être, de l'une et des autres. Elles n'avaient pas seulement fait entrer dans la composition de leurs fourreaux les longs poils qui s'étaient trouvés sur certaines parties de ces papillons ; elles avaient mis aussi en œuvre des portions d'ailes couvertes de ces petites écailles auxquelles les papillons doivent tout leur ornement, et ces mêmes écailles étaient une vraie parure pour les habits de ces teignes.

84. Les endroits extrêmement humides ne sont pas favorables à ces insectes ; mais les étoffes moisiraient dans les endroits qui le seraient assez pour les faire périr. Ils semblent fuir le grand jour ; quoiqu'on les voie quelquefois sur la surface extérieure des meubles, ils se tiennent plus volontiers sur leur surface intérieure ; ils cherchent à se mettre à couvert de nos regards, et leur instinct les conduit bien, car nous avons grand intérêt à chercher à les détruire.

Un usage assez ordinaire, dans les maisons où l'on ne néglige pas entièrement les meubles, est de faire détendre les tapisseries et les lits une fois l'année, de les faire battre et brosser. Cette petite façon seule leur serait un excellent préservatif contre nos insectes, si on la plaçait dans le temps le plus convenable, qui est celui où la plupart des jeunes teignes sont écloses, et où il n'en reste plus de vieilles, savoir : vers le milieu d'août, ou, au plus tard, dans les premiers jours de septembre. On aurait beau battre et brosser les meubles en d'autres saisons, ce ne serait jamais avec le même succès ; les coups et les frottements n'en feraient tomber que quelques-unes et laisseraient le plus grand nombre. Nos observations nous ont appris qu'il y a des temps où ces insectes restent dans l'inaction ; que, pour être alors en sûreté, ils attachent chaque bout de leur fourreau contre l'étoffe. Quantité de fils de soie, tendus comme autant de petits cordages, les y retiennent si solidement qu'il ne faut pas espérer que des coups donnés sur une tapisserie les en détachent. Au contraire, les teignes nouvellement nées, ou celles qui sont encore fort jeunes, ne sont jamais adhérentes à l'étoffe ; elles le

sont même moins qu’on ne saurait croire : en tirant assez
doucement d’une boîte des morceaux de serge sur lesquels
j’avais fait éclore de jeunes teignes, j’en ai vu souvent
tomber la plus grande partie; en secouant plus fortement
les mêmes morceaux d’étoffe, on n’y en laissait aucune.

85. Les teignes s’attaquent aux laines de toutes couleurs,
quoiqu’il y ait peut-être des couleurs qui sont un peu plus
de leur goût que les autres ; mais la qualité des étoffes ne
leur est pas aussi indifférente que leur couleur. Par préférence, elles s’attachent à celles dont le tissu est le plus
lâche ; il leur est plus aisé d’en arracher des poils pour se
nourrir et pour se vêtir. Les poils les plus aisés à détacher
sont même les premiers qu’elles choisissent dans toute
étoffe. Quand je leur ai donné à ronger des morceaux de
drap fin, je les ai toujours vues les tondre bien plus ras
que les ciseaux n’avaient pu le faire; elles enlevaient le
duvet qui les couvre, dont les brins flottants sont plus aisés à briser que ceux qui sont tors ou entrelacés ; elles les
réduisaient à l’état de ces draps usés que nous disons
montrer la corde, et ce n’est guère qu’après les avoir mis
en cet état qu’elles commençaient à les percer. De sorte
que, plus la laine des étoffes est torse et plus leur tissu a
été battu, et moins elles sont recherchées par les teignes.
Nous voyons d’anciennes tapisseries qui se sont conservées bien entières, parce que leur fabrique a ces deux
avantages, et nous en voyons de nouvelles entièrement
rongées, parce qu’ils leur manquaient.
Une grande preuve qu’elles cherchent, en tout genre,
les poils les moins entrelacés, et qu’où leur entrelacement
est le plus serré, elles font le moins de désordre, c’est que
les chapeliers n’ont pas, à beaucoup près, autant de peine
à défendre contre elles les chapeaux que les fourreurs en
ont à défendre les pelleteries dont on les fait. Si un chapeau de castor et une peau de castor, ou toute autre,

étaient laissés négligemment dans une armoire, la peau se trouverait dépouillée de tous ses poils dans un temps où le chapeau serait encore très-sain. Ce n'est pas que, quand elles n'ont rien de mieux à ronger, elles ne rongent des feutres de toute espèce. J'en ai renfermé de nées sur des peaux et de nées sur du drap, uniquement avec des rognures de chapeaux, soit gris, soit noirs, et de différentes qualités ; les unes et les autres en ont très-bien vécu et s'en sont bien habillées.

Mises avec des laines mal assaisonnées à leur goût, les teignes ont une ressource à laquelle elles ont recours. En cas de nécessité, leurs habits leur fournissent de la nourriture. Elles cèdent au besoin le plus pressant ; elles aiment mieux vivre, et être plus mal vêtues ; elles mangent le dessus de leur fourreau. Ce qu'il y a d'heureux pour elles, c'est qu'elles ont encore une autre ressource pour réparer les désordres qu'elles y ont fait, et elles les réparent si bien, sans se servir de laine, que la vue simple ne distingue aucun changement ni dans la tissure, ni dans la couleur du fourreau dont elles ont rongé toute la laine. Le fourreau leur fournit d'abord de quoi se nourrir, et leurs excréments leur fournissent ensuite de quoi se vêtir. Ce sont de petits grains secs, ronds, et précisément de la couleur de la laine que l'insecte a digérée. Il attache ces petits grains avec des fils de soie, à peu près dans les places des brins de laine qu'il a arrachés ; ainsi le dessus de leur vêtement conserve sa forme et sa couleur. Elles font assez volontiers et assez souvent entrer quelques grains de cette espèce dans la composition de leurs fourreaux ; mais ce n'est que dans des temps de nécessité qu'ils leur tiennent totalement lieu de laine.

CHAPITRE XVII

Histoire des teignes qui se font des fourreaux de diverses matières.

86. Une espèce de teigne qui vit du parenchyme des feuilles de l'astragale porte un habillement qu'on pourrait appeler *à falbalas*. Cet habillement est d'un blanc un peu sale; il semble fait de divers morceaux de taffetas de cette couleur, arrangés par étages les uns au dessus des autres, et un peu flottants. Le corps de l'habit, ce qu'il a de solide, a la figure d'un cornet recourbé, très-évasé par un bout et pointu par l'autre. Le tiers au plus de la longueur du fourreau est à découvert; tout le reste, depuis son ouverture, est caché sous des pièces minces et flottantes, qui, par leur arrangement, imitent fort ces falbalas au moyen desquels les dames savaient renfler leurs jupes, avant qu'elles eussent imaginé d'en soutenir de beaucoup plus amples par des paniers.

D'autres teignes, qu'Aristote et Pline ont connues, se font des habits qui, quoique beaucoup plus grossiers que les habits de celles dont nous avons parlé jusqu'ici, ont cependant leur singularité. Elles se couvrent de petits brins d'herbe, de petits morceaux de bois et de feuilles. Leur shabits sont en général des tuyaux de soie, de figure cylindrique, ou de celle d'un cône tronqué; mais apparemment que les tissus de soie qu'elles savent faire n'au-

raient pas assez de consistance pour conserver leur forme,
pour se soutenir contre tous les mouvements qu'elles sont
obligées de se donner; elles ont l'art de les rendre solides
en les recouvrant de certaines matières. J'ai vu de ces
tuyaux qui étaient très bien cachés par de petites portions
dè feuilles de gramen coupées carrément, mais un peu
plus longues que larges, et arrangées en recouvrement
les unes au-dessus des autres, comme le sont les tuiles
de nos toits. Chacune de ces petites tuiles était attachée
contre le fourreau par des fils de soie, et cela seulement
par un de ses bouts, par celui qui était le plus proche de
l'ouverture par laquelle l'insecte fait souvent sortir sa tête
et ses jambes écailleuses.

Le gramen fournit encore à d'autres teignes de quoi
recouvrir leurs fourreaux de soie et leur donner de la
solidité; mais ce ne sont pas les feuilles des plantes de ce
genre qu'elles y emploient. Nous ferions des habits très
ridicules et peu convenables, si nous les faisions de baguettes de bois appliquées les unes contre les autres ; ce
sont pourtant des espèces de petites baguettes qui font le
dessus de l'habit de certaines teignes. Les tiges de gramen
les plus déliées sont bien pour de petits insectes ce que des
baguettes assez grosses seraient pour nous; mais ce sont
des baguettes creuses et, par conséquent, légères. Tout le
fourreau de ces teignes est couvert de ces petits cylindres
creux, pris de tiges de gramen. J'ai eu un fourreau beaucoup plus long, qui était recouvert de brins pris des plus
petites branches du genêt ordinaire.

87. Il existe des teignes parmi les insectes aquatiques
des différentes classes. Le corps de ces teignes, comme
celui des précédentes, est immédiatement logé dans un
tuyau de soie dont l'intérieur est lisse et poli. Sur l'extérieur de ce tuyau sont attachés des fragments de diverses
matières propres à le fortifier et à le défendre, en un mot,

propres à rendre l'habit complet et à lui donner les qualités nécessaires. Ce dont nos teignes paraissent s'embarrasser le moins, c'est de la grâce que peut avoir la forme extérieure de cet habit. Celle que plusieurs lui donnent est tout à fait baroque ; les dehors du fourreau sont souvent hérissés, pleins d'inégalités. D'autres pourtant se font des habits qui ont un air plus propre ; les pièces qui le composent sont arrangées avec symétrie les unes auprès des autres. Elles changent d'habits quand elles ont besoin d'en changer, c'est-à-dire, quand le leur est devenu trop étroit et trop court ; alors elles s'en font un de grandeur convenable. Quelquefois le neuf diffère plus de celui qu'elles ont laissé que nos habits d'aujourd'hui ne diffèrent de ceux de nos aïeuls et de nos bisaïeuls. Les principes de variété ne sont pourtant pas les mêmes pour elles et pour nous. Ce n'est ni par bizarrerie, ni par caprice, ni pour établir, ni pour suivre une nouvelle mode, qu'elles se couvrent d'un fourreau qui ressemble peu à celui qu'elles ont abandonné ; mais elles savent se servir pour s'habiller de matières très différentes, et, selon les étoffes, pour ainsi dire, qu'elles emploient, elles se font des vêtements qui ont des figures différentes. Elles mettent en œuvre des feuilles entières ou presque entières, des morceaux de feuilles, et d'un très grand nombre d'espèces de feuilles ; des morceaux de tiges assez grosses ; des tiges de roseaux ; de petites tiges rondes ; des brins de paille ; des portions de tiges de gramen ; des brins de jonc ; elles se servent des graines, des racines ; elles savent même faire usage des grains de sable et de gravier, des coquilles de limaçons aquatiques et des coquilles de moules, et, enfin, de presque toutes les matières qu'elles trouvent dans l'eau. Les coquilles dont leur fourreau est tout garni renferment parfois des animaux vivants, tels que des limaçons, des moules, et ces coquilles sont si bien attachées qu'il ne leur est pas possible de changer de place.

9

88. Quand on considère la plupart des espèces de fourreaux que nous venons d'indiquer, et beaucoup d'autres, il semble que les matières qui entrent dans leur composition les rendent bien lourds. La plupart seraient effectivement de terribles fardeaux pour l'insecte, s'il était obligé de marcher toujours sur terre ; mais, si nous faisons attention que ces insectes doivent tantôt marcher sur le fond de l'eau, tantôt monter et descendre au milieu de l'eau, sur les herbes qui y croissent, nous jugerons que ce même fourreau, qui chargerait l'insecte s'il était dans l'air, lui coûte peu à porter, si les différentes pièces de l'assemblage desquelles le fourreau est construit font un tout d'une pesanteur à peu près égale à celle de l'eau. Ce qui importe le plus à notre teigne aquatique est donc de choisir des corps qui soient tels que, collés contre son fourreau, ils contre-balancent à un certain point l'excès de la pesanteur de son corps et de celle du fourreau de soie prises ensemble sur celle de l'eau. Elle ne doit pourtant pas attacher contre son fourreau des corps trop légers ; elle aurait autant de difficulté à vaincre, en marchant, la résistance qui naîtrait de trop de légèreté qu'elle en aurait à vaincre celle qui naîtrait de trop de pesanteur. Enfin, il lui importe encore que son fourreau soit, pour ainsi dire, également lesté partout ; que certaines parties ne soient pas de beaucoup plus légères ou de beaucoup plus pesantes que les autres, sans quoi le tuyau tendrait à prendre dans l'eau d'autres positions que celles où l'insecte le veut. Quand une teigne n'a pas donné d'abord à toutes les parties de son fourreau un équilibre convenable, elle colle apparemment de petits fragments de bois ou de plantes sur les endroits qu'elle sent trop pesants. De là vient qu'on voit tant de petits morceaux de bois rapportés sur certains fourreaux ; de là vient que quelquefois il y a sur le fourreau des morceaux de bois d'une grosseur énorme par rapport aux autres pièces ; de là vient

que certains fourreaux qui sont recouverts de gravier ou
de petits fragments de coquilles ont de chaque côté un
long morceau de bois.

Si l'on retire peu à peu une de ces teignes de son fourreau, ou si on l'en tire brusquement, ayant saisi l'instant où elle n'y était pas cramponnée, je veux dire que
si l'on en retire une sans la blesser et sans avoir dérangé
son fourreau, lorsqu'on met ensuite ce fourreau auprès
d'elle, elle y rentre sans façon la tête la première. Elle
n'est pas aussi imbécile que les teignes de la plupart des
autres espèces. qui ne connaissent plus leur habit dès
qu'elles en sont une fois sorties, et qui aiment mieux
s'en faire un neuf que de vêtir une seconde fois celui dont
on les a dépouillées, quoiqu'on l'ait laissé en très-bon
état à leur disposition.

89. Ce n'est pas dans la seule fabrique de leur logement que les teignes aquatiques nous montrent de l'industrie, et ce n'est pas l'ouvrage dans lequel elles nous en
montrent le plus. Toutes doivent se tranformer en nymphes ; c'est l'état par lequel elles ont à passer pour parvenir
à celui d'insectes ailés et pour aller vivre dans l'air, après
être nées et avoir crû dans les eaux. La nymphe dans
laquelle chaque teigne doit se tranformer ne serait pas
plus en état de se défendre contre les attaques des ennemis
qui voudraient la dévorer que ne le sont les chrysalides
des chenilles. Les eaux, comme la terre et l'air, sont peuplés d'insectes carnassiers. La teigne, avant que de se métamorphoser, pourvoit à sa sûreté pour le temps où elle sera
hors d'état de se défendre. Elle ne quitte pourtant pas son
fourreau ; c'est dans ce fourreau qu'elle doit changer de
forme. Elle sait filer, et que peut elle faire de mieux que
de fermer les deux ouvertures qui donneraient une libre
entrée à l'ennemi ? Il semble qu'elle n'a qu'à boucher les
deux bouts de son tuyau avec deux espèces de plaques,

soit d'une forte étoffe de soie, soit de quelque autre matière. Elle le fait, mais elle fait quelque chose de plus. Sous la forme de nymphe, elle aura besoin de respirer l'eau. L'eau qui serait renfermée avec elle dans le tuyau cesserait bientôt d'être une eau convenable, si elle n'avait aucune communication avec celle du dehors; ce serait bientôt de l'eau qui aurait été respirée trop de fois, et qui aurait trop séjourné dans un petit clos. Pour tout concilier, la teigne, au lieu de mettre une plaque pleine à chaque bout de son fourreau, y en met une qui est percée comme une écumoire. C'est une grille faite de gros fils, ou, plutôt, d'espèces de cordons de soie qui se croisent; c'est une porte grillée. La teigne devenue nymphe aura donc une communication libre avec l'eau qui est hors de son logement; elle sera en sûreté contre les ennemis qu'elle a le plus à craindre, dont le corps a un diamètre qui surpasse celui des trous de la porte grillée.

CHAPITRE XVIII

Histoire des fausses teignes.

90. Nous avons déjà nommé *fausses teignes* les insectes
qui, pour se couvrir, se font des fourreaux qu'ils ne
transportent point avec eux quand ils marchent. Les
abeilles, armées d'aiguillons dont elles sont très disposées à faire usage pour peu qu'on les inquiète, rassemblées d'ailleurs dans des ruches où leur nombre égale
celui des combattants d'une grosse armée, ne sembleraient pas avoir à craindre de voir leurs industrieux
ouvrages rongés et détruits par des insectes plus petits
qu'elles, et dont le corps n'est couvert que d'une peau
mince et tendre. Il y a pourtant de tels insectes qui font
de furieux ravages dans les gâteaux de cire des ruches.
Quand ils s'y sont multipliés au point où ils s'y multiplient quelquefois, ils forcent les mouches à aller chercher une autre habitation; elles ne sauraient suffire à
réparer tous les désordres qu'ils font à la leur. Ces
insectes semblent destinés à passer toute leur vie au
milieu des plus grands périls. Ils ont à vivre au milieu
d'un petit peuple guerrier et bien armé; c'est à ses
dépens qu'ils doivent se nourrir; ils sont obligés de couper, de hacher des ouvrages qu'il fait avec tant de soin
et tant d'art; les abeilles ne sont pas d'humeur à se
laisser faire tant de mal impunément. C'est néanmoins

au milieu d'elles que nos fausses teignes doivent croître, faire leurs coques et se transformer en papillons. Cependant elles ne sont couvertes que d'une peau tendre ; des vêtements semblent leur être plus nécessaires qu'à aucun insecte que ce soit. Si la nature ne leur a pas appris à se faire des habits portatifs, elle leur a enseigné à se faire des tuyaux cylindriques qui servent à les vêtir et à les loger. Ces tuyaux sont fixés ; ce sont des espèces de galeries. Chaque fausse teigne a la sienne, dans laquelle elle se tient constamment ; elle l'allonge à mesure qu'elle veut aller en avant, afin de marcher toujours à couvert ; aussi, lui fait-elle prendre tous les contours des chemins qu'elle veut suivre. Ces contours sont souvent en différents plans ; il y a telle de ces galeries qui a près d'un pied de longueur ; mais celles qu'on voit le plus communément ne sont longues que de cinq à six pouces. Tout l'intérieur du tuyau est un tissu de soie blanche, assez serré et poli ; le corps de l'insecte, fût-il plus délicat, n'aurait rien à craindre de ses frottements. Mais ce tuyau de soie est revêtu extérieurement d'une couche de petits grains de cire ou d'excréments, quelquefois si pressés les uns contre les autres qu'ils cachent parfaitement la soie dans laquelle ils sont engagés. Le tuyau ne semble fait quelquefois que de ces petits grains ; ils dérobent apparemment les teignes qui habitent l'intérieur du tuyau aux yeux des mouches, comme ils les dérobent aux nôtres. L'abeille ne sait pas dans quelle partie de ce tuyau la teigne est logée ; apparemment que ces grains ont encore un autre usage plus important et qu'ils sont un rempart presque impénétrable aux aiguillons.

91. Nos fausses teignes se conduisent avec beaucoup de circonspection. Elles ne sont pas plus tôt nées qu'elles commencent à se faire un tuyau d'un diamètre proportionné à celui de leur corps. Elles ne quittent pas,

pour l'ordinaire, ce tuyau pendant leur vie de fausse teigne. A mesure que la nourriture convenable cesse d'être assez à portée de celui des bouts vers lequel leur tête est tournée, elles l'allongent. A mesure aussi qu'elles croissent, elles donnent plus de diamètre à la portion qu'elles forment; d'où il suit que la plus ancienne partie du tuyau ne saurait plus être habitée par la fausse teigne qui a un certain âge; la partie qui a été construite la première n'a presque que la grosseur d'un fil. Une fausse teigne qui serait mise à découvert dans une ruche d'abeilles aurait apparemment peine à parvenir à faire sa galerie; ces mouches viennent à bout de tuer de plus gros insectes et aussi forts que ceux-ci peuvent être. Mais, dès qu'une galerie est commencée, dès que la teigne y est hors des insultes des mouches, elle peut la pousser plus loin, l'étendre autant qu'elle veut, sans courir de risque, et cela, parce que, pour la prolonger, elle n'est obligée que de faire sortir sa tête qui a un bon casque d'écailles contre lequel les abeilles darderaient en vain leur aiguillon. Tout ce que sa sûreté demande est donc qu'à mesure qu'elle a ajouté une petite bande de soie au bout de son tuyau, elle le recouvre de cire.

Quand nos teignes ont crû aux dépens de la cire des abeilles, quand elles sont parvenues à leur dernier terme de grandeur, elles travaillent à se faire des coques pour s'y transformer en chrysalide. Les coques qu'elles se font sont d'une soie blanche; le tissu en est serré et fort; il résiste un peu au doigt qui le presse. Elles ne se contentent pourtant pas de faire cette coque de soie; elles usent encore du même artifice dont elles ont usé dans la construction de leurs tuyaux; elles ont soin de composer la première couche, l'enveloppe extérieure, de petits grains de cire ou d'excréments. Les teignes font leurs coques dans les ruches des abeilles. Les papillons qui en sortent y déposent leurs œufs. Il y a grande apparence que les abeilles, qui font la guerre à toutes les espèces d'insectes qui ont la hardiesse ou l'imprudence d'entrer chez elles, ne les épargnent pas ; apparemment qu'elles en détruisent un bon nombre. Mais ces papillons, comme la plupart des autres, sont si féconds que, pour peu qu'il y en ait qui parviennent à faire leurs œufs, il en nait assez de fausses teignes pour désoler les ruches ; le corps des gros est tout rempli d'œufs. D'ailleurs, il s'en glisse entre deux gâteaux, dans les endroits où ces gâteaux se touchent presque. Les papillons que j'ai eus chez moi le faisaient ainsi ; il eût été assez difficile aux abeilles d'aller les y dénicher.

Fig. 14. — Fausse teigne ou gallerie de la cire.

J'ai vu, dans le bas d'une ruche, deux ou trois abeilles courir après un papillon de cette espèce. Il marchait devant elles et mieux qu'elles ; il leur fit faire bien des tours, de sorte qu'elles se lassèrent de le suivre.

92. Il nous reste à faire connaître des fausses teignes qui, comme les véritables teignes des laines, mangent nos draps ; d'autres qui ne doivent pas être épargnées par les savants (elles aiment le cuir et mangent volontiers celui qui couvre les livres) ; et d'autres, enfin, qui vivent de nos grains ou d'aliments que nous aimons. Les fausses teignes du drap filent au-dessus de leur corps une espèce de berceau de soie. Sur la soie qui forme ce berceau, elles attachent partie des flocons de laine qu'elles ont eu soin d'arracher ; elles en mangent une autre partie. Chaque fausse teigne va un peu en avant ; peu à peu elle creuse dans le drap une espèce de fosse qui descend jusqu'à la corde ; elle file au-dessus une toile à qui elle donne la forme d'un demi-tuyau, et elle le recouvre de laine ; ainsi son logement est creusé en partie dans le

drap et y est très-adhérent. Il n'est ordinairement ouvert que par un bout, qui est celui vers lequel elle l'étend de jour en jour; à mesure qu'elle croît, la partie qu'elle construit a plus de diamètre.

Il n'est pas aussi aisé d'apercevoir sur les étoffes les logements des fausses teignes qu'il est aisé d'y voir les fourreaux des véritables teignes. Ces dernières sont sur l'étoffe, et les autres sont dans son épaisseur. Les endroits habités par les fausses teignes paraissent seulement des endroits où le drap est plus bourreux qu'ailleurs, des endroits mal travaillés. Aussi, quoique les logements des fausses teignes encore jeunes soient souvent assez longs, et différemment contournés, on ne les aperçoit guère que quand on sait qu'on les doit trouver. Si les brosses ne sont rudes et menées rudement, elles ne détruisent pas ces logements et elles ne font pas tomber ces insectes. J'ai vu des papillons de fausses teignes dans les appartements, mais j'en ai toujours vu peu ; j'en ai rencontré en quantité sur le drap de plusieurs carrosses. Peut-être qu'elles aiment à être dans des endroits plus exposés à l'air que ne le sont les chambres que nous habitons ; et il est heureux pour nous que leur inclination ne paraisse pas les porter à s'établir dans l'intérieur de nos maisons.

Les fausses teignes des cuirs se font, comme les fausses teignes de la cire, un long tuyau qu'elles attachent contre le corps qu'elles rongent journellement ; elles le recouvrent de grains qui ne sont presque que leurs excréments. J'ai pris plusieurs fois de ces fausses teignes qui marchaient sur le parquet de mon cabinet; apparemment que, quand elles cessent de trouver des aliments auprès

Fig. 15.— Fausse teigne des cuirs ou aglosse cuivrée.

de l'endroit où elles s'étaient fixées, elles abandonnent leur logement pour aller chercher à vivre ailleurs.

9.

Nous avons placé encore parmi les fausses teignes une petite chenille qui, malgré sa petitesse, nous fait plus de mal que celles dont nous avons parlé ci-devant. C'est aux grains de nos greniers qu'elle en veut, et surtout au froment et au seigle. Elle lie plusieurs grains ensemble avec des fils de soie; dans l'espace qui est entre ces grains, elle se file un tuyau de soie blanche qu'elle attache contre les grains assujétis. Logée dans ce tuyau, elle en sort en partie pour ronger les grains qui sont autour d'elle. La précaution qu'elle a eue d'en lier plusieurs ensemble fait qu'elle n'a point à craindre que le grain que ses dents attaquent s'échappe, qu'il glisse, qu'il tombe, qu'il roule ; s'il se fait quelques mouvements dans le tas de blé, si beaucoup de grains roulent, elle roule avec ceux dont elle a besoin, elle s'en trouve toujours également à portée.

CHAPITRE XIX

Histoire des différents ennemis des chenilles

93. Quand la nature a rendu certains genres d'animaux prodigieusement féconds, elle a pris soin, en même temps, d'empêcher que, malgré leur grande fécondité, ils ne se multipliassent trop ; elle a produit d'autres animaux pour les détruire. C'est ainsi que les chenilles sont destinées à nourrir quantité d'espèces de grands et de petits animaux. Elles ont un prodigieux nombre d'ennemis ; les uns les mangent toutes entières et n'en font qu'une bouchée ; les autres les hachent, les rongent ; d'autres les sucent peu à peu et ne les font pas moins périr. Quelque grand que soit le nombre de leurs destructeurs, on le trouve peut-être encore trop petit, lorsqu'on voit qu'elles mangent nos légumes, qu'elles dépouillent de leurs feuilles les arbres et les arbrisseaux de nos jardins et de nos campagnes.

Les oiseaux nous font beaucoup de bien, en détruisant les insectes nuisibles. Il est prouvé qu'une seule paire de moineaux qui a des petits à nourrir détruit, dans une semaine, 3,360 chenilles. Voici le calcul qu'on en donne. On a observé que chaque moineau qui a des petits entre vingt fois par heure dans le nid pour y porter la becquée ; le père et la mère l'y portent tour à tour. Voilà donc quarante becquées portées par heure ; et, supposant que les moineaux portent la becquée chaque jour pendant douze heures, voilà 480 becquées portées par jour, et, dans une semaine, sept fois 480 becquées, ou 3,360 becquées ; c'est-à-dire, 3,360 chenilles, si chaque becquée a été d'une chenille. Mais le moineau porte aussi dans son nid des papillons, ce qui vaut bien des chenilles pour diminuer le nombre même des chenilles dans un jardin. Enfin, lorsqu'il ne porte pas des chenilles, il porte des araignées, des vers, etc., etc. D'un autre côté, les nids des chenilles appelées les *communes* sont une ressource, pendant l'hiver, pour les chardonnerets ; ils les dépiècent avec leur bec pour parvenir à trouver les petites chenilles qui y sont renfermées. Il est vrai, pourtant, que la plupart des oiseaux ne mangent pas volontiers les chenilles velues ; mais tous les papillons sont fort du goût de ceux qui aiment les chenilles rases, et les velues, comme les autres, deviennent papillons par la suite.

Les papillons et les chenilles sont peut-être de trop grands animaux, ou sont, au moins, des animaux que n'aiment pas certains oiseaux qui prennent plus volontiers des mouches et des moucherons. Les chenilles, et les plus velues, servent cependant à nourrir ces mêmes oiseaux, au goût desquels elles ne sont pas et qui ne les mangent jamais. Ce sont là de ces rapports qui, quoique assez prochains, sont déjà éloignés pour nous. Les chenilles sont nécessaires pour faire croître, pour fournir de leur propre substance de quoi vivre à un très-grand nombre d'espèces de vers qui se transforment en mouches et en moucherons, que les oiseaux savent très-bien attraper et avaler. Si les rossignols, si les hirondelles paraissent au printemps dans ces pays, ce n'est pas une température d'air plus douce qui les y attire ; ils arrivent chez nous quand ils peuvent y trouver de quoi vivre ; ils nous abandonnent pour retourner dans d'autres climats, lorsque les aliments convenables commencent à leur manquer. Les hirondelles ne trouvent plus assez de moucherons vers le milieu de l'automne. Les insectes qui sont du goût des rossignols leur manquent apparemment de meilleure heure.

94. La maxime si souvent citée contre nous, qu'il n'y a que l'homme qui fasse la guerre à l'homme, que les animaux de même espèce s'épargnent, a assurément été avancée et adoptée par des gens qui n'avaient pas étudié les insectes. Leur histoire fait voir, en plus d'un endroit, que ceux qui sont carnassiers en mangent fort bien d'autres de leur espèce, quand ils le peuvent. Mais, ce qui est pis et particulier à quelques chenilles, c'est que, quoique faites, ce semble, pour vivre de feuilles, quoiqu'elles les aiment et qu'elles en fassent leur nourriture ordinaire, elles trouvent la chair de leurs compagnes un mets préférable et s'entre-mangent quand elles le peuvent. Néanmoins, pour l'ordinaire, les chenilles n'ont pas à s'entre-redouter ; non seulement celles de la même espèce ne se font point de mal les unes aux autres, mais encore celles d'espèces différentes vivent ensemble très-pacifiquement dans le même endroit. Aussi bien, ont-elles assez d'ennemis contre lesquels elles sont hors d'état de se défendre. Plusieurs espèces de vers les rongent toutes vivantes; les uns se tiennent en partie sur le corps de la chenille même ; ils le percent et le sucent ; d'autres vivent dans l'intérieur de la chenille ; ils y sont si bien cachés qu'on ne soupçonnerait pas quelquefois qu'une chenille qui en a le corps farci en eût un seul ; elle paraît se porter à merveille ; son extérieur n'est en rien changé, malgré les vers qui dévorent continuellement ses parties intérieures. On peut diviser ces vers qui mangent les chenilles, comme les chenilles mêmes, en vers qui vivent en société et en vers solitaires. Ils doivent tous subir une métamorphose. J'appelle vers qui vivent en société ceux

se tiennent en bon nombre dans le corps d'une chenille et qui en sortent ensemble pour se métamorphoser les uns auprès des autres. Les vers solitaires sont ceux dont on ne peut trouver qu'un ou deux dans le corps d'une chenille. Il y en a plusieurs espèces, tant de ceux qui vivent en société que des solitaires. Il y en a de l'une et de l'autre classe qui se filent des coques de soie pour se transformer, et d'autres qui se transforment sans se renfermer dans des coques.

Vers la fin d'août je vis sur une des belles chenilles du chou une petite mouche dont le corps était d'un beau vert et qui portait ses ailes horizontalement, mais de façon qu'elles se croisaient. Je fus attentif à l'observer. Pour le faire même plus à mon aise, je détachai doucement du reste de la feuille la portion sur laquelle était la chenille. La petite mouche se trouvait bien où elle était; elle était où elle voulait être, aussi y resta-t-elle. Elle me permit de l'observer autant que je le souhaitai, même avec une loupe assez forte. Occupée d'autres soins, elle ne paraissait pas songer à moi; quelquefois elle marchait sur le corps de la chenille, mais seulement pour changer de place; elle se fixait ensuite. Je vis que, lorsqu'elle était en repos, elle faisait sortir de son extrémité postérieure une espèce d'aiguillon très-fin et presque aussi long que tout son corps. Elle en piquait la pointe dans le corps de la chenille; elle l'y enfonçait peu à peu, jusqu'à y faire entrer l'aiguillon tout entier. La chenille souffrait assez patiemment cette piqûre; quelquefois pourtant elle se donnait des mouvements dont la petite mouche ne paraissait pas s'inquiéter. La petite mouche retirait ensuite son aiguillon pour l'enfoncer assez près de l'endroit d'où elle l'avait retiré. Après avoir fait là quelques piqûres, elle changeait de place pour aller ailleurs en faire d'autres. Il me parut qu'elle choisissait par préférence les jonctions des anneaux.

Il n'était pas malaisé de deviner à quoi tendaient toutes ces piqûres ; la mouche ne cherchait pas à piquer la chenille précisément pour lui faire du mal. Les aiguillons que les insectes portent à la partie postérieure ne sont point des organes au moyen desquels ils prennent de la nourriture ; mais ils servent à percer le corps dans lesquels ils veulent déposer leurs œufs, et sont, de plus, les canaux qui conduisent les œufs dans les trous qu'ils ont percés. Il y avait tout lieu de croire que, chaque fois que la petite mouche enfonçait son aiguillon dans le corps de la chenille, elle y déposait un œuf qui devait être couvé par une chaleur douce qui le ferait bientôt éclore ; et que, dès que l'insecte serait sorti de l'œuf, il trouverait une nourriture convenable, qu'il n'aurait qu'à sucer ou qu'à ronger les parties de la chenille. La profondeur à laquelle les œufs étaient déposés les mettait en sûreté ; elle était telle que la chenille pouvait changer de peau sans que les œufs pussent être rejetés avec la dépouille.

J'eus soin de nourrir cette chenille, et je comptais qu'elle nourrirait elle-même plusieurs vers ; elle ne me parut pas moins vigoureuse que les autres de son espèce. Au bout de dix à douze jours, elle se transforma en chrysalide ; mais, de jour en jour, je vis dépérir cette chrysalide, et il n'y en avait pas quatre qu'elle était née, que je trouvai tout son intérieur mangé par des vers, à qui peut-être elle ne donna pas assez d'aliments, car ils ne parvinrent pas à se transformer en mouches.

95. Il arrive tantôt que les vers sortent du corps de la chenille, et tantôt qu'ils sortent de celui de la chrysalide, et cela, selon que l'accroissement de la chenille était plus ou moins avancé lorsque les œufs ont été déposés dans son corps. Vers le commencement de décembre 1733, je trouvai sur des choux un assez bon nombre de leurs plus

belles chenilles. Elles me donnèrent des occasions de reste d'observer comment les vers sortent du corps des chenilles. Plus de vingt-cinq de ces trente se trouvèrent en être pleines. Bientôt j'aperçus un petit tubercule blanchâtre sur un des côtés d'une de ces chenilles. Ce tubercule avait quelque air d'une jambe membraneuse, mais posée dans un endroit où il ne doit pas y en avoir. Je soupçonnai que ce tubercule était un ver, et bientôt je vis que c'en était un. Le tubercule s'éleva de plus en plus, presque perpendiculairement à la surface de la peau ; je le vis ensuite se raccourcir un peu, pour s'allonger bientôt davantage, et s'élever davantage au-dessus de la peau. Enfin, je ne fus pas longtemps sans voir une seconde inégalité s'élever sur un autre endroit du même côté de la chenille ; sa peau venait d'être percée là par un autre ver. Ainsi successivement elle se trouva criblée des deux côtés par différents vers. Il en sortit d'un côté quatorze à quinze, et quinze à seize de l'autre côté, et cela dans moins d'une demi-heure. C'était à force de raccourcissements et d'allongements successifs qu'ils parvenaient chacun à avancer en dehors de la chenille. Enfin, ils parvinrent tous à se tirer de son corps et allèrent se placer auprès de ses côtés. Pendant cette cruelle opération, la chenille était tranquille, elle semblait morte ; elle ne l'était pourtant pas. Quand elle fut délivrée de tant d'ennemis élevés dans son propre corps, elle se courba plusieurs fois, elle se donna divers mouvements, elle marcha même un peu ; mais elle périt au bout de quelques jours.

Les vers ne sortirent de quelques-unes de ces chenilles qu'après qu'elles se furent liées pour se transformer en chrysalides. Quelques-unes des chenilles, malgré toutes les plaies qui leur avaient été faites pour donner des sorties à tant de vers, se métamorphosèrent en chrysalides, mais en chrysalides qui périrent bientôt. Enfin, ce

fut des chrysalides même que sortirent d'autres vers de
la même espèce ; mais ces dernières chrysalides, comme
celles des chenilles criblées, ne donnèrent point de papillons. Ce sont, au reste, des observations qui seront aisées à faire, dès qu'on voudra prendre des chenilles du
chou, dans le temps où elles sont proches de leur transformation. Rien n'est plus ordinaire que d'en trouver qui
ont le corps plein de vers. Pendant l'automne de 1735,
c'est-à dire, vers la fin de septembre et dans le commencement d'octobre, j'ai ouvert un grand nombre de ces
chenilles. Communément, de 23 à 24 chenilles que j'ou-
vrais, je n'en trouvais qu'une ou deux qui n'eussent pas
le corps rempli de vers. Ainsi, en général, il n'y a peut-
être pas la dixième ou la vingtième partie de ces chenilles qui parvienne à se transformer en papillons.

Dès que les vers dont nous venons de parler sont sortis
du corps de la chenille, et souvent avant que d'en être
entièrement sortis, ils commencent à filer. Ils tirent des
fils çà et là en différents sens ; mais il semble que ces
premiers fils ne soient tirés que pour mettre la filière en
train d'en fournir, pour s'essayer à filer. La filière,
comme celle des chenilles, est placée à la lèvre inférieure
et m'a paru y former un petit bec. Tous les vers qui sont
sortis d'un côté descendent du même côté ; et, sans s'éloigner les uns des autres ni de la chenille, ils continuent
à tirer quelques fils irrégulièrement en différents sens.
Il se forme de ces fils une petite masse cotonneuse qui va
servir de base à la coque de chaque ver. Chacun d'eux
songe bientôt tout de bon à s'en faire une, et s'en fait
une d'une belle soie, et d'une forme qui diffère si peu de
celle de la coque d'un ver à soie que cette dernière, vue
au travers d'un verre concave qui diminuerait autant les
objets que les bonnes loupes les augmentent, paraîtrait
telle que sont les coques de ces vers. Leur soie est d'ailleurs d'un beau jaune, et si forte qu'il serait à désirer

qu'on pût en faire des récoltes pareilles à celle de la soie des vers à soie ; elle pourrait être employée aux mêmes ouvrages. Il ne faut pas au ver une demi-heure ou trois quarts d'heure pour finir entièrement sa coque, ou, au moins, pour en avoir rendu le tissu si épais et si serré qu'il s'y trouve très-bien caché. Ainsi, il y a ordinairement de chaque côté de la chenille un petit tas de coques posées les unes contre les autres. Quelquefois, pourtant, les vers d'un côté se partagent en deux bandes ; quelquefois des circonstances déterminent un ver à s'éloigner des autres et à filer sa coque un peu à l'écart.

96. Quand on voit tant de vers, et assez gros, sortir du corps d'une chenille, on a peine à concevoir comment ils avaient pu y être tous contenus. Mais il paraît bien plus difficile de concevoir comment tant de vers ont pu naître dans le corps de cette chenille et y croître sans qu'elle soit morte. Il y a plus encore ; non-seulement cette chenille ne périt pas, mais elle croît elle-même, pendant que des vers semblent remplir toute la capacité de son ventre et être occupés à dévorer les viscères et toutes les parties essentielles à sa vie que cette capacité renferme. Nous avons vu que les plus belles des chenilles du chou sont si sujettes, dans certaines saisons, à avoir des vers qu'il est beaucoup plus aisé de trouver de ces chenilles qui en ont dans leur corps que d'en trouver qui n'en n'en aient pas. Si l'on ouvre de ces chenilles, dans un temps où les vers n'ont pas encore commencé à leur percer le corps, mais où ils sont près d'y travailler, on voit les vers pressés les uns contre les autres, et qui occupent dans la capacité du ventre beaucoup plus de place que n'en occupent les parties qui seules devraient remplir cette capacité. Ces vers ont les instruments nécessaires pour hacher et pour percer, puisqu'ils viennent à bout de se faire un passage au travers des chairs de la che-

nille et de sa peau plus dure que les chairs. On est porté
à imaginer que l'intérieur de la chenille a été tout
haché, tout mis en pièces par de pareils habitants. Comment donc a-t-elle pu vivre ? Mais, non-seulement elle a
vécu, elle a crû, pendant que tant d'ennemis si terribles
se nourrissaient de son intérieur.

Nous ne pouvons assez admirer la sagesse et la prévoyance avec laquelle tout a été combiné et préparé pour
perpétuer des espèces de petites mouches que nous ne
connaissons presque pas. La mère mouche a été instruite
à aller déposer ses œufs dans le corps d'une chenille ; elle
a été pourvue des organes au moyen desquels elle y peut
parvenir. C'est là que ses petits doivent naître ; c'est le
seul endroit où ils puissent trouver un aliment convenable. Mais, si la chenille qui doit leur fournir cet aliment pendant un certain nombre de semaines ou de jours
périssait, les vers eux-mêmes périraient. Tant que ces
vers ont besoin de croître, jusqu'à ce qu'ils soient prêts
à se transformer, ils ne doivent donc pas porter d'at-
teintes mortelles à la chenille. Ils savent aussi épargner
les parties qui lui sont essentielles ; jamais ils ne percent,
n'attaquent même le long canal qui est composé de l'œsophage, de l'estomac et des intestins. Dans les chenilles
que j'ai ouvertes et qui étaient le plus farcies des espèces
de vers que nous examinons, j'ai toujours trouvé ce canal
très-sain, et souvent bien rempli de feuilles hachées et
en partie digérées. Les vers savent donc ménager les
organes nécessaires pour faire croître les chenilles. Ils
trouvent moyen de se nourrir à leurs dépens sans leur
faire des blessures mortelles.

Les chenilles à oreilles du chêne et de l'orme, et diverses autres espèces de chenilles, encore très-jeunes, ont
souvent dans leur corps un ver qui parvient à prendre
tout son accroissement avant que la chenille ait pris le
tiers ou le quart du sien. Alors il perce quelque part le

ventre de la chenille, et il n'est pas plus tôt sorti qu'il se file une coque de soie blanche ou d'un blanc jaunâtre, entre le ventre de la chenille et la feuille sur laquelle elle est posée. Les fils qui forment un tissu lâche et comme cotonneux autour de cette coque, dont l'intérieur est un tissu serré, sont attachés en partie au ventre de la chenille. Elle est donc posée sur cette coque ; il semble qu'elle la couve. J'ai vu des observateurs qui le pensaient ainsi et que j'ai eu bien de la peine à désabuser. La coque, qui a quelque ressemblance avec un œuf, la manière dont la chenille est placée dessus, la constance et la tranquillité avec laquelle elle y reste, donnent l'image d'une chenille qui couve. Mais sa tranquillité n'est que faiblesse ; elle est dans un état de langueur qui lui ôte l'envie de marcher ; peut-être sent-elle qu'elle est retenue par des fils, très-fins à la vérité, mais pourtant capables de tenir contre les forces qui lui restent. J'ai observé des chenilles qui, sans prendre aucune nourriture, ont vécu constamment plusieurs jours sur une pareille coque, sur laquelle elles périssaient à la fin. Mais j'en ai vu d'autres qui, au bout d'un jour ou deux, se tiraient de dessus la coque ; elles n'allaient pas loin, et mouraient en peu de jours.

Les chenilles qui se renferment dans des coques pour se métamorphoser en chrysalides ne sont pas plus exemptes que les autres d'être mangées par les vers. Pendant que la chenille fait sa coque, pendant qu'elle se prépare à sa transformation, le ver vit et croît dans son intérieur ; il sort, par la suite, du corps de la chenille, et souvent même il se file une jolie coque dans celle de la chenille ; ainsi le travail même de la chenille qu'il a dévorée sert à le mettre plus à couvert. Des vers appartenant à des espèces différentes ne se filent point de coques dans les corps des chenilles ou des chrysalides, quoiqu'ils y restent jusqu'à ce qu'ils soient devenus mouches. Ils s'y transforment en nymphes, et n'ont pour toute enveloppe que celle de la peau de la chenille ou de la chrysalide qu'ils ont mangée pendant qu'ils étaient vers. On ne trouve quelquefois qu'un ou deux de ces vers dans le corps d'une chenille ou d'une chrysalide ; quelquefois on en trouve de plus petits, qui y sont en si grand nombre et, pour ainsi dire, si empilés qu'on ne sait comment ils y peuvent rester.

97. — Nous n'avons parlé que des vers qui se tiennent dans l'intérieur des chenilles ; il y en a qui sont sur leur extérieur. J'en ai vu quelquefois un ou deux sur le corps d'une chenille ; j'en ai vu quelquefois cinq à six attachés auprès des jambes membraneuses d'une autre chenille ; j'ai vu d'autres chenilles qui en avaient sur leur corps plus d'une vingtaine : elles en étaient hideuses ; ils étaient blanchâtres comme tous ceux dont nous avons parlé. Une petite portion de la partie antérieure de chacun de ces derniers vers me paraissait pénétrer au dessous de la peau de chenille. J'en ai observé de'ces derniers qui, après avoir pris tout leur accroissement et être parvenus au temps où ils devaient se métamorphoser, filaient sur le corps même de la chenille ; mais ils ne s'y faisaient pas des coques d'un tissu serré. Les fils posés les uns auprès des autres s'élevaient sans former des coques bien distinctes. C'est entre ces mêmes fils qu'ils se transformaient en nymphes, et ensuite en mouches qui ne m'ont rien offert de remarquable. D'autres vers, et surtout ceux qui se tiennent en dehors du corps de la chenille, près de ses jambes membraneuses, après avoir pris tout leur accroissement, filent de petites coques qui sont des segments de sphère ; leur base est plate et circulaire.

Enfin, il y a des mouches qui vont déposer leurs œufs ou leurs vers dans les œufs même des papillons ; ainsi il y a des vers qui mangent les chenilles avant même qu'elles soient nées. J'ai eu de très-jolies nichées, composées d'un grand nombre d'œufs de papillons, dont il n'y eut que peu d'où des chenilles sortirent; chacun des autres œufs fut percé par une petite mouche qui y avait crû sous la forme de ver.

D'un autre côté, j'ai bon nombre d'exemples que les mangeurs d'insectes sont souvent mangés eux-mêmes par d'autres insectes; j'ai ouvert plusieurs fois des coques faites par des vers qui avaient mangé des chenilles et qui se devaient transformer en mouches ichneumons, que j'ai trouvées remplies de vers qui avaient vécu des mangeurs. Quelquefois je n'ai trouvé qu'un ou deux, quelquefois j'ai trouvé des vingtaines, des cinquantaines de vers extrêmement petits qui étaient empilés. Quelquefois ces vers mangeurs de ceux qui mangent les chenilles se multiplient au point de faire périr le plus grand nombre de ces derniers. De neuf à dix coques de soie, grosses comme des grains de blé, que j'avais renfermées dans un poudrier, il n'y en eut qu'une dont le ver se transforma en une mouche ichneumon. De chacune des autres, il sortit une trentaine ou une quarantaine de mouches extrêmement petites. Ces mouches provenaient de vers qui avaient mangé celui qui, ci-devant, avait lui-même mangé une chenille. Ayant ouvert une de ces coques de meilleure heure, je la trouvai remplie peut-être de plus de quarante petits vers, gros par rapport à leur longueur et pointus par les deux bouts.

98. — Les chenilles ont, parmi les insectes, bien d'autres ennemis que les vers qui croissent dans leur corps. Les punaises des bois et des jardins ont une longue trompe qu'elles portent ordinairement appliquée contre leur ventre. J'ai trouvé de ces punaises qui, après avoir redressé leur trompe, la tenaient enfoncée dans le corps d'une grosse chenille, qu'elles suçaient tranquillement.

Un des insectes les plus redoutables pour les chenilles
est un ver noir qui a seulement six jambes écailleuses
attachées aux trois premiers anneaux. Il devient aussi
long et plus gros qu'une chenille de médiocre grandeur;
le dessus de son corps est d'un beau noir lustré; il
semble que ses anneaux soient écailleux ou crustacés; ils
sont pourtant plus mous que les anneaux écailleux. En

Fig. 16. — Larve du calosome
sycophante.

devant de la tête il porte deux
pinces écailleuses, recourbées
en croissant l'une vers l'autre, avec lesquelles il a bientôt
percé le ventre d'une chenille;
car c'est ordinairement par le ventre qu'il les attaque. La
chenille qu'il a une fois percée a beau se donner des
mouvements, s'agiter, se tourmenter, marcher; il ne
l'abandonne pas jusqu'à ce qu'il l'ait entièrement ou presque entièrement mangée. La plus grosse chenille ne suffit
qu'à peine pour le nourrir un jour; il en tue et il en
mange plusieurs dans la même journée, quand il les
trouve.

Ces vers très-gloutons savent se placer à merveille pour
que la proie ne leur manque pas; ils savent trouver les
nids des processionnaires et s'y établir. Il ne m'est guère
arrivé de défaire un nid de ces chenilles où je n'aie rencontré quelque ver de cette espèce, et souvent j'y en ai
rencontré cinq à six. Là, ils peuvent assurément manger
autant qu'ils veulent; il n'y a pas de jour apparemment
où chacun d'eux ne fasse périr un bon nombre de ces
chenilles ou de leurs chrysalides, car ils continuent à se
tenir dans les nids des processionnaires, après qu'elles se
sont métamorphosées en chrysalides. J'ai vu quelquefois
les plus gros de ces vers punis de leur gloutonnerie; lorsqu'elle les avait mis hors d'état de se pouvoir remuer, ils
étaient attaqués par d'autres vers de leur espèce, encore
jeunes et assez petits, qui leur perçaient le ventre et les

mangeaient. Rien ne mettait ces jeunes vers dans la nécessité d'en venir à une telle barbarie; car ils attaquaient si cruellement leurs camarades dans des temps où les chenilles ne leur manquaient pas.

Nous avons vu que le chêne est peut-être de tous les arbres celui qui nourrit le plus d'espèces d'insectes, et surtout le plus d'espèces de chenilles; lorsqu'il s'est couvert de feuilles, on trouve aussi sur ses branches, plus que sur celles de tout autre arbre, de gros scarabées d'une belle espèce qui pourraient bien provenir de notre gros ver noir, et qui sont à la chasse des chenilles. La préférence qu'ils donnent au chêne marque qu'ils savent choisir les endroits où ils doivent espérer trouver plus de gibier. Ils marchent bien; ils se promènent de branches en branches, et, quand ils ont faim, ils attaquent la première chenille qu'ils trouvent; ils la percent avec les crochets qu'ils ont en dessous de la tête et la mangent à leur aise.

Ce scarabée (*Calosome Sycophante*) est un fort bel insecte; les étuis de ses ailes sont d'un vert doré changeant et mêlé d'un peu de rougeâtre, d'un peu de couleur de cuivre. Sur ces mêmes étuis, on aperçoit des bandes parallèles à la longueur du corps, qui changent de couleur et de place, selon que l'œil qui les regarde est placé. Cet effet est produit par de très-petites cannelures parallèles les unes aux autres et qui, toutes, le sont à la longueur de l'étui. Tout le reste du corps de ce scarabée est d'un beau noir très-luisant. Il est monté sur de grandes jambes. Sa forme un peu raccourcie, a quelque chose de carré. Les antennes, tant du mâle que de la femelle, sont à grains. Le mâle ne diffère de la femelle que parce qu'il est plus petit.

CHAPITRE XX

Histoire des pucerons et des vers mangeurs de pucerons.

99. Si nous étions maîtres de choisir nos connaissances, de nous en donner en chaque genre sur certains sujets, nous devrions choisir d'en avoir sur les objets qui sont le plus souvent présents à nos yeux. Il nous est plus agréable de connaître les petites manœuvres des insectes qui se trouvent dans nos jardins que celles des insectes des Indes que nous ne verrons jamais. Or, dans nos champs et dans nos jardins, il est peu d'arbres, il est peu de plantes, et peut-être n'en est-il point, qui n'aient leur espèce particulière de pucerons, ou, du moins, à qui quelque espèce de pucerons ne s'attache. Ce serait un ouvrage bien long et aussi inutile que long que celui de les parcourir toutes ; mais il convient de savoir ce qu'elles ont de commun et les particularités les plus remarquables de quelques-unes.

Le nom de *pucerons* n'aurait dû être donné, ce semble, qu'à des insectes vifs, sautant avec agilité comme les puces. Nos pucerons sont cependant des insectes très-tranquilles ; ils ne marchent que rarement, et leur démarche, pour l'ordinaire, est lente et pesante. Ils ont six jambes assez longues et déliées, qui, dans ceux de plusieurs espèces, paraissent surchargées du poids qu'elles ont à porter, lorsque l'insecte est parvenu à son dernier

terme de grandeur. En général, ces insectes sont petits ;
mais ils ne le sont pas à un tel point que de bons yeux
ne puissent distinguer, sans secours de microscope, les
principales parties extérieures de ceux de la plupart des
espèces. Il y a des espèces considérablement plus grosses
que les autres. Ces insectes vivent en société ; on ne les
trouve presque jamais qu'en nombreuse et souvent très-
nombreuse compagnie ; ils s'attachent aux tiges et aux
feuilles des plantes, aux jeunes rejetons des arbres et
à leurs feuilles. Les parties des plantes sur lesquelles
ils se sont établis en sont quelquefois entièrement couvertes. On voit des tiges et des feuilles de plantes et d'arbres qui en paraissent hideuses. La façon dont ils couvrent les fleurs du chèvrefeuille dégoûte bien des gens
de mettre cet arbuste dans leurs parterres. Il y a des
plantes et des arbres qui en ont beaucoup, et où cependant on ne les voit point, si l'on ne cherche à les voir ;
ils s'y cachent de différentes manières. Il n'en est point,
au contraire, de plus aisés à remarquer que ceux qui
s'établissent sur les jeunes pousses du sureau ; souvent
elles en sont couvertes tout autour de leur circonférence,
sur une longueur de plusieurs pouces, et même d'un pied
ou d'un pied et demi ; les pucerons y sont si proches les
uns des autres qu'ils s'entre-touchent partout. C'est même
encore trop peu dire ; car il y a quelquefois deux couches
de ces insectes l'une sur l'autre. Comme ils sont noirs ou
d'un noir verdâtre, on ne saurait manquer de les apercevoir dans les endroits où ils cachent des tiges dont la
couleur est d'un vert clair ; car ils ne s'attachent jamais
ou rarement aux tiges les plus vieilles du sureau, dont la
peau est grise.

Si l'on observe les pucerons sans agiter la plante, on les
voit presque tous tranquilles. Il semble qu'ils passent leur
vie dans l'inaction ; mais, pendant ce repos apparent, ils
s'occupent de ce qui peut le plus contribuer à leur con-

servation et à leur accroissement ; ils tirent alors de la
plante la nourriture qui leur est convenable. Ils sont
armés d'une trompe fine qu'on ne découvre bien qu'au
moyen d'une loupe ; mais la loupe fait voir cette trompe,
et comment elle est dirigée. J'ai vu des trompes de pucerons piquées dans des jets de chêne, de manière que les
pointes étaient enfoncées bien par-delà l'épiderme ; elles
entraient assez avant dans l'écorce. On trouve de même
une trompe à tous les pucerons des autres plantes ; ils
percent avec la pointe la première peau soit des feuilles,
soit des tiges auxquelles ils se sont attachés, et ils en
sucent une liqueur qui est l'aliment qui leur est propre.
Quand ils marchent, cette trompe est ordinairement
couchée sur leur ventre ; dans la plupart des espèces
elle a une longueur environ égale à celle du tiers ou de
la moitié de leur corps.

100. Quelque fines que soient les trompes des pucerons, dès qu'il y en a des milliers de piquées contre la
tige d'une plante, contre une feuille, et qui en pompent
continuellement du suc, non-seulement elles en tirent
une quantité de suc sensible, mais elles ne sauraient
manquer d'en occasionner une dissipation considérable,
de laquelle les plantes semblent devoir souffrir. Il y en a
pourtant qui n'en souffrent aucunement. Les tiges du
sureau conservent et leur forme et leur nuance de vert.
J'ai vu de même des feuilles d'abricotiers, de sycomore
et de divers autres arbres et arbrisseaux qui ne paraissaient nullement souffrir des pucerons qui les couvraient. Toutefois, il est vrai qu'il y a des plantes et des
arbres dont les feuilles sont bien maltraitées par les pucerons ; celles des pêchers, celles des pruniers, celles des
chèvrefeuilles sont quelquefois toutes frisées et bizarre-
ment contournées, lorsque les pucerons s'y sont nichés.

A force même d'être sucées par ces insectes, elles jaunissent et se dessèchent.

Les feuilles de certains arbres nous offrent des altérations bien plus considérables et dont l'origine est la même. Telles sont les vessies ou galles creuses des feuilles de l'orme. Il y a des années où ces vessies deviennent communément plus grosses que des noix ; on en trouve même de monstrueuses, qui approchent de la grosseur du poing ; mais il y a d'autres années où elles égalent à peine en grosseur des noisettes. Quand elles ont à peu près la grosseur des noix communes, il n'y a plus que de légers restes de la feuille à laquelle elles tiennent ; elle a toute été employée à former une galle ; c'est beaucoup qu'elle y ait pu suffire. Si l'on ouvre ces vessies, on les trouve habitées par une grande quantité de pucerons.

J'ai été attentif à observer les vessies dans le temps où elles ne faisaient que commencer à s'élever ; je n'en ai pu rencontrer avant les premiers jours de juin. Je les ai prises le plus près que j'ai pu de leur formation ; j'en ai ouvert de naissantes, dont les plus longues avaient six lignes et même moins de grosseur. Dans quelques-unes, je n'ai trouvé qu'un seul et unique puceron, et un puceron tel que j'avais soupçonné le devoir trouver, et tel que je l'y avais cherché : un puceron mère près de faire des petits. Dans d'autres, j'ai trouvé une mère avec un seul petit ; dans d'autres, j'ai observé une mère avec quatre à cinq petits ; dans d'autres vessies plus grosses, il n'y avait encore qu'une mère, mais accompagnée d'une trentaine de petits. Les vessies étaient d'autant moins peuplées qu'elles étaient moins grosses ; mais toutes alors n'avaient qu'un seul puceron mère. La différence de grosseur qui était entre celui-ci et les jeunes insectes ne me permettait pas de douter que ces derniers ne lui dûssent la naissance ; la ressemblance qui était, d'ailleurs, entre ces mères et d'autres mères que j'avais observées sur diverses sortes de feuilles d'arbres ne permettait pas non plus de douter qu'elles ne fussent vivipares. Néanmoins, afin de lever tout scrupule, j'ai retiré d'une vessie un gros puceron qui n'y était encore accompagné que d'un seul petit; j'ai posé ce gros puceron sur une feuille d'orme, et il n'y a pas été longtemps sans mettre au jour, sous mes yeux, un petit précisément semblable à celui qui s'était trouvé dans la vessie auprès de la mère. J'ai retiré de même de plusieurs vessies des pucerons mères que j'ai mis sur diverses feuilles d'orme. Quelques-uns on donné sept à huit petits dans un jour. Il y a vraisemblance qu'ils en eussent fait bien davantage dans leur vessie, où ils sont apparemment plus à leur aise, et plus à l'abri des impressions de l'air qui peuvent être à craindre pour eux. Ce qu'il y a de sûr, c'est que l'intérieur des grosses vessies est occupé par un nombre prodigieux d'habitants.

101. Nous pouvons assez facilement nous imaginer la formation des galles des feuilles d'orme. Notre mère puceron, encore très-jeune, pique une feuille; l'endroit piqué va s'étendre plus que le reste; il s'élèvera au-dessus de la surface supérieure de la feuille et formera, en même temps, une petite cavité du côté où est l'insecte. Que l'insecte avance dans cette cavité et qu'il continue à la piquer vers l'endroit le plus enfoncé, cet endroit continuera à s'étendre, et s'étendra en s'allongeant. Il se formera une cavité un peu oblongue, qui continuera de s'allonger tant que l'insecte continuera de la piquer et de la sucer vers son fond. A mesure que cette cavité croît l'insecte va toujours en avant. Dès que la vessie se sera élevée à une certaine hauteur au-dessus de la surface supérieure de la feuille, l'insecte qui l'a toujours suivie par dedans ne sera plus dans le plan de la surface inférieure de la feuille. C'est là qu'est l'espèce d'ouverture qui a donné entrée

dans la vessie naissante. Cette ouverture n'est qu'un en-foncement de la feuille ; dès que l'insecte s'éloigne de cette ouverture, rien ne contribue à la conserver ; les parties repliées qui la forment vont se rapprocher assez vîte et la boucher. Aussi voit-on, sur toutes les feuilles dont le dessus est chargé de vessies, l'endroit où s'est d'abord fait l'enfoncement : cet endroit est rebouché, mais, d'ailleurs, il est très-reconnaissable.

Voilà donc l'insecte renfermé dans une galle oblongue. Là, il va mettre au jour des petits qui, dès qu'ils seront nés, piqueront la galle chacun de leur côté. Les piqûres étant multipliées, la galle sucée continuellement en va croître davantage, et, piquée et sucée sur presque tous les endroits de sa surface intérieure, elle prendra une figure plus arrondie, celle d'une espèce de boule ou de poire. Il lui restera une sorte de pédicule par lequel elle paraîtra attachée. Si les insectes la piquent moins vers son origine que dans le reste de sa surface, cette portion moins piquée se gonflera moins ; c'est probablement ainsi que la galle se forme.

Ce n'est pas sans raison que ces petits insectes se renferment de bonne heure ; d'autres presque aussi petits qu'eux les cherchent pour les sucer. J'en ai vu sucer sous mes yeux, de ceux que j'avais tirés de leurs vessies pour les obliger de s'en faire de nouvelles, par une très-jeune et très-petite punaise qui avait une trompe longue et fine. Au reste, quelqu'un qui serait en peine de trouver des tiges et des feuilles où il y eût de ces insectes y pourrait être conduit par les fourmis ; elles cherchent les pucerons, mais ce n'est pas pour leur faire du mal : elles paraissent plutôt les aimer.

Le motif de cette apparente affection n'est pas équivo-que, dès qu'on sait que les fourmis aiment le sucre et tout ce qui est sucré ; car, lorsque les feuilles où sont les pucerons, sont contrefaites, qu'elles ont des cavités, on trouve dans ces cavités des gouttes d'une eau grasse, médiocrement coulante et sucrée. Lorsque les vessies des ormes sont peuplées de beaucoup de pucerons, on y trouve une assez grande quantité de cette eau. Dans les vessies de peupliers où logent les pucerons, on trouve aussi renfermée de l'eau qui est bien plus douce, plus sucrée que celle des vessies d'ormes. Il y a des pucerons qui se contentent de s'établir sur les feuilles du peuplier et qui leur font prendre une forme contrefaite ; on trouve aussi de l'eau sur ces feuilles. On trouve de l'eau sucrée dans les tubérosités des feuilles de pommier ; on en trouve même sur les feuilles plates peuplées de pucerons. Il y a de ces gouttes d'eau qui sont extrêmement sucrées. Il n'est donc plus surprenant que les fourmis fassent fête à des insectes qui ont autour d'eux une eau sucrée.

102. Presque tous les insectes changent de peau, et même plusieurs fois, avant que d'être parvenus à leur parfait accroissement ; nos pucerons suivent cette loi. Il m'a paru inutile de se donner la peine de s'assurer du nombre des dépouilles qu'ils laissent dans le cours de leur vie ; mais il ne faut pas les observer souvent pour parvenir à en voir dans le temps où ils s'en défont. Les dépouilles ont assez la forme de l'animal qu'elles ont couvert ; les jambes y paraissent dans leur place. On voit quantité de ces dépouilles sur les mêmes feuilles ou tiges où sont les pucerons ; elles sont blanches. Dans ces endroits, et sur les insectes eux-mêmes, on aperçoit une matière plus singulière : c'est une sorte de matière cotonneuse. Il y a peu d'espèces de pucerons à qui l'on ne trouve des vestiges d'un pareil duvet. Le dessus du corps des pucerons qui sont si communs sur le dessous des feuilles de chou a toujours divers points blancs cotonneux. Le dessus du corps de ceux des feuilles du

prunier est tout couvert d'une poudre blanche et cotonneuse, au travers de laquelle on aperçoit le vert qui est la couleur de ces insectes. Les pucerons qu'on trouve dans les feuilles du peuplier pliées en vessies sont tout hérissés d'une façon singulière de ces filets cotonneux. Mais la matière cotonneuse ne paraît mieux nulle part que sur les pucerons des feuilles de hêtre et sur ceux des feuilles de ronce. Cette matière forme des paquets floconneux, qui ont quelquefois près d'un pouce de longueur et qui peuvent recouvrir toute l'étendue de la feuille sur laquelle sont établis les pucerons. J'ai quelquefois encore observé des pucerons bien cotonneux sur les queues des feuilles de quelques espèces de renoncules des prés ; ils se tiennent vers la naissance de la queue, assez près de la terre ; ils sont arrangés si proche les uns des autres, que, lorsqu'on ne connaît point les pucerons cotonneux, ou qu'on ne pense point à eux, on croit voir une moisissure bien blanche et épaisse qui couvre la queue de la feuille.

Les différentes dépouilles que quittent les pucerons, ne leur font pas beaucoup changer de forme , jusqu'à ce qu'ils viennent à se défaire de celle qui laisse leurs ailes à découvert. Tous pourtant ne viennent pas à prendre des ailes. La manière dont les pucerons qui deviennent ailés se dépouillent n'a rien qui soit particulier à ce genre d'insecte. Je l'ai observée sur ceux qui n'ont point, ou qui n'ont que peu de duvet cotonneux, tels que ceux de l'angélique et du sureau. Le puceron prêt à se transformer semble assez tranquille ; seulement se recourbe-t-il de fois à autre. Lorsqu'on l'observe alors avec la loupe, on aperçoit que sa peau se fend au haut du dos ; l'insecte, en se recourbant à diverses reprises, force la fente à s'étendre en long jusqu'à l'extrémité du corps ; alors il se tire assez vîte de la vieille peau par cette grande ouverture, et, ce semble, assez aisément.

Cette opération m'a pourtant toujours paru durer près
d'un quart d'heure. L'insecte est tout vert quand il sort
de sa dépouille, mais sa tête et la partie qui y est jointe
se rembrunissent peu à peu, et, dans moins d'une heure,
elles deviennent noires. Nos pucerons ainsi transformés
en moucherons restent encore quelque temps sur la
plante; ils s'y tiennent en repos; ils y marchent ensuite,
et, enfin, ils viennent à faire usage de leurs ailes. Beaucoup de petits moucherons que nous voyons voler dans
nos jardins ont eu une pareille origine. On ne les doit
pas confondre avec les cousins; leurs formes sont fort
différentes, et, d'ailleurs, je ne connais aucun de ces
moucherons qui cherche à nous piquer; ils n'aiment
pas le sang et ils continuent à sucer les plantes après leur
transformation, comme ils faisaient auparavant. Le port
d'ailes de la plupart des espèces de pucerons ailés est le
même. Quand ils sont tranquilles, ils tiennent leurs quatre ailes appliquées les unes contre les autres.

103. L'histoire des pucerons nous a appris qu'il y en a
tant d'espèces, et si prodigieusement fécondes, qu'on doit
être étonné que toutes les feuilles et toutes les tiges des
plantes n'en soient point couvertes; mais, lorsqu'on
observe ces petits animaux, on voit bientôt ce qui les empêche de se multiplier excessivement; on trouve mêlés à
eux d'autres insectes de plusieurs espèces, qui ne semblent naître que pour les dévorer, et entre lesquels il y en
a de si voraces qu'on est surpris ensuite que les pucerons,
malgré leur grande fécondité, puissent suffire à les nourrir.
Le même instinct qui porte certaines mouches à déposer
leurs œufs ou leurs vers sur de la viande, sur du fromage
et sur diverses espèces d'excréments, porte d'autres
mouches à faire leurs œufs sur des tiges ou sur des feuilles où les pucerons se sont établis. Les vers qui sortent
de ces œufs sont avides de proie dès leur naissance; ils

naissent au milieu d'un petit peuple pacifique, qui n'a été pourvu ni d'armes offensives, ni d'armes défensives, et qui attend paisiblement et sans défiance les coups mortels qu'on veut lui porter ; il ne semble pas même connaître ses ennemis.

Le temps où ces vers méritent le plus d'être observés est celui où ils sont occupés à chasser et à sucer des pucerons. Il n'est point dans la nature d'animal de proie qui chasse aussi à son aise. Couché sur une feuille ou sur une tige, le ver est environné de toutes parts des insectes dont il se nourrit ; souvent même ils le touchent de tous côtés ; il peut en prendre bien des centaines sans changer de place. Non-seulement les pauvres petits pucerons ne le fuient pas, on en voit même souvent plusieurs à la fois qui passent sur son corps. Ce n'est qu'après avoir mangé la plupart de ceux qui l'environnaient qu'il a besoin de se transporter dans un autre endroit aussi peuplé que l'était celui où il a fait de cruels ravages, où il a presque tout détruit.

Pour bien voir comment ce ver attaque les pucerons, combien il est difficile à rassasier, il faut en ôter un de dessus les feuilles et le laisser jeûner pendant dix à douze heures, renfermé dans quelque boîte ou bouteille. Après une telle diète, qu'on le pose quelque part, n'importe sur quoi, pourvu qu'on mette des pucerons autour de lui ; dès lors toute place lui est bonne, il se tiendra même sur la main. Bientôt il se fixe sur sa partie postérieure ; il porte le bout de sa tête ou de sa trompe le plus loin qu'il peut ; là, il tâte s'il ne rencontre point de puceron. Il ne fait que tâter ; car, il ne paraît pas qu'il voie aucunement et il cherche souvent au loin des insectes, pendant qu'il en a de très-proches. S'il n'a rien rencontré devant lui, il se replie à droite ou à gauche, tantôt d'un côté, tantôt de l'autre, faisant décrire successivement de chaque côté différents arcs au bout de sa partie antérieure, qui tâte continuellement s'il n'y a point de proie dans la circonférence de l'arc qu'elle décrit. Enfin, vient-il à toucher quelque malheureux puceron, aussitôt il le saisit, il le pique avec ses trois dards disposés en fleur de lis ; il le prend, comme nous prenons un morceau de viande avec une fourchette. Le voilà qui s'est saisi du puceron et qui le suce au moyen de son espèce de trompe. Au bout d'un moment, il le jette, et alors le puceron est aussi sec que le serait une dépouille. Le ver ne perd point de temps : sur le champ il en cherche un autre, il s'en empare et le suce. Quand il est bien affamé, comme le sont ceux qu'on a fait jeûner pour les voir manger avec beaucoup plus d'appétit, il a bientôt expédié son puceron ; c'est une affaire d'une minute. J'ai vu manger vingt pucerons de suite à un même ver en moins de vingt minutes. Il n'était pas pour cela rassasié ; mais j'étais las d'observer toujours les mêmes manœuvres, qu'il m'eût montrées, je crois, encore longtemps, car plus de cent pucerons que je lui avais donnés furent mangés en deux ou trois heures.

Les vers qui n'ont point été forcés à jeûner n'y vont pas tout à fait si vite ; ils s'amusent quelquefois deux minutes ou deux minutes et demie sur le même puceron. Il est aisé de calculer que, s'ils mangeaient sans interruption, ils détruiraient par jour un furieux nombre de ces petits insectes. Par bonheur pour les pucerons, les vers se reposent de temps en temps ; mais leur repos n'est pas long. On ne les surprend guère sans qu'ils aient un puceron au bout de leur trompe ; aussi ai-je vu des tiges de sureau de sept à huit pouces de longueur entièrement couvertes de pucerons, sur lesquelles il n'en restait presque plus en vie quatre jours après, ou sur lesquelles il y en avait seulement d'un côté ; je trouvais sur le côté opposé deux ou trois vers qui avaient suffi à y tout détruire. Au reste, il n'est point d'endroits où les pucerons s'établissent, où l'on ne trouve quelques vers, et il y en a où l'on en trouve un grand nombre. Ils pénètrent jusques dans les vessies des feuilles des peupliers et des ormes.

Les vers devenus grands ont une force bien supérieure à celle des pucerons; mais le ver naissant ou nouvellement né a besoin que le courage supplée à ce qui lui manque de force. J'ai observé de ces vers qui n'avaient pas encore la moitié de la grosseur et de la longueur du puceron à qui ils s'adressaient; ils l'attaquaient cependant. Le puceron, tout tranquille qu'il est, n'attendait pas toujours sans se donner des mouvements que les piqûres mortelles fussent réitérées; au moins tâchait-il de fuir devant son ennemi. Le petit ver le suivait obstinément; il parvenait à saisir quelques-unes de ses parties; il s'y appuyait pour monter sur le corps du puceron. Celui-ci emportait avec soi un ennemi qui le perçait et qui venait à bout de le sucer.

CHAPITRE XXI

Histoire des galles des plantes et des arbres.

103. On a donné le nom de *galles* à ces excroissances, à ces tubérosités qui s'élèvent sur différentes parties des plantes et qui doivent leur naissance à des insectes qui ont crû dans leur intérieur. Nous avons vu comment certaines espèces de vers et certaines espèces de chenilles trouvent leur logement et leur nourriture dans l'épaisseur d'une feuille qu'elles minent. Ces insectes mineurs marchent à couvert dans les chemins qu'ils s'ouvrent dans l'intérieur d'une feuille, qui est pour eux un assez grand pays. D'autres insectes restent tranquilles dans l'endroit de la plante où ils sont nés ou dans lequel ils ont pénétré; ils y restent presque immobiles, ne s'occupant qu'à ronger ou à sucer. Mais tout a été disposé de manière que l'endroit qu'ils rongent ou qu'ils sucent, loin d'en souffrir, loin d'y perdre quelque chose, ne semble qu'y gagner; il se gonfle et s'élève plus que le reste; il forme aux insectes un logement solide qui leur fournit des aliments. A mesure qu'ils tirent de ses parois la nourriture qui leur est nécessaire, non-seulement la cavité intérieure ou le logement s'agrandit, ce qui est dans l'ordre; mais, en même temps, le volume et la solidité de la masse croissent : c'est ce qui arrive à toutes les tubérosités que nous appelons *galles*.

11

Les galles qui sont les plus communes ont des figures arrondies. La plus connue de toutes, et qui l'est par le grand usage qu'on en fait, est celle qu'on a appelée *noix de galle* et qui serait mieux nommée *noix galle*. Elle doit apparemment son nom à une sorte de ressemblance qu'on lui a trouvée avec les noix, par la rondeur, par la grosseur et par la dureté. Elle nous est apportée du Levant, savoir, de Tripoli, de Smyrne, d'Alep ; les plus estimées sont celles qui viennent de Mossoul sur le Tigre, à dix ou douze journées d'Alep. La tissure de quelques noix de galles est si compacte et leurs fibres sont si dures, qu'elles résistent plus au couteau que n'y résistent des bois que nous mettons au rang des durs. D'autres galles, quelquefois beaucoup plus grosses, et qui prennent aussi des figures arrondies, portent le nom de *pommes*. On appelle *pommes de chêne* certaines galles de cet arbre, dont la tissure est spongieuse. D'autres galles, beaucoup plus petites et dont la figure approche encore de celle d'une boule ou d'une boule allongée, ont été appelées des *galles en grain de raisin, en pépin et en grain de groseille*. Il y en a de celles-ci qui imitent encore les fruits par leur tissure spongieuse qui est abreuvée d'eau. Elles sont quelquefois colorées comme ceux qui nous plaisent le plus par leur coloris ; elles ont souvent des nuances de rouge et de jaune. En un mot, la substance de quelques-unes est si analogue à celle des fruits qu'on a été déterminé par la ressemblance à en faire l'usage que nous faisons des véritables fruits. Les voyageurs nous rapportent qu'à Constantinople on vend au marché des galles ou pommes de sauge. Le lierre terrestre, qui est une plante usuelle très-connue et très-commune, est sujet à donner des galles en pommes, et, dans certaines années où il en était chargé, les paysans se sont avisés de manger de ces pommes du lierre terrestre et les ont trouvées bonnes. J'en ai goûté ; leur saveur

aromatique m'a paru tenir beaucoup de celle que l'odorat
sait imaginer que la plante doit avoir ; au reste, il faut
cueillir ces galles de bonne heure pour ne pas les avoir
trop sèches et trop filamenteuses. Je ne sais pourtant si
elles pourront jamais parvenir à être mises au rang des
bons fruits.

Parmi les autres espèces de galles, quelques-unes ne
sont visiblement qu'une partie de la plante épaissie et
tuméfiée. Ce sont des espèces de varices, et l'on peut les
appeler des *galles variqueuses*. Les feuilles de saule et les
feuilles d'osier nous montrent beaucoup de ces espèces
de galles ; différentes plantes en font voir du même
genre, mais différemment figurées. D'autres galles ont
des formes qui les font paraître des productions bien singulières de l'arbre, de l'arbuste ou de la plante où on les
voit. Telles sont toutes ces galles qu'on nomme *chevelues*,
parce que le corps dur et solide de la galle est chargé et
hérissé de long filaments, de longues fibres, toutes détachées les unes des autres. Les rosiers sauvages nous
en montrent tous les jours de cette espèce, à qui des
filaments forment une espèce de crinière.

104. Chaque galle sert de nid à un ou à plusieurs insectes. Des insectes de différentes espèces s'élèvent dans
différentes sortes de galles. Il y a grande apparence que
l'espèce de l'insecte qui croît dans une galle contribue
beaucoup à rendre cette galle d'une certaine espèce, c'est-
à-dire, que l'insecte influe beaucoup dans la forme et dans
la consistance de la galle, quoique nous ne voyions pas de
quelle manière il y influe. Ce qui est assuré, c'est que les
galles des feuilles dans lesquelles naissent certains insectes sont constamment ligneuses, pendant que d'autres
galles des mêmes feuilles dans lesquelles d'autres insectes
naissent sont constamment spongieuses ; les premières
ont constamment une forme différente de celle des autres.

Communément, chaque galle n'a qu'un ver, ou que des vers d'une certaine espèce pour habitants naturels. Cependant des vers de deux espèces peuvent, dans certaines circonstances, concourir à la production de la même galle. J'ai vu quelquefois, au centre d'une de nos galles ligneuses, une grande cavité sphérique, occupée par un ver de grandeur proportionnée à celle de la cellule, et j'ai vu, entre cette grande cellule et la circonférence, quantité de cellules plus petites et qui n'avaient plus à croître, quoiqu'habitées chacune par un très petit ver. D'un autre côté, ces vers si bien renfermés de toutes parts, qui sont logés dans des cellules parfaitement closes, dont les parois sont épaisses, solides, et quelquefois plus dures que le bois ordinaire, en un mot, ces vers qui semblent être dans de petites forteresses inaccessibles à d'autres insectes, n'y vivent pourtant pas en sûreté. Il n'est point de prévoyance d'insecte, non plus que de prévoyance humaine, qui puisse parer à tout. Que la mère pouvait-elle faire de mieux que de déposer ses œufs dans des endroits où eux et les petits qui en écloraient seraient renfermés sous de si solides enveloppes? Des mouches, quelquefois aussi petites ou plus petites que celles dans lesquelles les vers des galles se transforment, savent percer les murs des cellules, déposer dans leur intérieur un œuf d'où naît un ver carnassier, à qui celui-là même pour qui la galle a été faite sert de pâture. Dans des galles d'un très-grand nombre d'espèces différentes que j'ai ouvertes, j'ai souvent vu que la cellule qui ne devait être occupée que par un ver en contenait deux d'inégale grandeur, et un peu différents en figure; le plus petit était sur le plus gros et le suçait ou le rongeait, comme celui-ci suçait ou rongeait la galle. Quelquefois j'ai trouvé l'habitant naturel de la cellule mort et qui même commençait à se corrompre, et un autre ver qui se nourrissait du cadavre. De là il arrive donc que, des galles d'une

même espèce, on voit sortir des mouches d'espèces différentes, et souvent on est fort embarrassé pour décider
laquelle de ces mouches vient du ver qui a occasionné la
production de la galle, et laquelle vient d'un ver man-
geur de l'habitant naturel de la galle.

Nous avons vu des galles habitées par des insectes
qui y prennent tout leur accroissement et qui y subissent
toutes leur métamorphoses. Nous avons même vu des femelles pucerons qui augmentent tous les jours leur famille
dans la galle où elles sont renfermées; mais les pucerons
sont les seuls des habitants naturels des galles qui, après
leur dernière transformation, se tiennent dans l'intérieur
des galles pour y augmenter leur postérité. Après avoir
observé attentivement l'extérieur d'une galle, on peut
décider si elle est habitée, ou, au moins, si elle l'est autant qu'elle l'a été. Si la galle n'est percée nulle part, les
insectes qui ont occasionné sa naissance sont encore en-
fermés dans son intérieur. Mais, si l'on voit sur la surface
de la galle les ouvertures d'un ou de plusieurs trous, on
en doit conclure que les logements ou qu'une partie des
logements ont été abandonnés. Les insectes qui s'élèvent
dans certaines galles sont si petits qu'on ne peut apercevoir qu'avec une loupe forte les trous qui ont suffi pour
leur permettre de s'échapper; mais les trous nécessaires
pour laisser sortir la plupart des insectes des galles sont
beaucoup plus grands qu'il ne faut qu'ils le soient pour
être sensibles à la vue simple. Or, si l'on divise en deux
avec un couteau une galle qui n'est percée par aucun
trou, on ne manquera pas de trouver dans sa cavité ou
dans ses cavités intérieures un insecte ou plusieurs insectes. Selon le temps où les galles auront été ouvertes,
on y trouvera ces insectes ou sous leur première forme,
ou sous celle de nymphe ou de chrysalide ; car tous les
habitants naturels des galles sont de ceux qui subissent
des métamorphoses.

105. Dans plusieurs mois de l'année, et surtout dans les mois d'août, de septembre et d'octobre, on peut observer, sur le dessous des feuilles de chêne, des galles qui n'ont guère plus d'une ligne ou deux de diamètre, mais qui ressemblent parfaitement à un chapiteau de champignon qui fait bien le parasol. Du milieu de chacune de ces galles, part un très-court pédicule, par lequel elle est attachée à la feuille ; ce pédicule est si court que le contour du côté concave ou, plutôt, du côté plat de la galle est immédiatement appliqué contre la feuille. Telle feuille n'a qu'une ou deux de ces galles en petits champignons, telle autre en a des vingtaines. Leur assemblage rend le côté de la feuille où il est comme ouvragé ou comme chargé d'ornements assez jolis. Elles sont de différentes couleurs, selon qu'elles sont plus ou moins vieilles. Elles finissent par être rougeâtres, après avoir été d'un vert blanchâtre, ensuite d'un blanc un peu jaunâtre; il y en a d'un jaune citron et d'un jaune rougeâtre; enfin, on voit ces différentes couleurs combinées agréablement sur quelques-unes. Si l'on examine avec une loupe forte leur convexité, elle paraît remplie de petits bouquets, composés de poils courts et fins qui s'écartent les uns des autres depuis leur origine commune. J'ai coupé bien des fois de ces galles pour y trouver la cavité ou les cavités dans lesquelles je croyais que des vers devaient être logés ; et, en quelque temps que j'aie coupé de ces galles, en quelque sens que je les aie coupées, et quelque quantité que j'en aie coupée, je les ai toujours trouvées partout également solides, je n'ai jamais vu dans leur intérieur aucune apparence de cavité. Le petit vide qui reste entre le parasol et la feuille est le logement ordinaire de plusieurs vers. Au lieu que les autres vers se tiennent dans l'intérieur des galles, ceux-ci se contentent de se placer sous une galle; mais cette galle leur forme un toit épais et solide, au-dessous duquel ils sont bien à couvert et bien cachés, et

c'est apparemment de ce même toit qu'ils tirent leur aliment. Ils sont de ceux qui doivent se métamorphoser en mouches à deux ailes ; ils sont si petits qu'on a peine à les bien voir sans une loupe ; il n'est donc pas étonnant que je n'aie pas eu les mouches dans lesquelles ils se mé tamorphosent. Lorsque j'ai cherché de ces vers sous leurs galles, après la fin de septembre, je n'en ai plus trouvé.

106. Nous appellerons *galles en groseilles* certaines galles très-communes sur les diverses parties du chêne et qui n'ont, pour l'ordinaire, que la grosseur des grains de groseille, en même temps qu'elles en ont presque toujours la rondeur ; il y en a même qui, avec le temps, en prennent la couleur ; quand elles vieillissent, une partie au moins de leur surface devient du rouge des groseilles à maturité. Leur substance intérieure, quoique solide, est pleine d'eau, comme celle de divers fruits ; elles ont à leur centre une cavité bien sphérique, occupée par un insecte, qui, selon le temps dans lequel on ouvre la galle, paraît sous la forme d'un ver blanc qui a deux serres, ou sous celle d'une nymphe blanche, ou sous celle d'une nymphe brune, ou, enfin, sous celle d'une petite mouche noire à quatre ailes. Si la galle qu'on ouvre est percée, on ne trouve rien dans son intérieur ; le trou a été fait par la mouche, et, dès qu'elle l'a eu fait, elle n'a pas tardé à sortir. C'est en dessous des feuilles de chêne qu'il faut chercher ces sortes de galles ; telle feuille n'en a qu'une seule, et telle autre en a sept à huit, ou davantage. Elles sont plus communes au printemps qu'en toute autre saison ; mais on en peut trouver tant que les feuilles restent vertes sur les arbres. Quoique les feuilles soient les endroits où les galles en groseilles sont plus communes, on en pourra observer qui partent des pédicules des feuilles, d'autres qui tirent leur origine immédiatement des jeunes pousses ; j'en ai vu sur le vieux bois, et même sur des

racines qui sortaient de terre. Mais le nom de groseilles ne paraît jamais mieux convenir à ces galles que quand on les voit sur les chatons de chêne, où elles croissent assez souvent ; alors on croit voir des grappes de groseilles pendre des branches du chêne. Ces grappes, à la·vérité, sont ordinairement peu chargées de grains ; mais, au moins, ressemblent-elles alors à ces grappes de groseilles qui ont coulé, c'est-à-dire, à celles dont une partie des fruits encore jeunes n'ont pu tenir contre le froid ou la pluie. Les botanistes nous ont appris qu'il y a des plantes qui portent des fleurs qui ne donnent point de frûit. Les chatons du noisetier, du noyer, du chêne, etc., sont de longs bouquets de ces sortes de fleurs. Un filet long de trois pouces ou environ est, dans les chatons du chêne, la tige à laquelle les fleurs sont attachées assez proche les unes des autres par un court pédicule. Dans certaines années, on voit peu ou presque point de fleurs sur ces longs filets ou tiges ; mais on y voit de nos grains ronds, tantôt semblables à ceux des groseilles encore vertes, tantôt semblables à ceux des groseilles demi-mûres, et tantôt à ceux des groseilles entièrement mûres. Dans ceux que j'ai ouverts avant qu'ils eussent commencé à devenir rouges, j'ai trouvé une cavité occupée ou par un ver blanc, ou par une nymphe blanche, et, lorsque j'en ai ouvert qui avaient pris une teinte rouge, je n'ai jamais trouvé de ver dans leur intérieur, mais j'y ai souvent vu une nymphe, ou une petite mouche qui s'était tirée de son enveloppe ; enfin, j'ai souvent trouvé que l'insecte était sorti de ces dernières. La mouche qui sort de chacune de ces galles, est extrêmement petite, et elle sort par un trou proportionné à la grosseur de son corps. Aussi arrive-t-il qu'on ne parvient pas à le voir, si l'on ne le cherche avec soin, et armé d'une loupe.

107. Les plus ligneuses de toutes les galles sont celles

qu'on rencontre quelquefois sur des tiges et sur des racines d'arbres, et surtout sur celles du chêne. Il y en a de plus grosses que de grosses noix, qui paraissent de vrais nœuds de l'arbre, de ces excroissances qui sont d'un bois plus dur que celui des autres endroits. Elles ne tiennent point à l'arbre par un pédicule; elles ont quelquefois plus de diamètre que partout ailleurs dans l'endroit où elles lui sont unies, et elles pénètrent dans son intérieur. Je détachai dans le mois de septembre, avec peine, et avec des instruments de fer, une de ces sortes de galles qui tenait à la racine d'un chêne, près de l'endroit où cette racine commençait à entrer en terre. Sur la surface de la partie détachée, parurent les ouvertures de plusieurs cellules sphériques, dans chacune desquelles il y avait un ver blanc roulé en anneau et semblable à ceux de diverses autres galles ; quantité de cellules distribuées dans l'intérieur de la galle restèrent entières. J'eus soin de renfermer cette galle, cette espèce de nœud, dans un poudrier. Plus de trente mouches brunes à quatre ailes en sortirent vers la mi-avril. Elles avaient assez l'air de petites fourmis ailées, ou, plutôt, elles ressemblaient fort aux mouches les plus communes de la plupart des espèces des galles du chêne.

A peine les chênes nous montrent-ils des feuilles qu'ils ont déjà de ces galles qui ont été nommées *en pommes*, et qui ont été bien nommées. Communément, elles sont plus grosses que des noix, et, assez souvent, aussi grosses que de petites pommes ; elles ont de même de la rondeur. Elles ne sont pourtant pas sphériques, et leur surface a en divers endroits des enfoncements. D'ailleurs, leur peau est lisse et souvent colorée comme la peau d'un beau fruit, comme celle d'une belle pomme ; elle a de grandes places jaunâtres et d'autres rougeâtres. Si l'on coupe ces galles, on y distingue deux sortes de substance, l'une spongieuse, et l'autre plus serrée et plus blanchâtre, qui forme un grand nombre de petits grains ; la substance spongieuse remplit les intervalles que les grains laissent entre eux. La coupe ne saurait manquer de passer par quelque grain et de faire voir que chacun d'eux est une cellule où un insecte est logé. Du pédicule de la galle, partent un grand nombre de grosses fibres, dont chacune se rend à une des cellules ; ce qui dispose à juger que chacune de ces grosses fibres a été la principale nervure d'une feuille, que cette nervure a été conservée, qu'elle porte le suc nourricier à la cellule, et que les autres parties de cette feuille et des autres feuilles, ainsi que les autres parties du bourgeon, se sont collées ensemble et se sont réunies pour former le corps monstrueux qui paraît une espèce de fruit. Selon le temps dans lequel la galle a été ouverte, on trouve dans chaque cellule un ver blanc, ou une nymphe, ou une mouche près de sortir. En effet, les mouches sortent de bonne heure de ces sortes de galles, comme elles sortent de bonne heure de toutes celles dont la substance n'est pas ligneuse ou dure. Vers la fin de juillet, ou, au moins, dans le mois d'août, les galles en pommes sont desséchées, très-diminuées de volume et presque méconnaissables. Les mouches de ces galles sont sorties chez moi dès le mois de juin ou au commencement de juillet ; elles ont quatre ailes ; leur figure est semblable à celle des mouches qui sortent de la plupart des galles du chêne.

Les galles en pommes du lierre terrestre sont plus petites que celles du chêne, mais grosses pourtant par rapport à la grandeur de la plante qui les produit ; quelques-unes sont aussi grosses que de petites noix. Il y en a qui partent de la tige même de la plante, de ses boutons ; mais la plupart naissent sur les feuilles ; quelques-unes ne paraissent que sur un seul côté de la feuille ; d'autres paraissent des deux côtés. Quand on a ouvert ces galles pour en observer l'intérieur, leur substance paraît plus

que spongieuse, ou telle que celles des éponges les plus
pleines de cavités. Des fibres, ou, plutôt, de petites lames
charnues, blanches, et presque sèches en certains temps,
partent de la circonférence et se dirigent vers le centre.
Elles laissent entre elles des vides sensibles, qui font paraître l'intérieur de ces galles joliment travaillé. Vers le
centre de la galle, sont des grains gros comme de très-
petits pois, ou comme de petites perles, qui sont chacun
de petites boules ligneuses ou d'une substance aussi dure
que le bois. Ce sont de petites boîtes creuses, dans chacune desquelles un ver blanc est logé. Ce ver porte en devant, et de chaque côté de la tête, un crochet d'un brun
clair, qui se termine par une pointe fine ; quand le ver les
fait agir, les pointes des deux crochets vont à la rencontre
l'une de l'autre.

Les mouches qui proviennent de ces vers ressemblent
à celles que l'on trouve dans les galles du chêne. Elles
passent l'hiver dans leurs galles ; qu'on n'en tire pourtant
pas une objection contre la règle que nous avons donnée,
que la nature a pris soin d'accorder des galles ligneuses
aux insectes qui doivent rester dedans pendant l'hiver.
La galle du lierre terrestre n'est pas d'une substance aussi
dure que celle du bois ; mais les loges, les petites boîtes
dans lesquelles sont renfermés les insectes de ces galles
ne le cèdent pas en dureté aux bois ordinaires, et cela
suffit pour justifier la règle.

108. La plus commune des galles du rosier sauvage
est celle que nous prendrons pour exemple des *galles
chevelues*. Elle est connue depuis longtemps ; comment
ne le serait-elle pas, puisque, outre qu'elle est peu
rare, elle a beaucoup de volume, et une forme propre
à lui attirer des regards. Quelques-unes de ces galles sont
aussi grosses ou plus grosses qu'une coque de marron
d'Inde. Ce n'est pas d'épines qu'elles sont hérissées,

comme ces sortes de coques ; elles sont chargées de longs
filaments, d'espèces de cheveux rouges ou rougeâtres. Ces
longs cheveux ne sont pourtant pas des corps unis. Quand
on les observe, et surtout à la loupe, on voit qu'ils sont
plats, et que d'autres filaments plus courts partent d'espace en espace des deux bords opposés. Dans le genre
des galles, il n'est guère de production plus singulière ;
elles paraissent des végétations toutes nouvelles, qui
n'ont aucune ressemblance avec celles de l'arbuste à qui
elles tiennent. Ces filaments qui hérissent la galle, qui
en font le chevelu, tirent leur origine d'une espèce de
noyau. La masse de la galle n'est qu'un assemblage de
noyaux collés les uns contre les autres, c'est-à-dire, un
assemblage d'un très-grand nombre de petites masses,
dont chacune a dans son intérieur une cavité à peu près
sphérique et forme une cellule destinée à un ver. Les parois de ces cellules sont aussi dures et plus dures que du
bois dur ; leurs surfaces intérieures sont lisses, et c'est de
leur surface extérieure que partent les filaments. Le même
églantier a souvent trois à quatre de ces galles, et il en a
quelquefois plus d'une douzaine. Chacune part ordinairement d'un bouton. Il s'est fait une étrange altération
dans les parties de ce bouton pour fournir à une production telle que l'est une des grosses galles. Le nombre
des filaments est trop grand, car il y en a des milliers,
pour qu'on puisse imaginer qu'il n'est qu'une feuille dé-
figurée. Il est plus vraisemblable qu'une seule feuille a
fourni de quoi faire un très-grand nombre de ces filaments, qu'elle a, pour ainsi dire, été refendue en différentes parties, ou que chacune de ses fibres est devenue
un des cheveux de la galle.

109. Pour produire le développement des différentes
galles dont nous venons de parler, il faut qu'il y ait eu
une blessure faite à la partie qui doit par la suite végé-

ter plus vigoureusement ou d'une autre manière que le
reste. Un insecte entaille ou perce une certaine partie de
la plante ou de l'arbre ; dans les entailles ou dans les
trous qu'il a faits, il loge un ou plusieurs œufs. Ces œufs
y sont en sûreté ; ils y sont humectés par le suc qui s'é-
panche de la blessure, et bientôt il se formera là une excroissance qui les enveloppera de toutes parts. Certaines
galles servent à élever des insectes qui se métamorphosent en scarabées ; des monstruosités analogues aux galles, donnent un nid à des insectes naissants qui deviennent des punaises ; de véritables chenilles croissent dans
d'autres galles et s'y transforment en papillons ; plusieurs autres espèces de galles donnent le logement et la
nourriture à des vers qui doivent prendre la forme de
mouches à deux ailes ; des fausses chenilles vivent dans
d'autres galles, jusqu'à ce que le temps où elles doivent
se préparer à leur métamorphose, soit proche, jusqu'à ce
qu'elles soient prêtes à devenir des mouches à quatre ai-
ailes d'une classe singulière, appelées *mouches à scie.*
Mais les insectes qui occasionnent le plus d'espèces de galles sont des mouches à quatre
ailes, appartenant au groupe
des ichneumons, et qui ont
toutes été pourvues de l'instrument nécessaire pour faire
des trous ou des entailles dans
les parties des plantes et des
arbres et pour y déposer leurs
œufs. Cet instrument logé dans
la partie postérieure du corps

Fig. 17. — Cynips du chêne.

n'a point été donné aux mouches dont nous parlons
pour s'en servir à blesser d'autres animaux. On a beau
les inquiéter, les tourmenter, elles ne font point de
tentatives pour nous piquer, comme les abeilles, les
guêpes et tant d'autres mouches en feraient en pareil

cas. Si l'on observe leur instrument au microscope, on voit que son bout est dentelé, à peu près comme les fers de flèches; ce qui le rend propre à faire les fonctions d'une espèce de scie, ou, plutôt, d'une espèce de tarière. Ce dernier nom est aussi celui que nous lui donnerons volontiers. Cette tarière est elle-même l'étui d'un véritable aiguillon. Quand on la considère au grand jour avec une loupe très-forte, on distingue très-bien une pointe extrêmement fine, qui sort tantôt plus et tantôt moins du bout de la tarière; il y a même des temps où cette pointe y rentre entièrement Enfin, le transparent de la tarière permet d'apercevoir le corps long qui occupe sa cavité, de le voir avancer et se retirer en arrière successivement, et cela avec vîtesse, à mesure que sa pointe sort au dehors ou qu'elle rentre en dedans. Si l'on presse outre mesure le ventre de ces mouches armées de tarière et d'aiguillon, on en fait sortir un très-grand nombre de petits corps blancs, qui ont bien la figure des œufs, et qu'on ne peut prendre pour autre chose que pour des œufs. C'est au moyen de la tarière et de l'aiguillon que la mouche prépare des places à chacun de ceux qu'elle fait sortir naturellement de son corps, et c'est au moyen de ces mêmes instruments qu'elle les conduit dans les places qu'elle leur a préparées.

110. Les plantes ont des excroissances qui, bien qu'elles ressemblent beaucoup aux galles, ne sont pourtant pas dûes à des insectes. Le cours des liqueurs qui passent dans les canaux des plantes peut être augmenté ou diminué, ou même totalement intercepté dans certains endroits; les vaisseaux y peuvent être trop dilatés ou obstrués par mille causes. De là naissent des maladies des plantes; de là sont occasionnés des renflements, des tubérosités. Mais il y a beaucoup d'excroissances de plan-

tes qui ont bien l'air de devoir leur origine à des insectes, quoique nous ne connaissions pas encore les insectes à qui elles la doivent. Ce sont des insectes qui nous échappent par leur petitesse, et que nous ne pouvons voir qu'en les cherchant avec patience, dans des circonstances favorables, et ayant les yeux armés de verres qui grossissent beaucoup les objets.

Nous trouvons, sur les feuilles du tilleul, de ces galles qui sont probablement dues à des insectes extrêmement petits. Les feuilles de cet arbre sont souvent hérissées comme une espèce de herse par de longues galles que leur figure m'a fait nommer des *galles en clous*. Elles ont quelque air de clous dont les pointes seraient en dessus de la feuille et la tête en dessous. La comparaison de ces excroissances avec de petites cornes peu contournées serait peut-être encore plus juste, parce qu'outre qu'elles sont arrondies et qu'elles se terminent en pointe comme les cornes, leur intérieur est creux. Il est pourtant rempli en partie par des poils comme cotonneux qui partent des parois de la cavité. Ces galles en clous sont d'abord vertes; ensuite, elles jaunissent, et, enfin, elles deviennent rouges. On y rencontre souvent des vers de couleur jaunâtre et gros comme la tige d'une petite épingle. Les feuilles de l'érable ordinaire sont souvent toutes couvertes de petites galles rouges, grosses comme des têtes de grosses épingles; elles sont très-semblables aux galles qui doivent leur origine aux insectes, mais je n'ai jamais pu parvenir à en découvrir aucun dans leur intérieur.

CHAPITRE XXII

Histoire des gallinsectes.

111. C'est une classe d'animaux bien étranges que la classe de ceux que nous allons examiner. Ils passent une partie considérable de leur vie, plusieurs mois de suite, et ceux où ils croissent le plus, appliqués contre des tiges ou des branches sans se donner aucun mouvement sensible. Ils y sont aussi immobiles que la portion de la plante à laquelle ils sont attachés ; ils semblent faire corps avec elle. Leur forme extérieure est simple, et l'est à un point qui est une grande singularité. Tout l'extérieur de l'insecte ne montre rien qui le fasse soupçonner celui d'un insecte. Plus l'insecte est grand, plus il est parfait, et moins il a l'air d'avoir vie. Dans le temps même où il est devenu en état de se multiplier, dans le temps où il est occupé à pondre des milliers d'œufs, il ne paraît qu'une galle, qu'une excroissance semblable à celles qui doivent leur origine à des piqûres d'insectes et dans lesquelles des insectes s'élèvent. Des insectes qui ressemblent si fort à des galles, quoiqu'ils n'aient de commun avec elles que la ressemblance extérieure, m'ont paru ne pouvoir porter un nom plus convenable que celui de *Gallinsectes*. On remarquera toutefois que les mâles, dans ces espèces, sont des mouches ailées, douées d'une certaine vivacité, bien qu'elles ne fassent point grand usage de leurs ailes,

et, par conséquent, tout à fait différentes des femelles, auxquelles seules s'appliqueront les particularités relatives aux gallinsectes.

C'est sur les arbres, sur les arbrisseaux, et ordinairement sur des plantes qui passent l'hiver, que croissent les gallinsectes. Il faut à toutes celles que je connais une plante qui les nourrisse pendant près d'un an, terme auquel est fixée la durée de leur vie. Il n'est guère d'espèces d'arbres ou arbrisseaux où je n'en ai trouvé, et souvent de plusieurs espèces différentes. Elles restent toute d'assez petits animaux. Après avoir pris tout leur accroissement, les unes semblent de petites boules attachées contre une branche par une assez petite partie de leur circonférence ; il y en a de celles-ci qui n'ont jamais plus de la grosseur d'un grain de poivre, et d'autres qui deviennent plus grosses que les plus gros pois. D'autres sont des espèces de sphères dont un segment a été emporté et qui sont attachées à l'arbre par la partie plane de la section.

Fig. 13. — Gallinsectes des arbres fruitiers.

Leurs couleurs n'ont rien de bien frappant ; assez communément, elles en ont une qui approche du marron plus ou moins foncé.

Des espèces de tubérosités qui n'ont rien de propre, soit par leur figure, soit par leur couleur, à s'attirer de l'attention auraient pû être longtemps ignorées, si elles ne se multipliaient pas quelquefois à un point excessif sur nos arbres, et surtout sur les arbres fruitiers. Les pêchers en sont quelquefois tout couverts. Les jardiniers attentifs ont soin de les nettoyer de ces gallinsectes. Ils croient qu'elles font souffrir l'arbre ; du moins, est-il sûr qu'elles vivent et croissent à ses dépens. Les feuilles et les fruits qui sont au-dessous des branches trop peuplées de gallinsectes sont quelquefois salis et noircis par l'eau, qui, après avoir lavé les gallinsectes, tombe sur ces fruits et sur ces feuilles. Les orangers sont une des espèces d'arbres qu'on soigne le plus dans ce pays, et ce sont ceux auxquels on est plus attentif à ôter les gallinsectes.

Si des espèces de gallinsectes font quelque mal à nos arbres, nous en sommes assurément plus que dédommagés par les usages que nous savons faire de quelques autres espèces d'insectes du même genre; elles tiennent une place parmi les animaux qui nous sont utiles. Il y a des gallinsectes dont les paysans de certains cantons du royaume et de quelques pays étrangers font tous les ans une récolte. Sans avoir eu la peine de semer et de labourer, ils vont détacher de dessus certains arbrisseaux une moisson de petits grains souvent très-abondante. Je veux parler de la récolte qui se fait chaque année en Provence et en Languedoc de ce qu'on appelle le *Kermès*, la *graine d'écarlate*, le *vermillon*. L'art de la teinturerie en sait faire un emploi utile pour teindre la soie et la laine en un beau rouge cramoisi. Il faut avouer pourtant que, depuis que la cochenille a été découverte, le kermès a cessé d'être une drogue aussi importante qu'il l'était autrefois; peut-être aussi n'en tirons-nous pas aujourd'hui tout le parti qu'on en peut tirer.

112. La plupart des gallinsectes sont parvenues à leur dernier terme d'accroissement vers la mi-mai, ou, au plus tard, vers le commencement de juin. Qu'on observe alors les pêchers, et surtout ceux qui sont mal tenus. Les tiges, les branches, les pousses d'un an sont souvent si chargées de gallinsectes qu'elles s'y touchent de tous côtés. Quelquefois elles sont disposées à la file les unes des autres

comme des grains de chapelet; mais quelquefois elles
sont écartées les unes des autres. Leur forme est tantôt
celle d'un grain arrondi, tantôt celle d'un bateau renversé; leur dimension ordinaire est celle d'un grain de
poivre. Toutes celles qu'on voit en même temps sur le
pêcher, et dont l'extérieur est assez semblable, ne sont pas
pourtant dans le même état; les unes sont des insectes
très-vivants, et les autres sont des insectes morts et desséchés, qui sont restés dans les places mêmes où ils ont
péri sans que leur extérieur en ait été sensiblement al-
téré. Les vivantes ont pourtant une couleur plus fraîche,
plus vive que celle des mortes. Il est encore aisé de distinguer ces dernières des autres par un moyen simple.
Si l'on pousse les mortes avec le doigt, même assez légèrement, on les détache, elles tombent à terre. A cette
même époque, la gallinsecte vivante est, au contraire, si
adhérente à l'arbre qu'il est difficile de la détacher sans
l'écraser ou sans la blesser, si l'on ne se sert que de ses
doigts; mais on parvient à l'enlever bien saine et bien
entière au moyen de la pointe d'un canif ou de celle d'un
couteau qu'on glisse entre elle et l'écorce de l'arbre. La
place d'où elle a été retirée paraît tapissée d'une matière
cotonneuse.

Si l'on examine les gallinsectes un peu plus tard que
nous ne venons de le faire, chacune d'elles est devenue
semblable à une petite écaille de tortue d'où l'animal
aurait été tiré; elle n'est plus alors qu'une simple coque,
qui contient et recouvre une infinité de grains un peu
rougeâtres, moins adhérents les uns aux autres que des
grains de sable. Dès que l'on considère ces petits grains
avec un microscope ou une forte loupe, leur figure oblongue et arrondie ne permet pas de les prendre pour autre
chose que pour des œufs. La gallinsecte ne semble donc
alors qu'une coque remplie d'une infinité d'œufs. Enfin,
si l'on ouvre encore un peu plus tard cette espèce de

coque, la loupe y fait voir des milliers de petits insectes mêlés avec des grains de poussière; ce sont les insectes qui sont sortis des petits œufs. Les enveloppes des œufs d'où ils se sont tirés forment partie de l'espèce de poussière au milieu de laquelle ils sont; on ne trouve plus alors d'œufs entiers.

113. Admirons la manière dont la nature a instruit nos gallinsectes à conserver leurs œufs et les petits qui en éclosent. Quantité d'autres insectes savent filer des coques dans lesquelles ils renferment leurs œufs avec bien de l'art. Après que la gallinsecte a fini sa ponte, elle ne reste pas longtemps en vie. C'est une loi assez générale que les insectes périssent quand ils ont fait tout ce qui était nécessaire à la multiplication de leur espèce; la gallinsecte périt donc, et dans la même place où elle s'était fixée définitivement. C'est son propre corps qu'elle emploie pour couvrir ses œufs et qui leur tient lieu d'une coque bien close. Elle ne les laisse pas un instant exposés aux impressions de l'air; elle les met parfaitement à l'abri, elle les couve, pour ainsi dire, dès l'instant où elle vient de les pondre. Les petits qui sortent des œufs se trouvent couverts dès l'instant de leur naissance et pendant plusieurs jours par leur mère ou, au moins, par son cadavre qui se dessèche sans tomber en pourriture et sans rien perdre de sa forme convexe. De cette sorte, la gallinsecte, même après sa mort, est encore utile soit à ses œufs, soit à ses petits.

Mes observations ne m'ont rien appris de bien précis sur le nombre de jours au bout duquel les petites gallinsectes sortent des œufs; mais il m'a paru qu'elles en sont au moins dix à douze à éclore. Il m'a paru encore que, plusieurs jours après leur naissance, elles restent tranquilles sous la coque formée par le cadavre de leur mère, et au milieu des fragments des coques d'œufs d'où elles se sont tirées. Elles y restent apparemment jusqu'à ce que leurs parties se soient affermies. Enfin, elles deviennent en état d'aller jouir du grand jour, et elles en ont besoin. C'est vers les premiers jours de juin qu'elles commencent à sortir de dessous le squelette de leur mère. On les voit marcher ou plutôt courir, et même vite, sur toutes les branches de l'arbre. Elles vont chercher les feuilles sur lesquelles elles se fixeront et dont elles tireront la substance nécessaire à leur nourriture et à leur accroissement. Elles ne rongent point, d'ailleurs, les feuilles, mais elles en pompent le suc au moyen de leur trompe très-longue et très-déliée.

114. Les jardiniers attentifs nettoient de leur mieux leurs arbres fruitiers des gallinsectes, et surtout les orangers et les pêchers. L'expérience leur a appris qu'elles épuisent ces arbres, qu'elles les font languir et même périr. Le mal qu'elles font aux arbres est réel, et il résulte surtout de la quantité de sève qu'elles font sortir ; elles occasionnent ainsi une perte de sève qui surpasse considérablement la quantité nécessaire pour leur accroissement. Nous avons dit ailleurs, que, pour découvrir les pucerons qui se sont établis et cachés sous les feuilles ou sous les écorces des différents arbres, il n'y avait qu'à se laisser guider par les fourmis, qu'à remarquer où leur course se termine sur les arbres où elles montent. Ces insectes sont aussi les meilleurs guides qu'on puisse suivre pour trouver les gallinsectes ; elles les aiment comme elles aiment les pucerons ; elles se tiennent autour d'elles et profitent de la sève dont l'écoulement a été provoqué par leur piqûre. Pendant un certain temps, les jeunes gallinsectes se promènent de feuille en feuille et conservent la faculté de se déplacer ; mais il arrive une époque où elles deviennent réellement immobiles, incapables de faire aucun usage de leurs jambes.

Quand j'ai transporté chez moi des branches qui en étaient chargées, les insectes ont péri dessus sans faire un pas en avant ou en arrière.

115. Le kermès, la plus renommée des gallinsectes, est de celles dont la figure approche d'une boule dont un assez petit segment a été retranché. Il vient sur une très-petite espèce de chêne vert qui s'élève environ à deux ou trois pieds. Ce chêne croît en grande quantité dans des terres incultes de Provence et de Languedoc qu'on nomme des *garrigues*. Il croît aussi en Espagne et dans les îles de l'Archipel, entre autres, dans l'île de Crète. C'est sur ces petits arbrisseaux que les paysans vont faire la récolte du kermès dans la saison convenable.

Selon que l'hiver est plus ou moins doux, la récolte du kermès est plus ou moins abondante ; on espère qu'elle sera bonne, lorsque le printemps se passe sans gelée et sans brouillards. On observe que les arbrisseaux les plus vieux, qui paraissent les moins vigoureux, sont les plus chargés de kermès. Le terroir contribue à la grosseur et à la vivacité de la couleur du kermès ; celui qui vient sur des arbrisseaux voisins de la mer est plus gros et d'une couleur plus éclatante que celui qui vient sur des arbrisseaux qui en sont éloignés. Les instruments les plus nécessaires pour faire la récolte du kermès sont de longs ongles ; les femmes s'y occupent dans la saison, dès le matin, avant que la rosée ait été enlevée par le soleil. Les feuilles de l'arbuste sont alors moins raides, et les piquants dont elles sont armées en sont moins à craindre. Outre l'adresse à détacher les grains, il faut savoir trouver les endroits où il y en a le plus ; il y a des femmes qui en ramassent jusqu'à deux livres par jour.

CHAPITRE XXIII

Histoire des vers issus de la viande.

116. Quand les vers de la viande ont pris tout leur
accroissement, il ne leur convient plus de rester sur cette
chair corrompue où, jusques-là, ils s'étaient trouvés si
bien ; ils la quittent et chacun va de son côté chercher une
retraite où il puisse se métamorphoser. Des observations
ont montré qu'ils aiment à être sous terre lorsqu'ils se
transforment et jusqu'à ce qu'ils soient devenus mouches. Mais le ver qui a pénétré sous terre y perd ordinairement sa première forme au bout de deux ou trois
jours. Ce ver qui était blanc, transparent, charnu, et
dont la chair paraissait tendre et molle, prend alors la
figure d'un œuf de couleur rougeâtre, et il semble être
crustacé ; du moins son enveloppe est-elle opaque et
cassante. Il est incapable de mouvement ; il ne peut
plus ni s'allonger, ni s'accourcir, ni se gonfler, ni se
contracter ; il est parfaitement roide, en quoi il diffère encore des chrysalides, dont la partie postérieure, au
moins, est mobile et se meut quelquefois. En un mot,
non-seulement notre ver a perdu sa première figure,
mais il semble aussi avoir perdu la vie.

Nous avons admiré ailleurs l'art de se filer des coques,
commun de tant d'espèces de chenilles ; ces chenilles, dont
une espèce travaille si utilement pour nous, ne son-

gent qu'à se construire des cellules dans lesquelles elles
puissent se métamorphoser commodément et rester en
sûreté après leur métamorphose. Nos vers ne savent
point se faire de si jolies coques; mais le moyen que la
nature a appris à chacun de s'en faire une très-solide et
très-capable de les bien couvrir après leur métamorphose ne doit pas nous paraître moins admirable : ils se
défont de leur peau pour s'en faire un logement solide
et bien clos. Nous ne pouvons encore nous empêcher
d'admirer la consistance et la solidité que prend cette
peau qui était si transparente et qui nous semblait si
mince. Quand elle forme une coque, elle est capable de
soutenir une pression des doigts assez forte. Une pareille
coque de parchemin ou de vélin ne serait peut-être pas
capable d'une aussi grande résistance. Si l'on ouvre une
coque cinq à six jours après que le ver s'est transformé,
on trouve qu'elle est remplie par une nymphe bien blanche, pourvue de toutes les parties d'une mouche. Les jambes et les ailes, quoique contenues dans des fourreaux,
sont très-distinctes; les fourreaux sont si minces qu'ils
ne les cachent pas. La trompe de la mouche est couchée
sur le corselet; on distingue ses lèvres et l'étui de l'aiguillon. La tête est grosse est bien façonnée; ses yeux à
réseau sont très-reconnaissables.

Les coques que se font de leur propre peau quantité d'es
pèces de vers qui vivent soit dans les excréments de divers
animaux, soit dans des chairs corrompues, et même les
coques de différentes espèces de vers qui vivent des plantes, ne diffèrent en rien d'essentiel des coques dans lesquelles se transforment les vers de nos grosses mouches
bleues.

Chaque mouche sort constamment par le même bout
de la coque, par celui où est sa tête, et où était auparavant celle du ver. La tête de la mouche n'a pourtant été
pourvue d'aucun instrument propre à percer une grande

ouverture; car l'aiguillon de la trompe est encore très
mou et, lorsqu'il est le plus ferme, il ne peut faire que
des trous presque imperceptibles. Mais la nature a donné
à la mouche un autre moyen d'agir avec succès contre le
bout de la coque; et, ce qui est encore à remarquer, c'est
que, quoique le bout contre lequel elle doit agir paraisse
aussi épais, aussi solide que le reste, il a été construit de
façon qu'il peut plus aisément être ouvert. Ce bout est
composé de deux demi-calottes appliquées l'une contre
l'autre. Ces deux demi-calottes peuvent facilement être
détachées l'une de l'autre et du reste de la coque. Qu'une
des deux ait été détachée, c'en est assez pour la mouche;
elle a une porte suffisante pour sortir. Cependant il y a
des mouches qui font tomber les deux pièces.

117. Nous avons fait admirer plusieurs fois l'instinct
qui porte les mouches à déposer leurs œufs sur les matières et sur les seules matières qui peuvent fournir un
aliment convenable aux petits qui en doivent sortir. Elles
connaissent ces matières de façon à ne s'y point mépren-
dre. La mouche dont les petits doivent être nourris de
viande ne dépose point ses œufs sur des excréments, et
celle dont les petits doivent tirer leur nourriture des excréments ne laissera jamais les siens sur la viande. Elles
ne savent pas seulement choisir les matières de nature
convenable; elles savent, entre ces matières, ne s'attacher qu'à celles qui sont bien conditionnées; et, ce qui
est plus encore, elles semblent prévoir les circonstances
où ces ces matières doivent rester telles. C'est de quoi
les grosses mouches bleues de la viande m'ont donné bien
des preuves. Souvent j'ai exposé des morceaux de chair
dans des jardins, je les ai attachés contre des murs, contre
des arbres ou des arbustes sur lesquels il y avait beaucoup
de ces mouches. Je croyais voir en peu de temps les viandes que j'offrais à ces mouches, et sur lesquelles elles

se posaient, toutes couvertes d'œufs; néanmoins il est
souvent et presque toujours arrivé qu'elles n'y en ont pas
laissé un seul. Les morceaux de viande dont je parle
étaient minces ou médiocrement épais; ils étaient exposés au soleil et au vent; ils devaient être bientôt desséchés; ils l'auraient été avant que les vers sortis des œufs
de nos mouches fussent nés. Or ces vers ont besoin d'être
sur une chair humide, qui soit en état de se corrompre
ou, du moins, de ne se point dessécher. Les mouches
agissaient donc comme si elles eussent su que la chair
qu'elles rencontraient ne serait plus une chair propre à
leurs vers lorsqu'ils voudraient s'en nourrir. Quand j'ai
laissé dans les mêmes jardins des morceaux de viande
sur une terre humide, les mêmes mouches n'ont pas
manqué d'en profiter pour faire leur ponte. On ne sait
que trop qu'elles s'introduisent dans les cuisines et dans
tous les endroits où l'on conserve de grosses pièces de
viande, pour laisser leurs œufs sur ces viandes qui restent toujours assez humides.

118. Dans les saisons favorables, la plupart de ces sortes de vers croissent avec une promptitude bien surprenante. Redi en observa le jour même où ils sortirent des
œufs que des mouches avaient déposés sur un poisson
qu'il leur avait abandonné ou, plutôt, offert. Dès le lendemain, ces vers lui parurent avoir crû du double; cependant l'accroissement qui s'y fit, depuis ce jour-là jusqu'au jour suivant, eut encore de quoi lui paraître autrement merveilleux et il en fut très-frappé. Après les avoir
pesés, il trouva que le poids de chaque ver était de sept
grains, et, le jour précédent, il avait trouvé que vingt-cinq
à trente de ces mêmes vers pesaient à peine ensemble
un seul grain : ainsi, dans vingt-quatre heures ou environ, chaque ver était devenu 155 ou 210 fois plus pesant.
Beaucoup d'espèces de vers pourraient nous donner des

exemples d'un accroissement aussi prodigieusement subit.

Ordinairement le ver est en état de paraître au jour moins de vingt-quatre heures après que l'œuf a été mis sur la viande. J'observai, dans le mois d'août, une mouche qui avait fait sa ponte à deux ou trois heures après-midi. La température de l'air, dans l'endroit où étaient ses œufs, était marquée par quinze degrés de mon thermomètre. Le lendemain, à midi, la plupart des vers étaient nés, et, deux ou trois heures plus tard, il n'en restait plus à naître. Ces vers ne sont pas plutôt nés qu'ils cherchent à manger. Ils se traînent d'abord sur le morceau de viande, et, ensuite, ils s'enfoncent dedans, au moins en partie. Ils se servent des crochets et du dard dont ils sont pourvus pour la ratisser ; ils la sillonnent ; à mesure qu'ils en ont détaché une petite portion, ils l'avalent. En moins de six à sept jours, et quelquefois en quatre ou cinq jours, dans les saisons favorables, ils sont parvenus à l'état où ils n'ont plus à croître, et où ils n'ont plus besoin de prendre aucune nourriture jusqu'à ce qu'ils soient devenus mouches. Cependant ils restent encore plusieurs jours sous leur forme de ver, tantôt plus, tantôt moins, selon la saison, et, enfin, ils passent par toutes leurs métamorphoses.

Lorsque des cadavres d'animaux quelconques restent exposés sur terre dans la campagne, nous les voyons devenir la pâture des vers de mouches. On croit que les cadavres cachés sous terre y sont de même bientôt mangés par de semblables vers ; cependant les expériences de Redi apprennent encore que, lorsque de la chair est enfoncée sous terre à une profondeur assez médiocre, elle s'y corrompt sans y être mangée des vers. Les mouches à deux ailes qui cherchent la chair corrompue pour en faire vivre leurs petits ne savent point fouiller la terre, et les vers qui habitent l'intérieur de la terre et qui portent le nom de *vers de terre* ne sont point carnassiers.

CHAPITRE XXIV

119. Il y a peu de genres d'insectes, s'il y en a, dont nous ayons autant à nous plaindre que de celui des cousins. Si d'autres insectes nous font des piqûres plus cuisantes et même plus dangereuses, ils ne sont pas si acharnés à nous poursuivre. Dans quelles campagnes les cousins ne sont-ils pas incommodes pendant l'été? A peine est-on en sûreté contre eux dans les villes. Il y a des pays où ils sont bien autrement redoutables que dans le nôtre. Ceux qui nous ont donné des relations de leurs voyages en Afrique, en Asie et en Amérique nous parlent souvent de ce qu'ils ont eu à souffrir des cousins ou maringouins comme de ce qu'ils ont eu à souffrir de plus rude. Nous serions heureux si nous en étions quittes pour entendre pendant la nuit leur bourdonnement inquiétant, et même pour leur fournir ce qu'il leur faut de notre sang, dont ils sont si avides. Leurs blessures, faites par des pointes extrêmement fines, sont légères par elles-mêmes. Souvent, néanmoins, elles sont suivies d'élevures qui durent plusieurs jours et qui quelquefois deviennent considérables. Les cousins sont donc nos ennemis déclarés, et des ennemis très-fâcheux; mais ce sont des ennemis bons à connaître. Pour peu que nous leur donnions d'attention, nous nous trouverons forcés de les ad-

mirer, et d'admirer même l'instrument avec lequel ils nous blessent : il n'est besoin pour cela que d'examiner sa structure. D'ailleurs, dans tout le cours de leur vie, ils

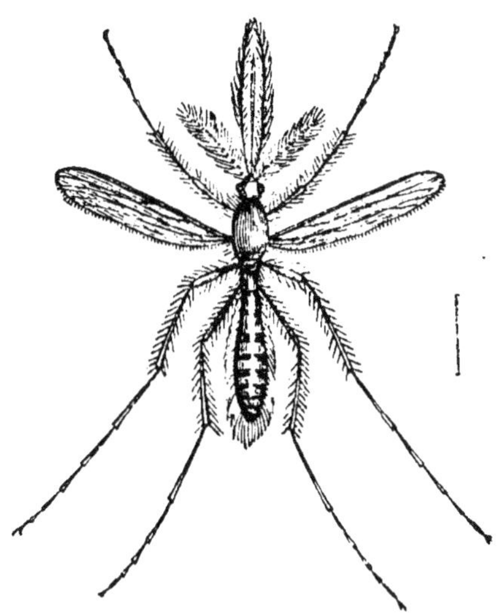

Fig. 19. — Cousin commun.

ont à offrir des faits propres à contenter les esprits curieux des merveilles de la nature. Il y a même tel moment de leur vie où, après avoir fait oublier à l'observateur qu'ils le persécuteront un jour, ils lui font ressentir des inquiétudes pour leur sort.

120. C'est un instrument ou plutôt une machine bien digne de notre attention que celle dont le cousin se sert pour nous piquer. Elle est du genre des trompes dont les aiguillons sont entièrement renfermés dans un fourreau. Ce qu'on voit ordinairement n'est que l'étui des pièces destinées à percer notre peau et à sucer notre sang, et dans lequel ces pièces sont contenues comme les lancettes et d'autres instruments propres à opérer sur nous sont renfermés dans l'étui d'un chirurgien. On a cherché avec beaucoup de patience à connaître la structure de la trompe, le nombre et la figure des aiguillons, et l'on a

négligé, ce qui était beaucoup plus facile, sans être moins curieux, d'observer ce qui se passe pendant que le cousin nous pique. Après tout, sans un fort grand courage, et sans un amour excessif pour l'histoire naturelle, on peut être capable de soutenir patiemment cette piqûre. Loin de tâcher de tuer le cousin qui me piquait ou qui cherchait à me piquer, il m'est arrivé plus d'une fois de n'avoir d'autre crainte que de le troubler dans son opération. Plus d'une fois j'ai invité ces insectes à venir sur le dessus d'une de mes mains ; plus d'une fois je l'ai offerte à ceux qui étaient en l'air, en l'approchant d'eux tout doucement, et cela, pendant que je tenais de l'autre main une loupe pour m'aider dans la suite à mieux voir le jeu de leur trompe. On croit bien que j'ai réussi à me faire piquer ; je n'ai pourtant pas été piqué toujours autant de fois que je l'eusse voulu, et quand je l'eusse voulu. Lorsqu'on a eu une fois le plaisir de voir le cousin dans l'action, on oublie le petit mal qu'il nous fait en nous blessant, et les suites de la blessure qui, sur la main, ne sauraient être ni dangereuses, ni de longue durée.

Après qu'un cousin m'avait fait la grâce de se venir poser sur la main que je lui avais offerte, je voyais qu'il faisait sortir du bout de sa trompe une pointe très-fine, qu'il tâtait avec le bout de cette pointe successivement quatre à cinq endroits de ma peau. Il sait choisir apparemment celui qui est le plus aisé à percer, et celui au-dessous duquel se trouve un vaisseau dans lequel le sang peut être puisé à souhait. Enfin, il a bientôt fait son choix, et l'on sent qu'il l'a fait ; on en est averti par la petite douleur que la piqûre cause sur-le-champ. La pointe de l'aiguillon s'introduit dans la peau par le bout du bouton qui termine l'étui. Cet étui, quoique solide, a une sorte de flexibilité ; il se courbe à mesure que l'aiguillon pénètre dans la chair ; il s'éloigne de l'aiguillon, qui doit toujours rester tendu et droit. Celui-ci a besoin d'être soutenu immédiatement au-dessus du bord du trou ; aussi l'étui ne fait-il que se courber ; il devient d'abord un arc, dont l'aiguillon est la corde. Le bouton de l'étui doit toujours rester sur le bord du trou, pour aider à y maintenir et à empêcher de vaciller un instrument délicat et faible. C'est par un expédient semblable que les ouvriers qui ont à percer de très-petits trous dans des corps durs savent maintenir la pointe déliée du foret.

Ordinairement, lorsque le cousin suce à son aise, et sans être troublé, il ne quitte point l'endroit où il s'est fixé, jusqu'à ce qu'il ait rempli son estomac et ses intestins de tout le sang qu'ils peuvent contenir. Tel cousin, dont le ventre était plat, flasque et gris avant que d'avoir sucé a le ventre très-tendu, arrondi et rougeâtre, quand il a bu notre sang à son aise. Après que l'insecte s'en est rassasié, il s'envole. J'ai pourtant vu quelquefois des cousins qui ne sont partis de dessus ma main qu'après l'avoir piquée en trois à quatre différents endroits. Peut-être qu'ils avaient toujours percé de trop petits vaisseaux ; peut-être aussi que, ces jours-là, mon sang n'était pas à leur goût, et qu'ils cherchaient en différents endroits pour en trouver de plus agréable que celui qu'ils avaient bu d'abord. La piqûre faite par une pointe aussi fine que l'est celle de l'aiguillon d'un cousin devrait être presque insensible ; la pointe de la plus fine aiguille est, par rapport à celle de cet aiguillon, ce que la pointe d'une épée est par rapport à celle de cette aiguille. Une si légère blessure semblerait devoir être fermée sur-le-champ et nedevoir être suivie d'aucun accident fâcheux ; cependant les tumeurs quelquefois assez considérables s'élèvent dans l'endroit qui a été piqué. C'est que la plaie n'est pas une simple plaie ; elle a été arrosée par une liqueur capable de l'irriter. On voit, en diverses circonstances, cette liqueur sortir du bout de la trompe sous la forme d'une petite goutte d'une eau très-claire.

La quantité des cousins dont les campagnes sont peuplées est si prodigieuse, et le nombre des grands animaux qui habitent les même campagnes est si petit en comparaison qu'on doit juger qu'entre tant de millions de cousins, il y en a bien peu qui, dans le cours de leur vie, puissent parvenir à se régaler de sang seulement une fois. Tous les autres cousins sont-ils condamnés à un jeûne cruel, à périr de faim? cela n'est nullement vraisemblable; mais apparemment qu'ils se contentent de sucer des plantes, quand ils ne peuvent pas sucer les animaux. Dans les jours chauds, et dans les lieux éclairés du soleil, ils se tiennent tranquilles jusque vers le soir. Ils s'attachent au-dessous des feuilles, et apparemment qu'ils pompent leur suc, qu'ils s'en remplissent. Nous avons beaucoup d'exemples d'insectes qui vivent indifféremment de matières végétales et de matières animales, et il suffit de citer celui des guêpes. J'ai mis du sucre un peu mouillé dans des poudriers où j'avais renfermé des cousins ; il m'a paru qu'il était de leur goût; ils appliquaient leur trompe dessus et l'y tenaient longtemps appliquée.

121. S'il n'est que trop aisé de trouver des cousins avides de notre sang, il n'est guère moins facile de les avoir sous leur première forme, sous laquelle ils ne nous en veulent pas, et sous laquelle on peut les considérer plus volontiers. C'est dans les eaux qu'il faut les chercher, mais seulement dans les eaux qui croupissent. Ils sont d'abord des vers puis des nymphes aquatiques. Les mares en fourmillent, en certaines années, depuis le mois de mai jusque vers le commencement de l'hiver. De là vient que, dans les pays marécageux, on est si tourmenté de cousins; et de là vient aussi que les années pluvieuses, pendant lesquelles les mares ne sont point

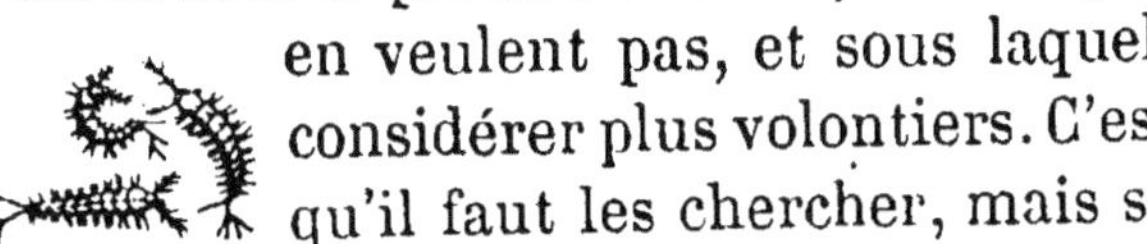

Fig. 20.
Larves de cousins.

mises à sec, donnent beaucoup plus de cousins que les années sèches.

La dernière métamorphose de ces insectes se fait très-vite, et elle est accompagnée de quelques circonstances propres à intéresser l'attention d'un observateur. L'insecte qui est parvenu au moment où ses enveloppes ne lui sont plus nécessaires et qui veut s'en tirer se tient, comme auparavant, en repos à la surface de l'eau ; mais, au lieu que, dans les autres temps où il ne changeait pas de place, la partie postérieure de son corps était contournée et comme roulée en-dessous, alors il redresse cette partie, il la tient étendue à la surface de l'eau, au-dessus de laquelle son corselet est élevé. A peine a-t-il été un moment dans cette position qu'en gonflant les parties intérieures et antérieures de son corselet, il oblige sa peau de se fendre. Cette fente n'a pas plus tôt paru qu'on la voit s'allonger et s'élargir très-vite. Elle laisse à découvert une portion du corselet du cousin, aisée à reconnaître par la fraîcheur de sa couleur, qui, d'ailleurs, est verdâtre et différente de celle de la peau qui l'enveloppait auparavant.

Dès que la fente a été assez agrandie, et l'agrandir assez est l'affaire d'un instant, la partie antérieure du cousin ne tarde pas à se montrer ; bientôt on voit paraître sa tête, qui s'élève au-dessus des bords de l'ouverture. Mais ce moment et ceux qui suivront jusqu'à ce que le cousin soit entièrement hors de sa dépouille sont des moments bien critiques pour lui, des moments où il court un terrible danger. Cet insecte qui vivait dans l'eau, qui serait mort si on l'en eût tenu dehors pendant un temps assez court, a subitement passé à un état où il n'a rien autant à craindre que l'eau. S'il était renversé sur l'eau, si l'eau touchait son corselet ou son corps, c'en serait fait de lui. Voici comme il se conduit dans une situation si délicate. Dès qu'il a fait paraître sa tête et son corselet, il les élève autant qu'il peut au-dessus des bords de l'ouverture qui leur a permis de paraître au jour. En même temps, il tire la partie postérieure de son corps vers la même ouverture, ou, plutôt, cette partie s'y pousse en se contractant un peu et s'allongeant ensuite ; les rugosités de la dépouille dont elle s'efforce de sortir lui donnent des appuis. Une plus longue portion du cousin paraît donc à découvert, et, en même temps, la tête s'est plus avancée vers le bout antérieur de la dépouille ; mais, à mesure qu'elle s'avance vers ce côté, elle se redresse, elle s'élève de plus en plus. Le bout antérieur du fourreau et son bout postérieur se trouvent donc vides. Le fourreau alors est devenu pour le cousin une espèce de bateau, dans lequel l'eau n'entre point, et où il serait bien dangereux qu'elle entrât.

122. Les grands bateaux qui doivent passer sous des ponts ont ordinairement des mâts qu'on peut coucher. Dès que le bateau est hors du pont, on hisse son mât et, en le faisant passer successivement par différentes inclinaisons, on l'amène à être perpendiculaire au plan horizontal. Le cousin s'élève ainsi successivement jusqu'à devenir lui-même le mât de son petit bateau, et un mât posé verticalement. Toute la différence qu'il y a ici, c'est que le cousin est un mât qui devient plus long à mesure qu'il se relève davantage. A mesure, en effet, qu'il se relève, une nouvelle partie du corps sort du fourreau. Quand il est parvenu à être presque dans un plan vertical, il ne reste plus dans le fourreau qu'une portion assez courte de son bout postérieur.

On a peine à s'imaginer comment le cousin a pu se mettre dans une position si singulière, qui lui est absolument nécessaire, et comment il peut s'y conserver. Ni ses jambes, ni ses ailes n'ont pu l'aider en rien ; celles-ci sont encore trop molles, et comme empaquetées, et les autres sont étendues et couchées tout du long du ventre ; ses anneaux seuls ont pu agir. Le devant du bateau est beaucoup plus chargé que le reste ; aussi a-t-il beaucoup plus de volume. L'observateur qui voit combien ce devant de bateau enfonce, combien ses bords sont près de l'eau, oublie dans l'instant que le cousin est un insecte auquel il donnera volontiers la mort dans un autre temps ; il devient inquiet pour son sort et il le devient bientôt davantage, pour peu qu'il s'élève de vent, pour peu que ce vent agisse sur la surface de l'eau. On voit pourtant d'abord avec plaisir la petite agitation de l'air, qui suffit pour faire voguer le cousin avec vitesse et le porter de différents côtés. Quoiqu'il ne soit que comme une espèce de bâton ou de mât, parce que les ailes et les jambes sont appliquées contre le corps, il est peut être, par rapport à son petit bateau, une voilure beaucoup plus grande qu'aucune de celles qu'on ose donner à un vaisseau. On ne peut s'empêcher de craindre que le bateau ne soit couché sur le côté ; ce qui arrive quelquefois, dans des temps ordinaires, et très-souvent, lorsque les cousins se transforment dans des jours où le vent a trop de prise sur la surface de l'eau. Dès que le bateau a été renversé, dès que le cousin a été couché sur la surface de l'eau, il n'y a plus de ressource pour lui. J'ai vu quelquefois l'eau toute couverte de cousins qui, par cet accident, avaient péri en naissant. Il est pourtant plus ordinaire que le cousin parvienne à finir son opération heureusement ; elle n'est pas de longue durée ; tout le danger peut être passé dans une minute.

Le cousin, après s'être dressé perpendiculairement, tire ses deux premières jambes du fourreau et les porte en avant ; il tire ensuite les deux suivantes ; alors il ne cherche plus à conserver sa position gênante, il se penche vers l'eau, il s'en approche, il pose les jambes dessus. L'eau est pour elles un terrain assez ferme et assez

solide, qui, sans céder trop, peut les soutenir, quoique
chargées du corps de l'insecte. Dès que le cousin est ainsi
sur l'eau, il y est en sûreté ; ses ailes achèvent de se plier
et de se sécher, ce qui est fait plus vite qu'on ne peut le
dire. Enfin, le cousin est en état d'en faire usage, et, bientôt, on le voit s'envoler, surtout si l'on tente de le prendre.

123. On ne doit pas être bien aise d'apprendre que les
cousins sont des insectes qui se multiplient prodigieusement ; car nous ne savons pas assez ce que nous gagnons
à leur multiplication, et nous savons combien elle nous
est incommode. Outre qu'ils sont féconds, il y en a plusieurs générations dans une année. S'il ne faut à chaque
génération qu'environ trois semaines ou un mois pour
être en état de donner naissance à une nouvelle génération, il y a de quoi être effrayé du nombre des cousins
qui doivent être produits par an. Quand la première génération ne serait en état d'en donner une seconde que
vers la fin de mai, et quand la dernière génération serait
celle de la fin d'octobre, il y aurait au moins six à sept
générations par an ; or, chaque femelle donne naissance
à 250 cousins. Mais heureusement ces insectes sont destinés à nourrir beaucoup d'autres animaux. Les oiseaux ne
les épargnent pas, et ce n'est peut-être que lorsqu'ils
commencent à devenir trop rares que les hirondelles
nous quittent.

CHAPITRE XXV

Histoire des Tipules.

124. Les tipules sont des mouches à deux ailes, qui, au premier coup d'œil, ressemblent fort aux cousins, mais qui ne cherchent point à nous faire du mal, et qui ne sont pas en état de nous en faire. Il est heureux que nous n'ayons rien à craindre de ces mouches ; car, aux environs de Paris, le nombre de leurs espèces surpasse beaucoup celui des espèces de cousins. Communément, elles sont aussi fécondes, et quelques espèces sont considérablement plus grandes. Tous les cousins que je connais ont été, dans leur premier état, des vers aquatiques, et ils n'ont quitté l'eau que lorsqu'ils sont devenus ailés. Des tipules de bien des espèces différentes ont pris aussi leur accroissement dans les eaux, sous la forme de vers ; mais des tipules de beaucoup d'autres espèces ont été des vers qui se sont nourris sous terre ou sur des plantes. C'est dans les prairies qu'on voit plus communément les grandes espèces de tipules. Depuis le commencement du printemps jusqu'à celui de l'hiver, elles y paraissent ; mais la fin de septembre et le commencement d'octobre sont les temps où elles y sont le plus communes. Certaines prairies sont si peuplées alors de celles de la plus grande des espèces qu'on n'y peut faire un pas sans déterminer plusieurs de ces mouches à s'élever en l'air. Quoiqu'elles

prennent quelquefois un assez grand vol, lorsque le soleil est brillant et chaud, ordinairement elles vont peu loin; souvent même elles ne volent qu'à la surface des herbes. Dans certains temps, elles ne se servent de leurs ailes que comme les autruches se servent des leurs, pour s'aider à marcher, et réciproquement leurs jambes les aident à voler; elles s'en servent pour soutenir un peu leur corps à fleur des herbes et pour le pousser en avant. Ces jambes, surtout les postérieures, sont démesurément grandes; elles ont plus de trois fois la longueur du corps. Elles sont pour ces insectes ce que sont des échasses pour les paysans des pays marécageux et inondés; elles les mettent en état de passer assez commodément sur des herbes élevées.

125. Les tipules de la plupart des petites espèces sont plus agiles que celles des grandes espèces; non-seulement elles volent plus volontiers, mais il y en a qui se tiennent presque continuellement en l'air. Dans toutes les saisons, sans en excepter celle où le froid se fait le plus sentir, on voit dans l'air, à certaines heures du jour, des nuées de petits moucherons que l'on prend pour des cousins, et ce sont ordinairement des nuées de tipules. Rien n'est plus ordinaire que de voir de ces nuées en plein midi, dans les jours de printemps, et même dans ceux d'hiver où le soleil brille. Les tipules qui les composent ont une façon de voler qui mérite d'être remarquée; chacune de ces petites mouches ne fait continuellement que monter et descendre, et cela suivant la ligne verticale, ou à peu près.

Les vers qui, par la suite, se transforment en grandes tipules grises, et en plusieurs autres espèces de grandeur médiocre, se tiennent cachés sous terre. Toute terre, d'ailleurs, qui n'est pas sujette à être trop fréquemment remuée, leur est bonne; on les trouve surtout dans celle des prairies basses et humides, et il ne faut pas fouiller profondément pour les y trouver; souvent ils ne sont pas éloignés d'un pouce ou deux de la surface. Je connais, dans le Poitou, de grands cantons de marais desséchés qui, en certaines années, n'ont pas fourni l'herbe nécessaire pour nourrir les bestiaux, à cause du désordre que ces vers y avaient causé. Dans les mêmes cantons et dans les mêmes années, ils ont fait beaucoup de tort à la récolte des blés. Ces vers, qui habitent sous terre, ne sauraient pourtant manger les parties des plantes qui s'élèvent au-dessus de la surface, et, ce qui est plus remarquable, ils ne sont pas faits pour vivre de racines. Pour tout aliment, il ne leur faut que de la terre, et la meilleure pour eux est celle qui n'est encore qu'un terreau. La terre des marais dont je viens de parler est trèsnoire; elle n'est presque que du terreau. C'est là, sans doute, une des raisons pour lesquelles nos vers tipules s'y multiplient bien plus que dans d'autres pays. Les mères mouches connaissent la terre à laquelle elles doivent par préférence confier leurs œufs, celle qui fournira une bonne nourriture aux petits qui en doivent éclore. Si ces vers, qui n'en veulent point aux racines des plantes, font tant de mal aux prés et aux blés, c'est qu'ils ne se tiennent pas tranquilles, qu'ils changent de place, qu'ils labourent la terre qui est auprès des racines. Ils détachent celles-ci, les soulèvent, et les exposent trop à être desséchées lorsque le soleil devient ardent. Peut-être aussi qu'ils en coupent plusieurs pour se faire des chemins.

Il est assez ordinaire aux vieux arbres d'avoir des cavités dans des endroits où leur bois a été attaqué par la pourriture. Lorsque ces creux sont anciens, leur fond est souvent couvert d'un terreau qui ressemble à celui qui vient du fumier le mieux consommé. Les tipules de différentes espèces vont volontiers faire leurs œufs dans les creux d'arbres pleins en partie d'un pareil terreau.

126. Nous n'avons pas besoin de dire que les tipules ne passent pas immédiatement de l'état de ver à celui de mouches, qu'il y a pour eux un état moyen. Le corps du ver était lisse, au lieu que celui de la nymphe est hérissé de tubérosités et de véritables piquants qui sont tous inclinés en arrière. La nymphe n'a point de jambes dont elle puisse faire usage ; il vient cependant un temps où elle a besoin d'aller en avant ; c'est alors que les piquants dont nous venons de parler lui servent. Le ver s'est transformé en nymphe sous terre ; si la nymphe s'y transformait en mouche, outre que les parties de la mouche auraient peine à s'y affermir, celle-ci ne serait pas en état de percer ni de soulever la terre. La nymphe dont la métamorphose est prochaine se pousse sur les piquants pour s'élever peu à peu jusqu'à la surface, et un peu au-dessus de la surface de la terre, c'est-à-dire, jusqu'à ce que son corselet en soit dehors. Il se fait une fente à ce corselet, par laquelle sort celui de la tipule, qui tire successivement toutes ses parties de leur fourreau, et qui laisse sa dépouille dans le trou où elle est engagée en partie. Il est aisé de s'assurer que les nymphes peuvent faire usage de leurs piquants pour marcher. Si l'on pose sur une table des nymphes, surtout de celles qui sont prêtes à se transformer, on les y voit se traîner, ou, plutôt, se pousser en avant, y faire du chemin. On ne les voit point aller en arrière ; la direction de leurs piquants, loin de leur aider, leur nuirait, si elles voulaient cheminer en ce dernier sens.

127. L'abdomen de la tipule femelle se termine en pointe ; cette pointe est formée par la réunion de quatre pièces écailleuses qui composent deux espèces de pinces d'inégale longueur. Pour connaître les usages auxquels sont destinées les pinces, il faut avoir observé une femelle dans le temps où elle fait ses œufs. J'en ai vu, avec plai-

sir, dans cette opération, soit dans des prairies, soit dans
des plates-bandes de jardin. L'attitude dans laquelle la
tipule est alors ne saurait manquer de paraître singulière;
elle ne tient plus son corps parallèle au plan sur lequel
elle est posée, ce qui est la situation ordinaire du corps de
tous les insectes, de celui de tous les quadrupèdes, et même
de celui de tous les animaux, si l'on en excepte l'homme.
Alors, dis-je, elle se tient droite et marche même, de
temps en temps, sans faire sortir son corps de la direction
verticale. La plus longue de ses pinces lui sert comme
une cinquième jambe, ou, au moins, comme d'un point
d'appui qui aide aux deux jambes postérieures à la soutenir. Ces deux dernières jambes sont les seules qui po-
sent alors à terre ; elles sont placées par delà le dos,
assez en arrière. La queue en longue pince contribue
d'autant mieux à soutenir la tipule que la tipule l'enfonce
en terre, et qu'elle a besoin de l'y enfoncer. C'est dans la
terre qu'elle doit semer ses œufs. La pointe de la pince,
fine comme elle est, ne trouve pas grande résistance à
percer la terre; elle s'y enfonce aisément, et elle s'y enfonce au moins jusqu'a l'origine de la pince inférieure :
celle-ci est le conduit dans lequel les œufs passent à mesure qu'ils sortent du corps. Quand la tipule a laissé un
œuf, et peut-être deux ou trois, dans le trou qu'elle vient
de percer et sur lequel elle s'est arrêtée, elle fait un pas
en avant, elle perce un nouveau trou, et ainsi elle continue sa ponte.

CHAPITRE XXVI

Histoire des Mouches à scie.

128. On appelle *mouches à scie* des mouches à quatre ailes, dont le corps est court et tient de la figure d'une olive, et qui proviennent de larves nommées *fausses chenilles* à cause de leur ressemblance avec les chenilles desquelles proviennent les papillons. Les œufs des mouches que nous considérerons actuellement demandaient à être logés dans des entailles faites dans le bois ou dans d'autres parties d'arbustes vivants. La mouche a été pourvue d'un instrument qui la met en état de faire ces entailles. Cet instrument est une véritable scie, qui ne diffère de celles dont nous nous servons pour couper le bois qu'en ce qu'elle est de corne, au lieu que les nôtres sont d'acier, et qu'en ce qu'elle est faite avec beaucoup plus d'art que les nôtres. Elle est mise, d'ailleurs, en mouvement comme le sont nos scies à manche. Des tendons presque écailleux, attachés à son origine, lui tiennent lieu d'un manche ; des muscles agissent pour la pousser en avant et la retirer en arrière, comme agit la main de l'ouvrier qui fait travailler la scie à manche. Mais la main ne fait agir à la fois qu'une de ces sortes de scie, et, quoique nous n'ayons parlé encore que d'une scie de notre mouche, elle en a deux, égales et semblables, qu'elle met en mouvement en même temps, et dont elle pousse une en

avant, tandis qu'elle retire l'autre en arrière. Ces deux scies étant très-minces et destinées à déchirer des fibres ligneuses ont besoin d'être maintenues pendant qu'elles sont dans l'action, afin qu'il ne leur arrive pas de se courber ou de s'écarter l'une de l'autre. La nature a prévu à tout; le dos de chaque scie est logé tout du long dans une coulisse formée par deux pièces écailleuses, comme l'est souvent la coulisse des lames des couteaux à ressort. Les dents des scies de nos mouches sont elles-mêmes dentelées. Chaque grande dent est une suite de dents très-petites. Nous ne devons pas être surpris que les instruments qui ont été accordés à des insectes soient supérieurs aux nôtres et plus travaillés, quand nous nous rappellons de qui ils les tiennent.

Outre les particularités que nous avons remarquées ci-dessus aux scies de ces mouches et qui manquent aux nôtres, elles en ont encore une qui ne doit pas être oubliée. Chaque scie n'est pas pas seulement une scie, elle est en même temps une râpe ou une lime d'une structure singulière. Nous n'avons point encore réuni dans le même instrument la scie et la lime ou la râpe, et l'une et l'autre se trouvent réunies dans chacun des instruments qui ont été donnés à nos mouches pour entailler le bois. Outre les dents qu'ils ont disposées comme celles des scies ordinaires, ils ont sur une de leurs larges faces, sur l'extérieure, un nombre considérable de dents beaucoup plus fines, mais qui ne le cèdent guère aux autres en longueur, si même elles leur cèdent. Ces dents auxiliaires sont toutes dirigées vers l'origine de la scie et un peu inclinées vers les grosses dents.

129. Si l'on est curieux de voir une de nos mouches à scie occupée à son travail, c'est surtout celles qui aiment les rosiers qu'il est commode d'épier. On en peut trouver en différentes saisons de l'année; j'en ai vu au prin-

temps, vers la mi-mai, et j'en ai vu dans tout le mois d'août et même dans les premiers jours de septembre. La mouche que j'y ai observée le mieux et un plus grand nombre de fois a la tête et le corselet noirs ; le côté extérieur de chacune de ses ailes est aussi bordé de noir dans presque toute sa longueur ; son corps est d'un jaune qui tire sur l'orangé ; ses jambes sont du même jaune ; elles ont seulement deux jarretières ou points noirs. Lorsque, dans de beaux jours, vers les dix heures du matin, on verra sur un rosier des mouches de cette espèce ou de quelque autre espèce du même genre, qu'on s'attache à les suivre des yeux, et l'on parviendra aisément à avoir le plaisir d'en observer quelqu'une dans l'opération. Heureusement, ces mouches sont très-peu farouches ; elles le sont moins qu'on n'oserait le désirer ; pourvu qu'on ne fasse pas de grands mouvements, on peut les regarder de tout aussi près qu'on le veut. Je les ai souvent observées, sans les déranger dans leur travail, avec des loupes qui n'avaient pas trois à quatre lignes de foyer, et elles ont souvent continué, quoique, pour les mieux voir, je déplaçasse certaines branches ; mais, à la vérité, je les déplaçais le plus doucement qu'il m'était possible.

La mouche se promène d'abord de branche en branche ; elle en parcourt plusieurs avant de se déterminer pour une place. Celle qu'elle choisit est ordinairement à quelque distance du bout de la branche, mais pourtant beaucoup plus près de ce bout que de l'origine. La tête de là mouche est alors tournée en bas. Quand la mouche s'est arrêtée dans un lieu qui lui a paru convenable, elle recourbe un peu son corps en dessous. Qu'on soit attentif dans ce moment, et bientôt on apercevra la pointe de la double scie. Une plus longue portion de cette scie ne tardera pas à paraître ; dans un instant, la mouche la fait sortir presque toute entière de l'espèce d'étui où elle était renfermée et couchée. En la faisant sortir, elle la redresse, de façon qu'elle l'amène à être presque perpendiculaire à la petite branche dans laquelle elle la veut faire pénétrer. Ce n'est que dans le moment où la scie a été mise dans la position convenable qu'on la peut voir toute entière, car sa pointe n'a pas plus tôt touché l'écorce de la branche qu'elle s'enfonce dedans. La mouche, qui est cramponnée sur ses jambes, appuie son ventre sur la base de l'instrument ; elle la presse de toute sa force. Dans ce premier instant, elle n'agit sur l'instrument que pour le piquer dans le bois, que pour y engager sa pointe, que pour le mettre dans l'état où il doit être pour que les dents des scies trouvent prise. Celles-ci peuvent bientôt agir avec succès ; bientôt une plus longue partie de l'instrument se cache dans le bois. Il s'y enfonce de plus en plus ; enfin, en moins d'une minute, il parvient à y entrer presque tout entier. Le ventre de la mouche, qui d'abord était éloigné de l'écorce de toute la longueur de la scie, s'en approche jusqu'à s'appliquer contre cette même écorce.

Pour voir tout ceci, on n'a besoin de donner aucun secours à ses yeux ; mais, si on leur donne celui d'une loupe forte, et si l'on cherche à se placer dans une position favorable pour bien observer tout ce qui se passe, on parviendra aisément à voir que ce n'est pas la simple pression de la mouche qui fait pénétrer l'instrument dans le bois. On verra, et on verra avec plaisir, le jeu alternatif des deux scies. On verra qu'il y en a une qui est poussée dedans le bois, pendant que l'autre est retirée vers l'écorce ; et on verra même que ce mouvement est produit par celui des tendons ou cartilages auxquels chaque scie est assujétie.

130. La mouche n'introduit pas son instrument dans la tige du rosier précisément pour l'y introduire, et simplement pour fendre cette tige ; elle l'y introduit pour y faire une cavité propre à loger un œuf assez gros qu'elle

veut y laisser. Pour faire son entaille, elle dirige son instrument à peu près comme un chirurgien dirige sa lancette pour ouvrir un vaisseau ; elle l'enfonce d'abord
presque perpendiculairement, et l'en retire dans une direction oblique. Les deux scies de la mouche avaient donc
besoin d'être pointues par le bout, ce qui n'est pas nécessaire aux nôtres. Il fallait que leurs bouts pussent
s'introduire dans l'écorce et dans les fibres ligneuses,
comme s'y introduisent des instruments tranchants. Les
dents des scies sont en état de couper les fibres qu'elles
rencontrent ; mais ces deux scies si prodigieusement
minces et qui ont chacune une voie extrêmement étroite
n'auraient pu ouvrir une cavité suffisante. La face extérieure de chaque scie a été faite en râpe, pour suppléer à
ce qui manque à la voie et à l'épaisseur des deux scies ;
lorsqu'une des scies est retirée vers l'écorce, les dents
déchirent les fibres qu'elles rencontrent.

Dès que l'entaille a été rendue telle qu'elle devait être,
tout mouvement semble s'arrêter dans les tendons des
scies, tout paraît en repos ; c'est alors que la mouche
fait sortir de son corps l'œuf pour le mettre dans la place
qu'elle lui a préparée. Bientôt après, elle tire sa double
scie de l'entaille, elle la remet dans son lieu ordinaire ;
mais ce n'est pas pour l'y laisser longtemps. Faisant un
pas en descendant, elle laisse en arrière et en haut l'entaille qu'elle a faite, pour en creuser une nouvelle tout
près de la précédente. Elle recommence alors la manœuvre que nous venons de décrire ; elle fait sortir sa double scie ; elle la pique à plomb et elle en fait jouer chaque
feuille, enfin, elle pond un œuf dans cette dernière entaille. Elle continue ainsi de faire de nouvelles entailles,
de les mettre à la file les unes des autres, et d'en mettre
plus ou moins, apparemment selon qu'une plus ou moins
longue partie de la branche lui paraît propre à recevoir
ses œufs. Quelquefois il n'y a que trois à quatre entailles

à la file les unes des autres, et j'en ai quelquefois compté jusqu'à vingt-quatre. La mouche, sans avoir fini sa ponte, quitte souvent la branche sur laquelle elle l'avait commencée et passe sur quelqu'une des plus proches pour y continuer son opération.

Je ne crois pas que ces mouches fassent toute leur ponte dans un seul jour. Malgré les excellents instruments dont elles sont munies, entailler le bois comme elles l'entaillent doit être pour elles un ouvrage assez rude. Tout ce que put faire devant moi une mouche qui ne semblait pas avoir envie de perdre du temps fut d'achever six entailles depuis dix heures jusqu'à dix heures et demie. Auparavant, elle en avait fait trois sur une autre branche où elle n'avait pas jugé à propos d'en faire un plus grand nombre. J'en ai pourtant vu travailler quelques-unes qui m'ont paru être des scieuses plus habiles et qui allaient plus vite. L'ouverture de chaque entaille nouvellement faite est une petite fente un peu courbe, semblable à celle d'une saignée ; elle a un peu moins d'une ligne de long. L'endroit de la branche auquel la mouche a confié ses œufs ne paraît, le premier jour, différent des autres qu'en ce qu'il a une file de différentes fentes semblables à celles que la lancette ouvre dans notre peau, et dont les lèvres, comme celles des saignées, se sont rapprochées. Mais, dès le lendemain, cet endroit de la branche est différent du reste par sa couleur ; il est brun et devient même noir, pendant que la région environnante conserve sa couleur verte. En même temps, il se fait peu à peu sur chaque entaille un changement considérable ; chaque endroit entaillé se relève et prend de plus en plus de convexité. Au bout de quelques jours, la file des entailles devient, comme une file de grains de chapelet faits en olive.

CHAPITRE XXVII

Histoire des Cigales.

131. Les cigales ne sont pas de ces insectes qui sont restés ignorés pendant une longue suite de siècles ; elles ne
sont pas de ceux qui n'ont pu être découverts que par des
observateurs curieux et attentifs ; elles ont été connues
il y a longtemps. La grosseur de celles qui sont les plus
communes les met à portée des yeux les moins accoutumés à s'arrêter sur de petits objets. D'ailleurs, elles sont
renommées pour leur chant. Cette espèce de chant ou de
bruit qu'elles font entendre vers le temps de la moisson,
et qui ne plaît pas toujours, les a fait chercher par ceux
mêmes qui se souciaient le moins de connaître les petits
animaux ; ils ont voulu savoir d'où venait un bruit qui les
importunait. Les pays chauds sont ceux où les cigales se
plaisent. Dans le royaume, je ne sache pas qu'on les con-
naisse ailleurs que dans la Provence et dans le Languedoc. Mais, comme on a partout ouï parler de leur chant,
dans plusieurs provinces où l'on ne trouve point de cigales, on en donne le nom à certaines espèces de sauterelles, soit ailées, soit non ailées, qui sont de grandes
chanteuses. Quelques-unes de ces provinces peuvent
pourtant avoir des cigales, mais qui n'y ont pas été observées parce qu'elles y sont rares. Il y a quelques années
que M. Duhamel en trouva près de Pithiviers en Beauce,

quelques-unes qu'il m'a données et qui sont de l'espèce
des plus grandes cigales de la Provence et du Languedoc.

Entre les mouches à corps court de ce pays, il n'y en
a aucune qui approche de la grandeur des cigales de
la grande espèce. Du bout antérieur de leur tête, qui est
presque coupé carrément et qui a autant de grosseur que

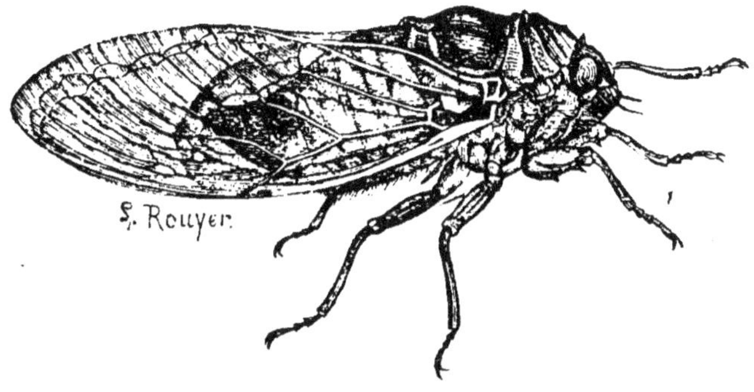

Fig. 21. — Cigale.

ce qui précède, part une partie triangulaire qui se replie
en dessous. C'est de l'extrémité de cette partie que sort une
trompe contenue dans un fourreau et appliquée contre
le dessous du corselet. Cette trompe nous apprend que
la cigale n'est pas faite, comme on l'a cru jadis, pour vivre uniquement de rosée. Les dentelures qu'on peut découvrir à deux des longues pièces dont elle est composée
prouvent qu'elle est capable de pénétrer dans des corps
durs. Le chant dont on a tant parlé suppose un grand
nombre d'organes qui n'ont pas été assez connus, ou, au
moins, qui n'ont pas été décrits. Ils n'ont été accordés
qu'aux seuls mâles; aussi les femelles sont-elles parfaitement muettes. Ces organes sont placés près de l'origine
du ventre, en dessous et sur les côtés. Deux espèces de
timbales, faites d'une membrane plus raide que le parchemin le plus sec et dont toute la convexité est remplie
de plis qui se touchent, deux timbales, dis-je, sont des-

tinées à rendre les sons; il y en a une placée de chaque
côté dans l'intérieur du .ventre. Quand l'air qu'elles ont
agité sort de la cellule de chaque timbale, il trouve une
voûte plate, un volet écailleux qui le réfléchit dans une
grande cavité où il est modifié et rendu plus sonore. Cette
cavité est divisée en deux par une espèce de cloison. Au
fond de chacune des parties formées par cette division,
est une membrane mince, si lisse, si tendue, si transparente et si brillante qu'elle paraît un miroir, et que le
nom lui en a été donné même par les enfants. Ne
sommes-nous point un peu humiliés, quand, après nous
être crus en tous points l'ouvrage par excellence du
Créateur, nous voyons que les parties qui ont été employées pour mettre le mâle d'une cigale en état de
se faire entendre par sa femelle le disputent aux organes de notre voix par leur nombre, par la singularité
de leur matière et de leur structure, et par l'art avec lequel elles sont disposées?

132. La femelle nous fait voir des merveilles d'un autre
genre. Elle peut pondre quatre à cinq cents œufs, et elle
sait les soins qu'ils demandent d'elle pour que les em-
bryons qui y sont contenus puissent éclore et puissent
parvenir à être un jour des cigales. Ces œufs doivent à
peine paraître au jour pendant un instant. Dès qu'ils sont
sortis du corps de la mère, ils doivent être logés dans l'intérieur de menues branches de bois sec et rempli de moelle.
Là, ils doivent être disposés par files, à l'abri de la pluie
et des injures de l'air. La circonstance d'un bois plein de
moelle était essentielle; la moelle est peut-être la première nourriture de l'insecte qui sort de chaque œuf. Les
mouches à scies font au bois vert des entailles auxquelles
elles confient des œufs qui peuvent et doivent être exposés aux impressions de l'air extérieur; pour faire ces
entailles, il leur fallait des scies et la nature en a donné

deux à chacune de ces mouches. Mais il ne suffisait pas à la mère cigale de fendre le bois, elle devait le percer, y creuser des trous. Aussi, a-t-elle été pourvue d'une tarière qui en peut creuser d'assez longs, car elle a plus de cinq lignes de longueur. Elle la porte à l'extrémité de l'abdomen, cachée dans une coulisse où elle est conservée par un double étui. Cette tarière n'est pas semblable à celles dont nous nous servons ; elle est un instrument double ; elle est composée de deux pièces qui peuvent jouer alternativement, mais sans s'écarter l'une de l'autre ; ces deux pièces se meuvent toujours parallèlement l'une à l'autre, et cela, parce qu'elles sont assemblées avec la plus grande précision, à coulisse et à languette, dans un support commun. Ce sont deux limes, dont chacune a près de sa pointe, et seulement sur le côté extérieur, des dentelures. Avec ces limes ou cette tarière, la cigale creuse un trou qui a toute la longueur de l'instrument et qui se dirige parallèlement à l'axe du brin de bois. Dès qu'il a atteint la moelle, elle y dépose sept à huit œufs à la file. Près de ce trou, elle en perce ensuite un second pour y placer à peu près le même nombre d'œufs, et, ainsi, elle remplit successivement plusieurs brins de bois des trous nécessaires pour loger sa ponte.

L'insecte sorti de chaque œuf, après avoir pris de l'accroissement, mais avant que d'avoir grossi à un point où l'entrée du trou se trouverait trop petite pour le laisser passer, quitte le lieu de sa naissance. Il est muni de jambes dont les deux premières sont de bons instruments pour fouiller la terre ; il s'y enfonce et se rend sur les racines de quelque arbre. Il a une trompe avec laquelle il tire de ces racines le suc qui le nourrit et le fait croître. Il reste ainsi caché sous terre jusques à ce qu'il soit en état d'en sortir pour subir la métamorphose qui le fait paraître ailé, qui le rend cigale.

CHAPITRE XXVIII

Histoire des Formica-leo.

133. Le formica-leo est un ver hexapode ou ver à six
pieds, et de ceux qui doivent se transformer en une mouche à quatre ailes. Son extérieur n'a rien qui puisse lui
attirer l'attention de ceux qui n'en donnent qu'aux objets
dont ils peuvent être frappés par le premier coup d'œil.
Sa couleur est une espèce de gris sale. Les six jambes qui
soutiennent le corps l'élèvent peu.

Le formica-leo ne peut se nourrir que du gibier qu'il
attrape ; mais il ne joindrait pas à la course les insectes
qui marchent le plus lentement. Ce n'est pas que sa marche soit d'une lenteur excessive ; c'est qu'il ne pourrait la
diriger vers ceux qu'il voudrait atteindre : il ne sait aller qu'à reculons. Cependant il parvient à se saisir des insectes les plus agiles, et cela au moyen de la ruse qui lui a
été apprise. Il sait disposer le lieu où il se fixe de manière
que le gibier y vient tomber entre ses cornes qui l'attendent [1]. Il se loge et se tient tranquille au fond d'un
trou fait en entonnoir ; il y est caché sous le sable, au
dessus duquel s'élèvent seulement ses deux cornes autant
écartées l'une de l'autre qu'elles le peuvent être. Mal-

---

1. Ces cornes sont les deux mandibules de l'insecte, dont la forme est
celle de deux crochets acérés, pourvus chacun d'un orifice communi-
quant avec la bouche et permettant la succion.

heur alors à tout insecte imprudent, à la fourmi, par
exemple, qui, cheminant, passe sur les bords d'un trou
dont le talus est roide et dont les parois sont toutes prêtes
à s'ébouler. Quelquefois elle tombe dans l'instant au fond
du précipice, dans la vraie fosse du lion. Sa chute n'est
pas toujours si précipitée; la fourmi, qui sent le danger,
tâche de se cramponner sur les grains de sable qui forment la pente; plusieurs cèdent sous ses pieds, mais, au
moyen de tentatives et d'efforts redoublés, elle en rencon-

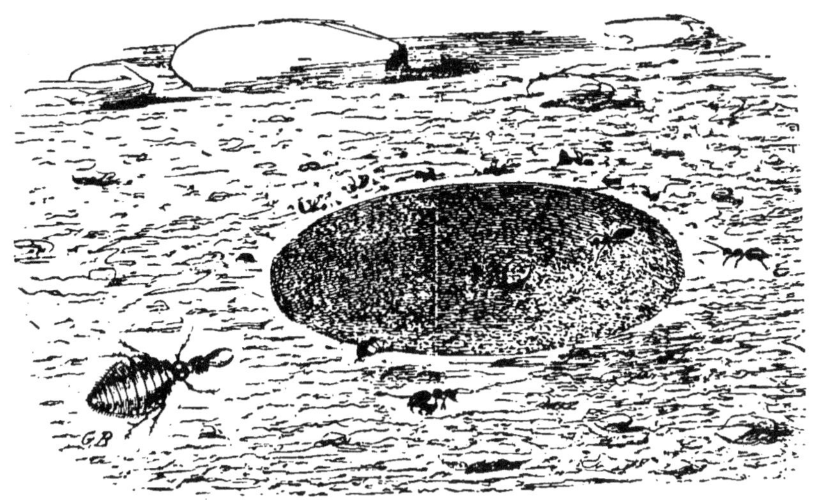

Fig. 22. — Entonnoir du Formica-leo.
(L'insecte tout entier est figuré à l'angle de la gravure.)

tre de moins mobiles, sur lesquels elle se retient ; souvent
même elle parvient à grimper vers le bord du trou. Le
formica-leo possède encore une ressource pour se rendre
maître de la proie qui lui échappe. C'est une des circonstances où il lui importait d'avoir une tête dont le dessus
fût plat et qu'il pût élever brusquement en haut, en l'inclinant d'un côté ou de l'autre. La sienne, qui alors est
cachée sous le sable, peut jeter en l'air celui qui la couvre, comme nous en jetterions avec une pelle. Au moyen
d'un coup de tête donné brusquement en haut, et dans la

direction convenable, il lance en l'air un jet de grains de sable. Cette pluie de sable tombe sur la misérable fourmi qui ne trouvait déjà que trop de difficulté à monter ; les petits-coups qu'elle reçoit d'un grand nombre de grains la poussent en bas. Elle n'en est pas quitte pour ces premiers coups ; le formica-leo ne tarde pas à ramener sa tête sous le sable ; le voilà donc en état de faire partir un nouveau jet. Plusieurs jets qui se succèdent produisent l'effet pour lequel le premier n'a pas toujours suffi ; la fourmi, malgré tous ses efforts, est précipitée au fond du trou : les deux cornes du formica-leo qui étaient ouvertes pour la recevoir lui saisissent le corps et le percent en se fermant.

Le formica-leo, maître de sa proie, la tire un peu sous le sable, l'y cache, au moins en partie, et l'y suce à son aise. Le repas est plus ou moins long, selon que la pièce de gibier est plus grosse ou plus petite. Une fourmi est souvent sucée en un demi-quart d'heure, et il y a telle mouche dodue, comme le sont les grosses mouches bleues de la viande, dont il ne vient à bout qu'en deux ou trois heures. Après en avoir tiré tout ce qu'elle a de succulent, la tenant faiblement entre ses cornes prêtes à s'ouvrir et à l'abandonner, il donne un coup de tête au moyen duquel il jette au-delà des bords de son trou un cadavre inutile.

134. Ce n'est que dans les terrains composés de grains fins et secs que les formica-leo peuvent dresser leurs pièges. Les grains des parois de chaque entonnoir doivent être toujours prêts à glisser ou à rouler pour peu qu'ils soient poussés en bas ; d'où il suit que la pluie peut non-seulement causer du dérangement dans la figure de ces trous mais que, de plus, elle les rend incapables de produire l'effet pour lequel ils sont faits, lorsqu'elle colle les uns contre les autres les grains de leurs parois. Les formica-

leo ne l'ignorent pas ; au moins, comme s'ils en étaient instruits, ils savent mettre leurs trous à couvert de la pluie C'est au pied des vieux murs, et dans les endroits les plus dégradés, qu'ils s'établissent par préférence. Les vides qu'y ont laissés des pierres consumées par la vétusté se trouvent au-dessous d'une espèce de voûte. Le terrain couvert par cette petite voûte rustique est ordinairement fait des débris de la pierre qui a été dissoute et réduite en une poudre très-propre à être creusée en entonnoir. Quelquefois les formica-leo font les trous où ils se tiennent au pied de quelqu'arbre dont le tronc gros, élevé et courbé, et au, moins, plein d'inégalités, vaut presqu'un mur pour donner de l'abri à nos insectes. Les bords escarpés et sablonneux de certains chemins où des espèces de voutes se trouvent creusées valent pour eux de vieux murs Quand donc on en veut avoir, c'est au pied des vieux murs, et surtout de ceux qui sont tournés au midi, qu'il est plus sûr de les chercher. Indépendamment de ce qu'ils n'y sont pas exposés à la pluie, ils ne peuvent choisir des lieux plus convenables pour se mettre à l'affût. Il n'en est point qui soient plus fréquentés des fourmis et des insectes de diverses espèces ; ils y sont attirés par la chaleur qui y règne lorsque le ciel est serein, et ils sont forcés de s'y refugier quant il survient quelque pluie forte. Ils marchent alors vers les embuscades et tombent dedans.

Chaque formica-leo ne passe pas sa vie dans le même trou ; mais il y demeure au moins plusieurs jours de suite. Plus il y a séjourné, et plus le diamètre de l'entrée est grand. Les grains qui en forment le bord s'éboulent lorsque quelqu'insecte passe dessus, et surtout lorsqu'il arrive à quelqu'un de tomber dans le précipice. Les mouvements mêmes que le formica-leo se donne au fond du trou occasionnent dans les parois des ébranlements qui, quoique légers, suffisent pour déterminer à rouler des

grains très-mobiles. Il ne leur donne pas le temps de
s'accumuler au fond du trou qu'ils éleveraient trop; il
charge sa tête de ceux qui y sont tombés et les jette dehors bien par delà le bord. Les mêmes éboulements qui
augmentent le diamètre de l'entrée du trou rendent la
pente de ce trou moins raide et, moins elle l'est, plus il
est facile à l'insecte qui a donné dans le piége de grimper en haut. Aussi, lorsque la pente est devenue trop
douce, le formica-leo prend le parti d'abandonner son
entonnoir pour en faire un nouveau. C'est un parti qu'il
prend encore quand il a passé plusieurs jours dans l'ancien sans y faire de capture. Il espère plus de fortune en
se plaçant ailleurs; il se met donc en marche; il parcourt
le terrain des environs pour examiner et choisir un lieu
favorable. Quand la course qu'il a faite est assez longue
à son gré, il s'enfonce entièrement sous le sable. C'est ordinairement pour y prendre un peu de repos et travailler
ensuite à son ouvrage essentiel, c'est-à-dire, à se faire un
entonnoir.

135. Pour donner à son entonnoir de justes proportions, pour creuser dans le sable un trou conique dont la
pente soit assez précipitée, il y a peut-être plus de façons de la part de notre insecte qu'on ne s'y attendrait,
et aucune n'est inutile. Il commence par tracer l'enceinte,
c'est-à-dire, par faire un fossé qui entoure un espace
circulaire. Cet espace est plus ou moins grand, selon que
le formica-leo veut donner plus ou moins de diamètre à
l'entrée de l'entonnoir, et plus ou moins grand encore
selon que le formica-leo est plus vieux ou plus jeune. Les
très-jeunes ne font que de très-petits entonnoirs; ils
n'entreprennent que des ouvrages proportionnés à leur
force et ne cherchent pas à tendre un piége à de gros
insectes. Ceux qui ne font presque que de naître ne donnent quelquefois à la plus grande ouverture des leurs

qu'une ligne ou deux de diamètre, et ceux qui sont près d'avoir pris tout leur accroissement habitent quelquefois dans des trous dont le diamètre d'entrée a plus de trois pouces. Les entonnoirs où d'autres se tiennent ont des grandeurs moyennes; on en voit communément dont le diamètre d'ouverture est d'un pouce et de quelques lignes de plus ou de quelques lignes de moins.

La profondeur des entonnoirs nouvellement faits a environ les trois quarts du diamètre de la grande ouverture. Pour venir à bout de son travail, l'insecte a bien des pas à faire. S'il restait dans une même place, il ne réussirait pas à donner à l'entonnoir qu'il se propose de creuser la rondeur et la régularité convenables. Quand il s'est déterminé à travailler sérieusement, il se met donc en marche; mais ce n'est pas pour aller sur une ligne droite, c'est pour en suivre une du même genre que celle que parcourent les chevaux qui font tourner une meule Il veut et doit suivre en marchant la circonférence intérieure de l'enceinte, comme s'il avait à tracer un second fossé concentrique au premier. Dès qu'il a fait un pas, il s'arrête pour charger sa tête de sable; elle n'est pas plus tôt chargée qu'il l'élève brusquement, et jette ainsi le sable qui la couvrait par-delà la circonférence de l'enceinte. Il se sert de celle de ses jambes de la première paire qui est du côté de l'intérieur comme d'une main pour pousser sur sa tête le sable qui est du même côté. Les mouvements de cette jambe sont extrêmement prompts et se succèdent sans intervalle; aussi la tête a-t-elle bientôt sa charge. L'ouvrier occupé à creuser un fossé ne jette pas plus sûrement hors de ses bords, et pas si vîte, la terre que sa bêche a coupée. que la tête du formica-leo jètte hors de l'enceinte le sable dont elle a été couverte. La tête est ainsi chargée deux ou trois fois de suite dans le même lieu, et deux ou trois fois elle lance une pluie de sable. Le formica-leo fait ensuite en arrière un nouveau pas, au bout duquel il s'arrête et se sert encore de sa même jambe comme d'une main pour couvrir sa tête de sable qui est encore jeté par celle-ci comme par une pelle. Après une suite de pas, il se retrouve presque au même lieu d'où il était parti ; il a parcouru un cercle. Il continue alors de marcher pour en parcourir un second plus proche du centre, ou, plus exactement, il décrit dans sa route une spirale.

Cependant la jambe qui fait l'office de main pour charger la tête de sable, et qui le fait avec tant d'agilité, ne peut manquer de se fatiguer. Quand elle a agi assez long-temps, le formica-leo la laisse reposer et se détermine à se servir pour le même usage de l'autre jambe de la même paire ; mais, pour la faire travailler, il faut qu'elle se trouve placée, comme l'était la première, vers l'intérieur du trou, ce qui demande que le formica-leo se retourne bout pour bout, et qu'il décrive ensuite des cercles dans un sens contraire à celui où il en décrivait auparavant. Pour se retourner, il n'aurait qu'à pirouetter sur lui-même ; mais cette manœuvre n'est pas apparemment pour lui la plus aisée, car alors il en fait une autre. Il traverse le cône formé du sable qui reste à enlever et passe de l'endroit où il est à l'endroit opposé diamétralement. Quand il y est rendu, il se remet en marche ; la jambe qui, auparavant, était la plus proche de l'enceinte exté- rieure est alors la plus proche de l'axe de l'entonnoir, et c'est alors à elle à-charger la tête de sable.

136. Quelquefois le formica-leo achève son entonnoir tout de suite et en vient à bout en moins d'une demi-heure, ou même d'un quart d'heure ; quelquefois il le fait à bien des reprises. Il prend alors des intervalles de repos, tantôt plus courts et tantôt plus longs ; il se tient quel-quefois tranquille pendant des heures entières, et cela apparemment selon qu'il est plus ou moins pressé par la

faim. On ne peut guère attribuer qu'à ce besoin la diligence avec laquelle il y en a qui expédient leur ouvrage, pendant que d'autres restent dans l'inaction. Lorsque les rayons du soleil brillent, et surtout s'ils tombent sur le sable où ces insectes sont logés, ils ont peine à se déterminer à travailler ; mais, lorsque le temps est couvert et chaud, toutes les heures sont pour eux propres au travail.

Parmi les grains du sable ordinaire, il se trouve de gros grains de gravier, de petites pierres ; d'un autre côté, le formica-leo qui façonne un trou dans une terre pulvérisée rencontre souvent des grumeaux de terre dure d'un tel poids qu'il ne pourrait se promettre de les lancer en l'air avec sa tête par-delà le bord du trou commencé. Il se détermine alors à porter la masse incommode où il ne la peut jeter. Il fait passer dessous le bout de son corps, il la conduit vers le milieu de son dos et l'y met en équilibre. Mais le difficile est de la conserver dans cet équilibre pendant le transport, en montant à reculons le long d'une pente déja escarpée. De moment en moment la charge est prête à tomber, soit à droite, soit à gauche ; enfin, malgré tous les efforts de l'insecte, et malgré tout son savoir en tours d'équilibre, elle lui échappe quelquefois et roule dans le fond du précipice. Il a le courage d'aller l'y rechercher et de faire de nouveaux essais de son adresse et de sa force. Il donne ainsi de grandes preuves de patience, lorsqu'il retourne à cinq ou six reprises se charger d'un fardeau qui lui a échappé autant de fois : le formica-leo semble alors condamné au supplice du criminel Sisyphe.

137. Quand le formica-leo a fini son trou, il ne lui faut plus que de la patience ; mais il a besoin d'en avoir beaucoup. Ayant son corps caché sous le sable et avancé quelque part en dessous des parois de l'entonnoir, il tient

ses deux cornes ouvertes et un peu élevées au-dessus du fond ; le centre de celui-ci se trouve à peu près au milieu de l'espace qui est entr'elles. Il attend quelquefois plusieurs jours de suite le moment où un insecte tombe dans le précipice qu'il lui a préparé. Ce n'était pas assez que le formica-leo fût doué d'une grande patience ; il fallait qu'il fût capable de soutenir un très-long jeûne, et il en soutient souvent un plus long qu'on ne l'imaginerait. On garde, au printemps, et même en été, de ces insectes plusieurs mois de suite dans des boîtes fermées, sans qu'ils y meurent de faim. Souvent, néanmoins, ils ne sont pas exposés à un jeûne trop rigoureux. Comme ils savent placer leur entonnoir dans des lieux fréquentés par les insectes, il y a toujours quelques-uns de ceux-ci qui par imprudence donnent dans le piége. D'ailleurs, ils ne sont pas difficiles sur le choix du gibier ; les insectes, de quelque genre qu'ils soient, leur sont bons dès qu'ils peuvent s'en rendre maîtres. Les fourmis sont de ceux dont ils attrapent le plus ; ils prennent aussi assez souvent des cloportes. De petites chenilles, des araignées sont pour eux des mets plus rares mais dont ils peuvent se régaler quelquefois. De très-petits moucherons qui marchent volontiers sur le sable et qui volent assez mal leur fournissent un fonds d'aliments plus sûr que les gros insectes. Des mouches et des papillons sont quelquefois pris par les formica-leo avant qu'ils aient pu faire usage de leurs ailes pour s'échapper. Mais on les régale bien quand on jette dans leur trou une mouche bien ventrue à qui l'on a arraché les ailes. Enfin, ils prouvent que tous les insectes leur conviennent, et, au moins, qu'ils ne connaissent pas la pitié, en n'épargnant pas même ceux de leur espèce. Le formica-leo est lion pour le formica-leo même : quand on en jette un dans le trou d'un autre, ou s'il y en a un qui y tombe par mégarde, il est traité avec autant de barbarie que le serait un insecte de tout autre genre.

138. Quand un insecte est tombé entre les deux cornes
redoutables, et qu'elles ont pu le serrer, c'est fait de lui,
quoiqu'il soit même supérieur en force au formica-leo.
Les mouvements qu'il se donne pour lui échapper sont
inutiles : le formica-leo, caché et cramponné par son extrémité sous le sable, tient bon contre des efforts qui
l'entraineraient s'il en était dehors. Pour mettre l'insecte
vigoureux qui est devenu sa proie dans l'impuissance de
continuer trop longtemps ses efforts, et pour les rendre
plus faibles, il travaille à l'étourdir en le secouant très-
rudement et en battant son corps contre le sable. Un jour,
j'arrachai les quatre ailes à une abeille, sans lui faire
d'autre mal, et en prenant toutes les précautions nécessaires pour l'empêcher de perdre son aiguillon. Pendant
que rien ne lui manquait de sa vigueur naturelle et que
le traitement que je lui avais fait la mettait en fureur, je
la jetai dans l'entonnoir d'un formica-leo qui, dans le
moment, lui saisit le corps du côté du dos, tout près de sa
jonction avec le corselet. L'abeille ainsi posée ne pouvait
faire usage de son arme contre son ennemi, mais elle
faisait les plus grands efforts pour lui échapper. Pour la
mettre plus tôt dans l'impuissance de les continuer, d'instant en instant, le formica-leo la secouait le plus rudement
qu'il lui était possible ; après l'avoir élevée sans l'abandonner, il la faisait retomber avec une grande vitesse, il
la frappait contre le sable. L'abeille tint bon pendant plus
d'un gros quart d'heure ; mais, enfin, le formica-leo qui,
pendant qu'il battait le corps de cette mouche contre le
sable, ne laissait pas de le sucer un peu, la mit hors d'é-
tat de s'agiter et acheva de la sucer à son aise.

Loin que la résistance que leur fait leur proie les en
dégoûte, cette résistance a pour eux un attrait : ils sem
blent si sensibles au plaisir de remporter une victoire
qu'ils dédaignent l'insecte qui n'est pas au moins un peu
en état de la leur disputer. Quelque succulent que soit

celui qui tombe dans leur trou, et bien qu'il soit de ceux qui sont le plus à leur goût, ils n'y touchent pas s'il est mort, ne fût-ce que depuis un instant ; bientôt ils le jettent dehors comme une ordure. Quelquefois ils sucent pendant plus de trois heures une mouche à qui ils ont ôté la vie. Une mouche de la même espèce, que je ne venais que de tuer, a été offerte successivement à plus de vingt formica-leo qui tous l'ont méprisée.

Je rapporterai encore un fait qui prouve que, comme nos chasseurs, ils sont quelquefois sensibles au cruel plaisir de tuer plus pour faire preuve d'adresse ou de force que pour apaiser leur faim. Pendant qu'un formica-leo était occupé à sucer le corps d'une mouche qui pouvait lui fournir de quoi se rassasier pour plusieurs jours, j'ai jeté dans son trou une autre mouche à qui les ailes avaient été ôtées. Quand elle y est restée pendant quelques instants, le formica-leo s'est souvent déterminé à abandonner celle dont il avait encore peu tiré, à la lancer hors du trou, pour attraper la mouche pleine de vie. Il y a pourtant des temps où ils négligent de s'emparer des insectes qui tombent dans leur trou ; ces temps d'indolence sont apparemment ceux où ils n'ont aucun reste de faim.

139. Les formica-leo naissent en été ou en automne, et l'année où ils naissent n'est pas celle où ils se transforment ; j'ignore même s'ils n'ont pas tous à vivre deux ans avant que de se métamorphoser. Quoi qu'il en soit, quand le temps approche où l'un de ces insectes doit changer de forme, si la place où est son trou lui paraît bonne, il se contente de s'enfoncer plus avant sous le sable ; il n'a plus besoin alors de laisser paraître ses cornes. Si le lieu où il se trouve n'est pas à son gré, il en cherche un meilleur, et trace de longs et tortueux sillons dans le sable. Il s'enfonce et se cache enfin dans l'endroit pour lequel

il s'est déterminé ; c'est là qu'il va travailler à se faire un logement, une coque.

Lorsqu'au mois de juillet ou d'août on cherche au fond des vieux entonnoirs, ou qu'on remue le sable qu'on sait avoir été habité par ces insectes, on y rencontre souvent de leurs coques. La première fois qu'on en découvre une, on croit avoir trouvé une boule de sable ou de terre fine, une boule faite des grains du terrain dans lequel on a fouillé. Chaque boule est une coque ; son extérieur est fait de grains bien arrangés, et qui tiennent ensemble par de faibles liens de soie très-fins. Si on l'ouvre avec des ciseaux, les parois de sa cavité paraissent bien éloignées d'avoir le grainé de la surface extérieure. Le plus beau satin blanc n'a pas un luisant, un lisse égal au leur ; aussi, le satin n'est-il pas fait d'une soie si fine ni si artistement mise en œuvre. L'intérieur de cette boule est alors occupé par la nymphe qui est courbée en arc. On y trouve aussi la dépouille que l'insecte a quittée, celle qui lui donnait auparavant la forme de formica-leo. Après que l'insecte a passé environ trois semaines dans sa coque, dans une parfaite tranquillité, les ailes ne demandent plus qu'à être tirées des fourreaux qui les tiennent plissées pour être propres à soutenir le petit animal en l'air, et les jambes n'ont qu'à sortir des leurs pour être en état de le porter sur terre. L'insecte se défait alors d'une dépouille mince et blanche ; il devient une mouche munie de dents dont elle ne tarde pas à faire usage pour briser une partie des fils qui tapissent sa coque et une partie de ceux qui lient des grains de sable, en un mot, pour percer une porte par laquelle elle sort.

La mouche qui provient du formica-leo a été mise au rang des *demoiselles*; mais elle est d'un genre différent de celui des demoiselles qui aiment à voler le long des rivières. Quoiqu'elle ait des ailes plus longues que son corps, et qui ont même plus d'ampleur que celles des de-

moiselles les plus communes, son vol le cède beaucoup
en agilité au vol de ces dernières ; il a quelque chose de
pesant. Aussi, ne se soutient-elle pas en l'air purement
pour s'y soutenir, comme les autres le semblent faire ; on
ne l'y voit que rarement, même dans les pays où il y a le
plus de formica-leo. Lorsqu'elle marche, elle porte les
ailes en toit au dessus du corps. Ces ailes sont d'une
espèce de gaze presque blanche ; six ou·sept petites taches brunes sont semées sur chacune des supérieures, et
trois ou quatre seulement sur chacune des inférieures.

CHAPITRE XXIX

Histoire des Abeilles.

140. Le gouvernement des abeilles a été proposé comme le parfait modèle d'un gouvernement monarchique. Si nous cherchons en quoi il consiste, quels en sont les principes, nous nous trouvons obligés de reconnaître que les abeilles se conduisent, par rapport au bien de leur société, comme si l'unique motif de leurs actions était celui qui fait agir les plus grands hommes et les plus vertueux : elles ne semblent travailler que pour leur postérité ; leurs avantages particuliers ne paraissent entrer pour rien dans tout ce qu'elles font.

Dans chaque ruche, il y a, en certains temps de l'année, trois sortes de mouches, et, dans les autres temps, seulement deux sortes : des abeilles sans sexe, des abeilles mâles et, enfin, des abeilles femelles. Les premières sont celles que tout le monde connaît ; leur nombre est sans comparaison plus grand que celui des autres. Elles sont uniquement nées pour le travail ; tout celui de la ruche roule sur elles ; aussi, les nommons-nous les *ouvrières*. Ce n'est ordinairement que pendant un ou deux mois qu'on peut voir des mâles dans une ruche ; dans celle qui en est le plus peuplée, il n'y en a pas autant de centaines qu'il y a de milliers d'ouvrières ; ils sont plus gros que celles-ci. Pendant le cours de chaque année, si l'on en excepte peu de jours, on ne peut trouver dans chaque ruche qu'une seule femelle, mais qui est capable de multiplier son petit peuple au point que l'habitation où il est né ne suffise plus pour le contenir. Sa fécondité est prodigieuse. Telle femelle peut, dans un an, devenir mère de trente à quarante mille mouches et, peut-être, de beaucoup plus. C'est à elle seule que doivent le jour toutes les ouvrières, les mâles et le petit nombre de femelles qui naissent par la suite dans la ruche. Cette mère reste

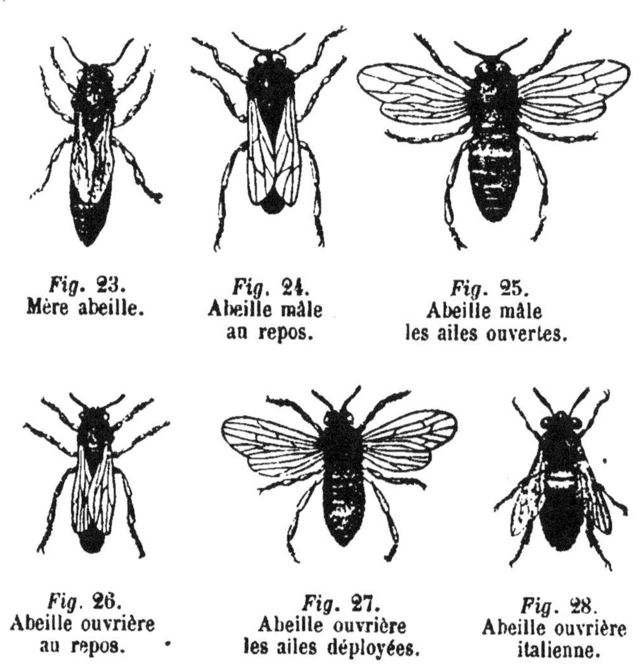

Fig. 23.
Mère abeille.

Fig. 24.
Abeille mâle
au repos.

Fig. 25.
Abeille mâle
les ailes ouvertes.

Fig. 26.
Abeille ouvrière
au repos.

Fig. 27.
Abeille ouvrière
les ailes déployées.

Fig. 28.
Abeille ouvrière
italienne.

presque toujours dans l'intérieur du logement ; elle est aisée à reconnaître quand elle se montre, surtout par la longueur de son corps ; elle est plus longue que les mâles, quoiqu'elle soit moins grosse ; d'ailleurs, ses ailes sont courtes en comparaison de celles des mâles et de celles des ouvrières.

C'est cette mère que les anciens ont appelée *le roi des Abeilles*, et qui est digne d'en être nommée *la reine*. On ne nous en a pas imposé quand on nous a parlé du respect que les autres mouches semblent avoir pour elle. Nous savons, par un très-grand nombre d'expériences et d'observations sûres, que les abeilles ordinaires font plus que de la respecter, qu'elles cherchent continuellement à lui être utiles, à lui rendre les meilleurs offices; que sans cesse elles lui offrent du miel, elles la lèchent, elles la brossent; que, quelque part où elle aille, quelques-unes lui font cortége; enfin, que la vie de toutes leurs compagnes n'est rien pour elles en comparaison de celle de la mère. Elle semble être l'âme de toutes leurs actions. Lorsque j'ai partagé un essaim en deux ruches, les mouches de l'une, où elles étaient en plus grand nombre, mais sans mère, n'ont pas daigné faire le moindre travail; à peine ont-elles songé à vivre au jour le jour ; elles se sont laissées périr, pendant que celles qui étaient dans une autre ruche avec la mère y ont travaillé, quoiqu'elles y fussent en très-petit nombre. Enfin, dès qu'on a ôté la reine à des abeilles qui s'occupaient sans relâche, du matin au soir, à faire des récoltes de cire et de miel, elles ne semblent plus savoir que les plantes leur offrent des richesses nécessaires. A peine sortent-elles de leur ruche, et elles y retournent sans y rien apporter. Tout travail cesse dans l'intérieur : on n'y construit pas une seule cellule; on n'y achève aucune de celles qui étaient commencées. Qu'on redonne une mère à des abeilles tombées dans une inaction complète pour avoir été privées de la leur, dans le moment on leur rend l'activité et l'ardeur pour l'ouvrage; les travaux de toutes espèces sont repris. Non-seulement les abeilles sont laborieuses quand elles ont parmi elles une mère féconde, mais elles le sont proportionnellement à sa fécondité. Quoiqu'elles ne contribuent en rien à la génération, quoiqu'elles ne soient destinées qu'à être les nourrices des vers qui éclosent des œufs pondus par la reine, l'Auteur de la nature a voulu qu'elles s'intéressassent pour ces vers qui, avec le temps, doivent devenir des abeilles autant que si elles en étaient les véritables mères. C'est la seule espérance de voir naître beaucoup d'abeilles qui les détermine à multiplier le nombre des gâteaux de cire et à y mettre des provisions de miel. Dès que cette espérance leur est ôtée, dès que leurs travaux ne peuvent être utiles à leur postérité, le soin de leur propre vie ne les touche plus, elles se mettent en risque évident de périr de faim. Elles ne ramassent plus de miel, quand celui qu'elles recueilleront ne servirait qu'à les faire vivre.

141. Arrêtons-nous d'abord à considérer les parties extérieures des abeilles, dont la plupart peuvent être regardées comme des instruments qu'il est essentiel de connaître pour entendre comment elles viennent à bout de faire leurs récoltes et d'exécuter des ouvrages si singuliers. Elles sont de la classe des mouches qui ont une trompe et des dents. La structure de leur trompe est tout-à-fait particulière. Nous nous contenterons de dire que l'abeille la tient ordinairement pliée en deux et comme roulée, mais que, quand elle veut, elle la déplie et l'allonge. C'est avec sa trompe qu'elle enlève aux fleurs une liqueur miellée que la nature a mise en réserve dans certaines glandes, connues à présent par les botanistes, mais qui l'ont été de tout temps par nos mouches. Sans avoir étudié la structure des fleurs, on a vu cent et cent fois, dans celle d'un lis, des filets jaunes, dans celle d'une tulipe, des filets bruns, et l'on sait que les premiers laissent sur les doigts une poudre jaune, et les autres une poudre brune. Ces filets sont des étamines, et leurs poudres, les poussières des étamines. Chaque grain de ces poussières a une figure constante dans chaque espèce de plante. Ce sont assez généralement des boules, quelquefois bien sphériques, quelquefois plus ou moins allongées. Ces poussières sont précieuses pour les abeilles. Une abeille qui est sortie

de sa ruche pour aller en ramasser entre dans la fleur
dont les étamines lui ont paru le plus chargées de ces
poussières, et de poussières qui y tiennent moins. Nous
n'avons pas dit encore que la partie antérieure de l'insecte, son corselet, ses jambes et plusieurs endroits de
son corps sont chargés de poils dont la plupart ont une
forme qui mérite d'être vue au microscope. Chaque poil
ressemble à une tige de plante à qui des feuilles sont attachées de deux côtés opposés. Ces poils sont pour les
abeilles ce que les toisons sont pour ceux qui ramassent les
paillettes d'or des rivières. L'abeille devient bientôt toute
poudrée d'une poudre jaune, blanchâtre, etc., qui n'est
autre chose que la poussière des étamines de la fleur dans
laquelle elle s'est promenée. Les poils branchus arrêtent
les poussières. La mouche se sait couvrir de cette poudre,
et sait la ramasser. La pénultième partie de chacune de
ses jambes est faite en brosse. Elle passe sur son corps les
unes ou les autres de ces brosses, et toutes ordinairement
les unes après les autres. Les brosses retiennent les poussières un peu humides qu'elles ont enlevées; l'abeille les
rassemble ensuite et les réunit en deux petits tas. La nature, ou, plutôt, son auteur qui a pourvu à tout, a ménagé
une cavité dans la face extérieure de la troisième des parties de chaque jambe de la dernière paire. Cette cavité est
bordée de gros poils, au moyen desquels elle est une espèce de corbeille propre à conserver ce qui lui est confié.
C'est dans cette cavité que les jambes de la seconde paire
portent les poussières des étamines, qu'elles en font un
petit tas, une masse solide, en les pressant les unes contre les autres.

L'abeille passe d'une fleur à une autre pour y continuer
sa récolte ; elle parvient à rendre la provision portée par
chacune de ses deux jambes égale à un grain de poivre,
et d'une figure un peu plus aplatie. Assez chargée de ces
deux petites pelotes, elle part alors et les porte à la ruche.

Pour faire sa récolte il ne lui suffit pas toujours de se promener de fleur en fleur. Les poussières des étamines ne sont pas toujours prêtes à tomber. Avant que d'être, pour ainsi dire, à maturité, elles sont renfermées dans des espèces de capsules (les anthères), et elles ne paraissent au jour que quand ces capsules s'ouvrent. L'abeille n'ignore pas que la matière dont elle a besoin est renfermée dans ces petites boîtes. Elle saisit donc entre ses dents successivement plusieurs de ces capsules ; quand celle qu'elle tâte lui paraît propre à être entr'ouverte, elle la presse et l'oblige à laisser paraître ses poussières ; les deux premières jambes viennent les prendre ; elles les donnent aux deux suivantes qui les portent aux deux dernières.

142. Faisons connaître maintenant l'appareil avec lequel a été fait cet aiguillon redoutable dont les abeilles sont armées et qu'elles portent à l'extrémité postérieure du corps. Ce qu'on appelle vulgairement l'*aiguillon* est une pointe écailleuse extrêmement fine et qui cependant n'est que l'étui de deux aiguillons, de deux dards beaucoup plus fins. L'un et l'autre sont dentelés sur leur côté extérieur et près de leur pointe. Les blessures faites par deux armes si déliées seraient peu à craindre pour nous ; mais l'abeille les empoisonne et les rend par là très-douloureuses. Dans l'intérieur de son corps, près de la base de l'aiguillon, elle a une vessie pleine d'une liqueur très-transparente mais caustique. Une gouttelette de cette liqueur, quelque petite qu'elle soit, fait naître de la chaleur sur l'endroit de la langue où elle a été appliquée. Quand, pour mieux éprouver l'effet de cette liqueur, je me suis fait deux piqûres légères avec la pointe d'une petite épingle, j'ai rendu très-cuisante celle de ces blessures dans laquelle j'ai introduit un peu de la liqueur venimeuse de l'abeille. Un canal la porte dans l'étui des dards, au bout duquel on en voit paraître des gouttes successivement, toutes les fois

qu'on tient une abeille gênée entre ses doigts. Elle fait alors des tentatives inutiles pour piquer, et, comme si elle piquait, elle oblige de la liqueur venimeuse à sortir.

Nous aimerions mieux assurément que les abeilles fussent dépourvues de cette arme; mais elle leur était nécessaire. Les fruits de leurs travaux, leur cire et leur miel, excitent les désirs de beaucoup d'insectes avides et paresseux, contre lesquels elles ont à les défendre. Elles ont à se défendre elles-mêmes contre d'autres insectes voraces qui les mangent plus volontiers que leur cire et leur miel. Enfin, il vient un temps où elles nous doivent paraître extrêmement barbares, où, du matin au soir, elles ne s'occupent chez elles que de carnage; et c'est dans ce temps sutout que leur aiguillon leur est nécessaire. Les mâles sont inutiles et même nuisibles dans la ruche après que la mère a été fécondée. Les ouvrières, qui avaient été leurs nourrices lorsqu'ils avaient la forme de ver, qui, depuis leur dernière transformation, avaient vécu avec eux en parfaite intelligence, leur déclarent la plus cruelle guerre, lorsqu'ils ne feraient que consumer les provisions de la ruche sans y être bons à rien; elles les massacrent. Au bout de deux ou trois jours, il y en a quelquefois plus de mille de tués, et il n'en reste pas un seul dans la ruche. Les raisons que les abeilles ouvrières pourraient alléguer pour leur justification nous sont peu connues; nous ignorons sur quels titres est fondé leur droit de vie et de mort sur les mâles : il leur a été accordé par la nature qui les a mises en état de l'exercer. Les *faux-bourdons* ou mâles sont plus gros que les abeilles, mais ils n'ont pas été armés d'un aiguillon; celui qu'ont les abeilles ordinaires leur donne une grande supériorité sur eux.

Assez souvent des querelles s'élèvent entre les abeilles ouvrières d'une même ruche; assez souvent on en peut voir deux aux prises, qui, posées ou, plutôt, couchées sur terre, font l'une contre l'autre tout ce que pourraient

faire deux adroits et courageux lutteurs. Elles cherchent
réciproquement à se piquer ; mais leurs corps sont si bien
cuirassés qu'il est difficile à l'une et à l'autre de trouver
un endroit où elle puisse faire pénétrer son aiguillon dans
le corps de son adversaire. C'en est bientôt fait de celle
qui a été piquée ; la victorieuse la laisse bientôt expirante
sur la poussière. Quelquefois trois à quatre abeilles en
attaquent une seule sans en vouloir à sa vie ; elles cessent de lui porter des coups dès qu'elle a allongé sa trompe,
et qu'elle a dégorgé du miel que les attaquantes vont sucer tour à tour. C'est à ce miel qu'elles en voulaient.

Outre les actions particulières dont nous venons de parler, il y en a de générales Quand les mouches d'un essaim
ont choisi inconsidérément pour se loger une ruche déjà
habitée par d'autres mouches, à peine s'y sont-elles introduites qu'un combat meurtrier commence. Celles qui ont
le droit de la possession s'opposent à l'invasion avec tout
leur courage et toutes leurs forces. D'instant en instant,
on voit sortir de la ruche une mouche victorieuse qui en
emporte une morte ou une qui n'a plus qu'un reste de
vie qui lui est bientôt ôté. Ces batailles ne finissent qu'avec
le jour et coûtent souvent la vie à plusieurs milliers de
mouches. Une abeille qui laisse son aiguillon dans l'endroit où elle a piqué, et il arrive assez souvent qu'elle l'y
laisse, se fait à elle-même une blessure mortelle ; ainsi la
vie de celle qui pique est toujours en risque. La mère est
armée d'un aiguillon plus grand que celui des autres
mouches ; mais, comme il importait qu'une vie aussi pré-
cieuse que celle de la reine ne fût pas aussi souvent exposée que celle des abeilles ordinaires, elle est née avec
un naturel plus pacifique. On peut la tenir entre les doigts
sans qu'elle cherche à piquer. Remarquons en passant
les différences qui sont entre quelques-unes des parties
extérieures des trois sortes de mouches, et qui devaient y
être. Les parties nécessaires, par exemple, pour ramasser

les poussières et pour façonner la cire étaient inutiles à la mère et aux mâles sur qui aucun travail ne roule, et ils en sont privés.

143. Examinons maintenant les abeilles occupées dans l'intérieur de leur ruche à leurs différents travaux. Leurs gâteaux de cire sont, de tous leurs ouvrages, les plus dignes de notre attention et les plus sûrs de se l'attirer. L'admiration croît pour eux à mesure qu'on les examine, je dois dire à mesure qu'on les étudie ; car, sans le progrès de l'analyse, et sans celui qu'elle a fait faire à la géométrie dans ces derniers temps, nous ne serions pas en état de savoir à quel point ils méritent d'être admirés. Chaque gâteau est composé de deux rangs de cellules ou de tubes hexagones. Sur une de ses faces se trouvent les ouvertures de toutes les cellules d'un rang, et, sur la face opposée, les ouvertures des cellules de l'autre rang. Pappus[1], célèbre parmi les géomètres anciens, qui connaissait les avantages des cellules de figure hexagone, qui savait que, de toutes les cellules de capacité égale qui peuvent être ajustées les unes contre les autres, sans laisser de vides entre elles, les hexagones sont celles qui peuvent être faites avec moins de matière, Pappus, dis-je, a regardé les abeilles comme de grands géomètres. Mais il eût eu une bien plus haute idée de leur géométrie, s'il eût su que la construction du fond de chacune de ces cellules semblait supposer qu'elles avaient résolu un problème dont la solution n'aurait pu être trouvée par les géomètres de son temps ; une solution à laquelle on ne peut arriver que par l'analyse des infiniment petits. Celui au moins qui les a si bien instruites a résolu pour elles le problème dont nous voulons parler et que nous allons exposer. Le fond de chaque cellule n'est pas plat ; il est pyramidal et

____

1. Pappus, mathématicien grec, d'Alexandrie, contemporain de l'empereur Théodose.

formé par trois petits lozanges ou rhombes de cire semblables et égaux. Cette figure pyramidale permet aux
fonds des cellules des deux faces opposées de s'ajuster les
uns contre les autres aussi exactement que les corps des
cellules s'ajustent, c'est-à-dire, sans laisser de vide. Mais
les abeilles avaient à choisir entre une infinité de rhombes différents qui peuvent former des pyramides plus écra-
sées ou plus allongées, et également propres à s'appliquer
les unes contre les autres sans laisser de vide. Les rhombes pour lesquels elles se sont déterminées ont deux angles opposés, chacun d'environ 110 degrés, et les deux autres, chacun d'environ 70 degrés. Quelles sont les raisons
de la préférence donnée à ces rhombes? J'ai soupçonné
que l'épargne de la cire en pouvait être une, et j'ai proposé à un habile géomètre de déterminer, entre les cellules hexagones de même capacité et à fond pyramidal
composé de trois rhombes égaux et semblables, quels doivent être les angles des rhombes au moyen desquels la
quantité de matière employée serait la plus petite qu'il
est possible. Il a trouvé que les rhombes demandés sont
précisément ceux que les abeilles ont choisis.

144. L'habitation des abeilles, leur ruche doit être très-
close. Pour toutes ouvertures, elle ne doit avoir que celles
qui leur permettent d'entrer et de sortir librement. Celles
par où d'autres insectes pourraient s'introduire trop aisément, les fentes par où l'eau et le vent pourraient passer
auraient des suites à craindre. Les abeilles le savent; au
moins, elles savent boucher toutes ces ouvertures et ces
fentes; elles savent même que la cire n'est pas la matière
la plus propre à y être employée. Elles connaissent une
espèce de résine qu'elles trouvent toute faite sur certains
arbres et qui a plus de tenacité que la cire; elles vont
s'en charger, elles l'apportent sur leurs jambes postérieures en petites pelottes. Dès qu'une de celles qui s'en sont

chargées est entrée dans la ruche, plusieurs de ses compagnes se rendent successivement auprès d'elle ; chacune prend une petite masse, un petit grain de la résine entre ses dents et va sur-le-champ le poser dans l'endroit qui a besoin d'être bouché. Les abeilles se servent aussi de la même matière pour enduire la plus grande partie des parois de leur ruche. Cette résine a une odeur aromatique assez agréable. Nous lui conservons le nom de *propolis* qui lui a été donné par les anciens.

145. Quelque grand que soit le nombre des ouvrières qui naissent dans une ruche pendant le cours de l'année, elles doivent toutes le jour à une même mère, à cette reine que les anciens avaient chargée de tous les détails du gouvernement, et qui a assez affaire d'avoir tant d'œufs à pondre. On n'est plus surpris qu'il y en ait telle qui, dans une année, suffise à donner naissance à vingt mille, à trente mille, ou même à quarante mille mouches, lorsqu'on a ouvert le corps de quelqu'une qui était en pleine

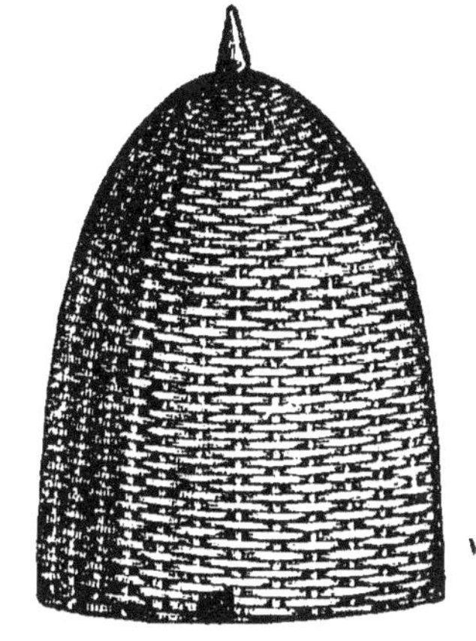

Fig. 29. — Ruche d'abeilles.

ponte : on le lui trouve alors tout rempli d'œufs ; on en peut compter environ cinq mille actuellement sensibles. Pour ce qui est des abeilles ouvrières, en quelque saison de l'année qu'on ouvre leur corps, on ne saurait parvenir à y découvrir ni œufs, ni vaisseaux propres à les contenir. Aussi ne contribuent-elles en rien à l'œuvre de la génération.

A certaines époques, on peut surprendre la mère abeille occupée à pondre. Elle fait entrer l'extrémité de son abdomen dans une cellule vide, au fond de laquelle elle laisse un œuf. Elle en sort bientôt pour aller presque tout de suite en pondre un autre dans une cellule voisine. Elle est toujours accompagnée de quelques mouches qui, chaque fois qu'elle sort d'une cellule, ne manquent pas de lécher les derniers anneaux de son corps. Nous venons de dire qu'elle ne donne pas seulement naissance à des abeilles ouvrières, qu'elle la donne à d'autres femelles et à tous les mâles. La cellule dont la capacité convient à l'œuf, ou, plus exactement, au ver qui doit devenir une abeille ouvrière serait trop petite pour le ver qui, après sa transformation, sera un mâle, et pour celui qui, après la sienne, sera une femelle. Comme si les abeilles ordinaires en étaient bien instruites, elles construisent des cellules de trois différentes capacités, et, ce qui n'est pas moins digne d'être remarqué, la mère semble savoir quel est l'embryon qui est contenu dans l'œuf qu'elle va mettre au jour[1]. Elle ne manque jamais de loger dans une petite cellule l'œuf qui donnera une abeille ouvrière, dans une cellule hexagone plus grande, l'œuf qui doit donner un mâle. Enfin, l'œuf plus précieux que les précédents, celui dont il sortira un ver destiné à devenir une femelle, est déposé dans une cellule qui ne diffère pas seulement des autres par sa grandeur, qui en diffère encore par sa figure. Les abeilles qui doivent être des reines sont traitées avec distinction dès l'instant de leur naissance, et avant même que de naître, lorsqu'elles sont encore contenues dans l'œuf. Les ouvrières abandonnent leur architecture ordinaire, quand il s'agit de faire une habitation où une femelle prendra son accroissement. Ce n'est pas là le temps où elles songent à profiter des avantages que leur offrent les alvéoles hexa-

---

1. Les œufs qui doivent produire des femelles ne diffèrent en rien de ceux qui doivent produire des ouvrières ; on sait aujourd'hui qu'un œuf destiné à produire une ouvrière peut donner une femelle développée, lorsqu'il est placé dans une cellule spéciale et que le ver qui en naît reçoit une nourriture particulière : il suit de là que toutes les ouvrières sont des femelles, et qu'elles auraient pu devenir des mères si elles eussent été autrement logées et alimentées.

gones à fond pyramidal pour économiser la cire. Rien ne
leur coûte alors ; elles emploient plus de cire pour une
seule cellule destinée à être le berceau d'une reine que
pour cent ou cent-cinquante cellules ordinaires. Elles cherchent surtout à la rendre solide ; car, d'ailleurs, la forme
qu'elles lui donnent est simple et n'a rien de fort agréable

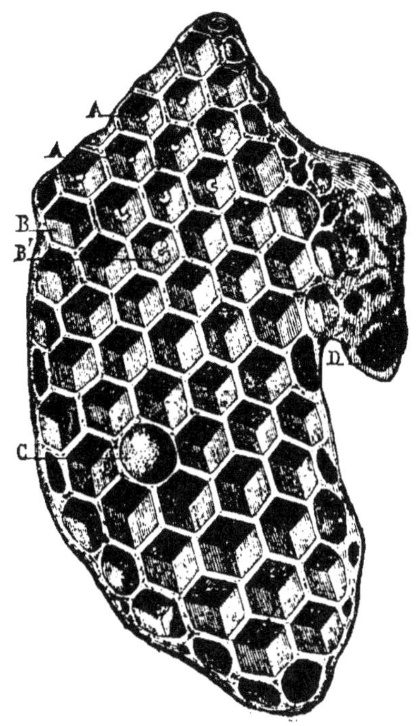

Fig. 30. — Fragment de rayon montrant les cellules des trois catégories.
Partie supérieure, cellules d'ouvrières ; partie inférieure, cellules de
mâles. A, A, B, B', larves à différents âges ; C, cellule de femelle
supplémentaire ; D, cellule de femelle normale.

et de recherché pour nous. Cette cellule n'est pas, comme
les autres, faite à pans ; elle est oblongue et arrondie,
ayant plus de diamètre que partout ailleurs auprès de sa
base ; de là elle devient de plus en plus menue jusques à
son ouverture. L'extérieur en est cependant orné d'une
espèce de guillochis.

146. Retournons à ces œufs que nous avons vu déposer

par la mère en différentes cellules. Ils ont chacun une figure oblongue et arrondie, un peu plus grosse par un bout que par l'autre. Il n'y en a ordinairement qu'un dans chaque cellule ; cependant j'ai quelquefois observé deux, trois et jusques à quatre œufs dans la même ; mais ceci n'arrive que lorsque les ouvrières n'ont pu suffire à construire autant de cellules que la fécondité de la mère en demandait de vides. Quatre vers, et même deux, périraient dans un logement qui, par la suite, sera rempli par un seul. Aussi, les abeilles ouvrières ont-elles soin d'ôter les œufs surnuméraires des cellules où il s'en trouve. L'unique œuf qui doit rester est collé contre le fond, et seulement par son petit bout ; ce n'est que par ce bout qu'il touche la cellule. Un jour ou deux après qu'il y a été posé, un ver en sort. Il est bientôt l'objet des tendres soins des abeilles ouvrières. Chaque jour, et à plusieurs reprises, elles lui fournissent l'aliment qui lui est nécessaire. Elles tiennent le fond de sa cellule couvert d'une couche d'une espèce de bouillie blanche dont il se nourrit ; cette bouillie lui sert même d'un lit mollet sur lequel il est roulé en anneau. Dans moins de six à sept jours, il est parvenu à son dernier terme d'accroissement. Les abeilles, qui connaissent le temps où il n'a plus besoin de nourriture, cessent alors de lui en porter. Le dernier des soins qu'elles prennent pour lui, c'est de murer, pour ainsi dire, la porte de sa cellule. Elles mettent un couvercle de cire à son ouverture. Quand ce couvercle est posé, le ver, qui, jusque-là, avait été en inaction et roulé, se déplie, s'étend et commence à travailler. Il tapisse de soie les parois de sa loge ; il ne tarde guère ensuite à se métamorphoser en nymphe.

Plusieurs vers croissent les uns après les autres dans la même cellule ; on peut reconnaître le nombre de ceux qu'il y a eu dans chaque cellule, si l'on se donne la peine de séparer les unes des autres les différentes toiles de soie dont les cellules sont tapissées. Les vers qui doivent devenir des femelles sont traités avec plus de distinction ; chacun a sa cellule neuve, faite pour lui, et qui ne sert qu'à lui. Enfin, environ 20 à 21 jours après que l'œuf a été collé contre le fond d'une cellule, une abeille est en état de paraître au jour. Après s'être défaite de ses enveloppes de nymphe, elle fait usage de ses dents pour ronger la porte, le couvercle de cire qui y a été attaché ; elle y fait une ouverture par où elle sort encore humide. D'officieuses mouches se présentent sur le champ pour l'essuyer avec leur trompe ; ses ailes s'affermissent, et, dès le même jour, elle est en état de sortir de la ruche et de s'acquitter par des récoltes de miel de ce qu'elle doit à ses mères nourrices.

147. Après que la rude saison est passée, le nombre des abeilles se multiplie journellement dans une ruche, et souvent il s'y est multiplié à un tel point vers la mi-mai que, l'habitation étant devenue trop petite pour contenir toutes les mouches, le meilleur parti qui leur reste à prendre, c'est de se partager. Dans un instant, une très-grande troupe se détermine à abandonner le lieu de sa naissance pour aller chercher ailleurs un établissement. Cette colonie d'abeilles est appelée un *essaim*.

Quelque peu proportionné que fût le grand nombre des abeilles à la capacité de la ruche, il n'en sortirait cependant point d'essaim, si toutes les mouches nouvellement nées étaient des ouvrières. Celles-ci, qui doivent faire le gros de la colonie, veulent avoir à leur tête une reine, et une reine féconde et qui ait été fécondée. Elle seule peut asssurer la durée d'un nouvel établissement. Il a aussi été réglé que, lorsqu'un très-grand nombre de mouches ordinaires seraient nées dans une ruche, des mâles y naîtraient, et que des femelles naîtraient ensuite. Or, dès qu'il y a des femelles nées, et qu'une de celles-ci est en état de mettre au jour une nombreuse postérité, c'en est assez pour déterminer un essaim à quitter même une ruche qui n'est que médiocrement peuplée.

Le soir et pendant la nuit, des bourdonnements plus forts que les ordinaires se font entendre dans une ruche, quelques jours avant le départ de l'essaim. Ce départ est quelquefois annoncé, le matin du jour où il ne se doit faire que l'après-midi, par un signe moins équivoque et plus digne d'être remarqué. Pendant qu'un temps serein et doux et un soleil brillant invitent à sortir les abeilles des différentes ruches, pendant qu'on en voit beaucoup rentrer avec des récoltes dans des ruches médiocrement peuplées, si l'on observe peu de mouvements aux portes d'une ruche qui fourmille de mouches, si peu de celles qui arrivent rapportent des provisions, on peut compter que, dans le fort de la chaleur du jour, il en sortira un essaim.

Comme si cette grande entreprise avait été décidée pendant la nuit, comme si le moment où elle doit être exécutée avait été déterminé, les mouches qui doivent abandonner la ruche l'après-midi ne daignent pas y travailler pendant la matinée, et celles qui y doivent rester attendent pour s'occuper avec leur activité ordinaire que leurs compagnes soient parties. La résolution de partir dans le jour semble donc bien déclarée ; mais je ne crois pas que le moment du départ ait de même été fixé. Ce moment arrive quand la chaleur devient plus considérable, et, surtout, quand quelque ardent rayon de soleil agit sur la ruche. Alors, dans un instant, des abeilles en sortent en foule ; elles remplissent l'air des environs ; dans quelques secondes, toutes celles qui doivent composer l'essaim s'y trouvent répandues. Après avoir voltigé et tourbillonné pendant quelques minutes au-dessus d'un arbre, elles se réunissent autour d'une de ses branches. Quand elles y sont devenues tranquilles, on les fait tomber dans une ruche, où ordinairement elles se trouvent bien.

Quelquefois plusieurs femelles nouvellement nées se trouvent dans une ruche lorsqu'un essaim en part ; quelquefois deux ou trois, ou même quatre femelles s'y associent. Cependant le bien de la nouvelle société demande qu'il ne lui en reste qu'une. Aussi une seule est-elle conservée. En moins d'un jour ou deux, les surnuméraires sont mises à mort. Celle qui demeure unique souveraine est la plus digne l'être, non par des vertus morales, mais par une vertu physique bien essentielle à la république naissante : elle est la plus prête à pondre et probablement celle qui promet une ponte plus abondante. Souvent, dès le premier ou le second jour, elle dépose des œufs dans les alvéoles qui viennent d'être faits. C'est ce qu'on n'aurait pas dû attendre de celles qui ont été immolées au bien public. Lorsque j'ai ouvert le corps de plusieurs de celles-ci, je n'ai pu y apercevoir des œufs d'une grosseur sensible. Les femelles nouvellement nées qui sont restées dans l'ancienne ruche n'ont pas un sort plus heureux que les surnuméraires de l'essaim ; comme celles-ci, elles sont mises à mort. Il y a pourtant quelquefois deux ou trois jeunes femelles à qui la vie est conservée, et cela, quand la ruche, comme il y en a quelques-unes, fournit deux ou trois essaims.

148. Il ne nous est pas permis d'être indifférents pour des mouches si industrieuses et dont les travaux nous sont si utiles. Examinons donc brièvement les moyens de les multiplier et d'en tirer le meilleur parti qu'il est possible. Lorsque nous avons vu où elles se chargent des matériaux destinés à la confection du miel et de la cire, nous avons dû faire réflexion que la quantité qu'elles recueillent sur les fleurs n'est presque rien en comparaison de la quantité qu'elles sont forcées d'y laisser. Les ouvrières nous manquent pour faire faire des récoltes de fruits offerts par la nature avec une si grande profusion ; mais il

ne nous est pas aussi facile de multiplier ces ouvrières qui ne nous coûtent rien qu'il l'est de multiplier les vers à soie. Il y a autant de ceux-ci qui deviennent des papillons femelles qu'il y en a qui deviennent des papillons mâles. On pourrait peut-être songer à mettre plus à profit le petit nombre des abeilles femelles qui naissent chaque année dans chaque ruche. Mais, ce qui se présente de plus sûr pour la multiplication des abeilles, c'est d'empêcher qu'il n'en périsse chaque année autant qu'il en périt. Une avidité mal entendue a établi, en diverses provinces, l'usage de faire mourir celles qui sont parvenues à bien remplir leur logement de cire et de miel. Il serait aisé de proscrire par un réglement une pratique barbare et si opposée à la multiplication de mouches si dignes d'être conservées.

Les auteurs qui ont traité des abeilles, nous ont appris qu'elles ont beaucoup d'ennemis qui les détruisent. Tels sont, dans le groupe des quadrupèdes, les mulots et d'autres rats de jardins. Beaucoup d'oiseaux les attrapent quand ils peuvent. Certains insectes ailés, comme les guêpes et les frelons, sont aussi redoutables pour elles que les oiseaux ; on prétend même que les guêpes ne permettent pas d'avoir des abeilles dans quelques-unes de nos îles de l'Amérique, qu'elles les y exterminent toutes. Une espèce de poux s'attache sur elles et y vit sans les abandonner. Elles sont sujettes à diverses maladies contre lesquelles on n'a pas manqué de prescrire des remèdes. Mais tous leurs ennemis ensemble, et toutes les maladies dont elles peuvent être attaquées, n'empêcheraient pas que le nombre des ruches ne se multipliât considérablement chaque année, si l'on pouvait les sauver pendant la fin de l'automne, pendant l'hiver et le commencement du printemps. C'est alors que des ruches entières périssent et qu'il en périt beaucoup. Les deux grands fléaux des abeilles dans ces temps fâcheux sont le froid et la faim. Quand on cherche à les mettre à l'abri de l'un, on les livre souvent à l'autre. Tant qu'elles ne sont qu'engourdies de froid, elles peuvent vivre sans avoir besoin de manger ; mais un plus grand degré de froid leur ôte la vie. Si, pendant l'hiver, on les tient dans un lieu trop doux, leurs provisions sont trop tôt consommées, et elle se trouvent réduites à mourir de faim. D'un autre côté, l'air qui serait doux pour des ruches très-peuplées est trop froid pour celles qui le sont peu ; il fait périr leur population.

Certains moyens fondés sur des expériences qui paraissent décisives nous ont semblé propres à conserver les abeil-

Fig. 31. — Rucher d'abeilles.

les pendant les rudes saisons. Des ruches très-peu peuplées et dont toutes les mouches seraient mortes avant la fin de l'hiver, si elles eussent été tenues dans un jardin et même dans une chambre, ont été conservées parce que je les ai mises chacune dans un tonneau, les unes entourées de terre et les autres de menu foin. Ce qui a le plus contribué à sauver la vie à ces abeilles tenues assez chaudement, c'est que je leur avais ménagé une porte qui leur permettait de sortir, lorsque de beaux jours les y invitaient. Enfin, plus nous mettrons les abeilles à portée de faire de bonnes récoltes, et plus nous en tirerons de parti, et nous travaillerons en même temps à leur conservation. Dans plusieurs pays de plaine, dès que les blés sont enlevés, les abeilles ne trouvent plus ou presque plus de fleurs, pendant que d'autres pays souvent voisins, arrosés de ruisseaux et couverts de bois, ont en abondance des fleurs de toutes espèces. De grands exemples nous excitent à chercher à mettre ces dernières fleurs à profit. Un usage établi en Egypte de tout temps et qui y subsiste encore est de faire voyager des bateaux pleins de ruches le long des bords du Nil. En Grèce, on transportait autrefois en Attique les abeilles, lorsqu'elles n'avaient plus de fleurs en Achaïe. Cet usage a été pratiqué de nos jours dans beaucoup d'autres pays, et il a été renouvelé par le maître entendu d'une blanchisserie de cire établie à quelques lieues de Pithiviers en Beauce. Quand les abeilles de six à sept cents ruches qu'il a en sa possession ne trouvent plus de quoi s'occuper utilement autour de la blanchisserie, il les fait transporter, soit en Beauce, soit sur les lisières de la forêt d'Orléans, soit en Sologne, selon que l'année a été pluvieuse ou sèche. Avec de pareils soins, on parviendra à multiplier les abeilles dans le royaume, à leur faire faire de plus abondantes récoltes de cire et de miel, que nous partagerons et aurons acquis le droit de partager avec elles.

149. Indépendamment des utilités que nous retirons de ces mouches, et des utilités encore plus grandes que nous en pourrions retirer, leurs républiques sont bien dignes d'occuper un esprit philosophique ; elles lui fournissent matière à bien des réflexions capables de l'étonner. Une seule abeille est l'âme de tout son peuple ; elle met au jour, chaque année, un nombre prodigieux de mouches, qui ne semblent naître que pour la servir, et pour la servir avec une affection inconcevable. Quoique naturellement très-

laborieuses, dès que la mère leur manque, elle ne savent
plus ce que c'est que de travailler. Alors, faute de faire les
provisions ordinaires, elles se laissent périr de faim. Mais,
ont-elles une mère féconde, c'est avec une activité sans
égale qu'elles exercent deux arts à nous inconnus, celui
de recueillir et préparer le miel, et celui de faire de la cire.
Quand on étudie la manière dont elles mettent celle-ci en
œuvre, quand on voit qu'elle suppose des connaissances
en géométrie supérieures à celles qu'ont eues les plus
grands géomètres de l'antiquité, l'admiration que ces
mouches font naître ne s'arrête pas à elles. Si l'on ne veut
pas les regarder comme des êtres très-intelligents, on est
forcé de reconnaître qu'elles ne peuvent être l'ouvrage
que d'une intelligence infiniment parfaite et infiniment
puissante. Bientôt l'admiration s'élève à celui qui leur a
donné l'être ; mais bientôt on demande pourquoi il les a si
admirablement instruites ? Qu'était-il nécessaire qu'elles
conduisissent leurs ouvrages selon les règles de la sublime
géométrie ? On est tenté de penser que la sagesse par excellence, a donné trop d'attention à de simples mouches. Ce
n'est que pour nous que nous voulons que tout ait été fait.
Nous serions pardonnables de le penser avec un excès de
complaisance, si nous le pensions avec assez de reconnaissance. Mais les abeilles eussent pu nous ramasser du miel,
quand elles l'auraient logé dans des vases plus grossièrement construits, dans des cellules qui n'eussent point été
des hexagones à fond pyramidal. Nous trouverions mieux
notre compte par rapport à la cire, si les abeilles, au lieu
de savoir l'employer en grandes géomètres, avaient su en
ramasser assez pour fournir à construire des cellules plus
massives.

CHAPITRE XXX

150. Les promenades, soit dans la campagne, soit dans les jardins, donnent souvent occasion de voir de ces mouches qui sont appelées *bourdons*. Elles appartiennent au genre des abeilles ; elles sont armées d'un aiguillon et pourvues d'une trompe qui, pour l'essentiel, est construite comme celle des mouches à miel. Enfin, elles vont sur les fleurs pour y faire des récoltes de miel. Mais les bourdons qu'on voit le plus souvent sont considérablement plus gros que les abeilles ordinaires ; ils volent avec plus de bruit, et avec un bourdonnement auquel ils doivent leur nom. Les bourdons vivent aussi, comme les mouches à miel, en société ; mais, si l'on compare les habitations de ces dernières, le nombre des mouches qui y sont rassemblées, les ouvrages dont elles sont remplies, avec les logements des bourdons et tout ce qui s'y trouve, les unes paraîtront par rapport aux autres ce qu'est une grande ville très-peuplée et où les arts sont en honneur, par rapport à un simple village.

Les mouches à miel qui ont été abandonnées à elles-mêmes, celles qu'on n'a pas logées dans des ruches, cherchent pour s'établir quelque grande cavité qui les mette à l'abri des rayons du soleil et de la pluie ; elles ne savent pas se faire une habitation ; elles ont besoin de la trouver

faite. Nos bourdons se font la leur dans les champs de sain-
foin et de luzerne ; l'extérieur en est extrêmement simple
et rustique. Tel qu'elle est, elle leur coûte du travail.
On ne la prendrait à la première inspection que pour un
ouvrage de la nature, que pour une motte de terre un peu
élevée et recouverte de mousse ; mais toute la mousse qui
s'y trouve y a été apportée par les bourdons qui en ont dépouillé la terre des environs. Quelque part au bas du nid,
il y a un trou qui permet aux plus gros bourdons d'entrer
et de sortir. Souvent on découvre un chemin de plus d'un
pied de long, par lequel chaque mouche, sans être vue,
peut arriver à la porte. Ce chemin est voûté de mousse.
Quelquefois pourtant les bourdons entrent par le dessus
du nid même ; mais ce n'est guère que lorsque le nid
n'est pas encore en bon état.

151. C'est une chose très-aisée que de voir l'intérieur
de ce nid, et comment tout y est disposé ; on peut le découvrir sans s'exposer à aucune aventure fâcheuse. Quoique les bourdons soient armés d'un fort aiguillon, et quoique le bruit qu'il font entendre semble menaçant, ils ne
laissent pas d'être assez pacifiques. Quant on ôte le toit de
leur habitation, quelques-uns ne manquent pas d'en sortir par en haut ; mais ils ne cherchent point à se jeter
sur celui qui les a mis à découvert, comme le feraient les
abeilles en pareil cas ; plusieurs même alors n'abandonnent pas le nid. Ils en ont toujours usé au mieux avec
moi ; il n'y en a jamais eu un seul qui m'ait piqué, quoique j'aie mis sens dessus dessous des centaines de nids.
Dès qu'on cesse de les inquiéter, ils songent à recouvrir
leur nid, et n'attendent pas même pour se mettre à l'ouvrage que celui qui a fait le désordre se soit éloigné. Si la
mousse du dessus a été jetée assez près du pied du nid,
comme on l'y jette même sans penser qu'on doit le faire
pour épargner de la peine à ces mouches, bientôt elles s'oc-

cupent à la remettre dans sa première place. Les bourdons des trois sortes, c'est-à-dire, les grands, ceux de moyenne grandeur et les petits y travaillent. Nos bourdons ressemblent encore en ceci aux villageois, auxquels nous les avons comparés : tous se croient nés pour le travail, et tous travaillent. Il n'y a point parmi eux, comme parmi les abeilles, des mouches qui aient la prérogative de ne rien faire, de passer leur vie dans l'oisiveté.

Les oiseaux et les insectes qui ont à construire des nids ou de petits bâtiments équivalents vont souvent prendre au loin les matériaux qu'ils y veulent faire entrer; ils s'en chargent et les transportent. La façon dont les bourdons ont été instruits à faire parvenir sur leur nid la mousse qu'ils y veulent placer est différente ; c'est en la poussant, et non en la portant, qu'ils l'y conduisent. Ils n'ont même, en aucun temps, à l'y conduire de loin; les environs du lieu qui a été choisi pour établir un nouveau nid en sont remplis. Le bourdon, comme l'abeille, a deux dents écailleuses très-fortes, dont le bout est large et dentelé. Avec ces dents, il lui est aisé d'arracher et même de couper des brins de ces petites plantes. Mais, lorsqu'il ne s'agit que de rétablir un nid autour duquel se trouve la mousse dont il a déjà été couvert, il serait inutile aux bourdons de songer à en couper ou à en arracher de nouvelle ; aussi, leur unique objet est-il de remettre l'ancienne en place. Considérons-en un seul occupé à ce travail; il est posé à terre sur ses jambes, à quelque distance du nid; sa tête en est la partie la plus éloignée, et directement tournée vers le côté opposé. Avec ses dents, il prend un petit paquet de brins de mousse; les jambes de la première paire se présentent bientôt pour aider aux dents à séparer les brins les uns des autres, à les éparpiller, à les charpir, pour ainsi dire ; elles s'en chargent ensuite pour les faire tomber sous le corps; là, les deux jambes de la seconde paire viennent s'en emparer, et les poussent plus en arrière.

Enfin, les jambes de la dernière paire saisissent ces brins de mousse et les conduisent aussi loin qu'elles les peuvent faire aller. Un autre bourdon, ou le même, qui a toujours l'abdomen tourné vers le nid, répète sur ce petit tas une manœuvre semblable à celle par laquelle il a été formé et porté où il est. Par cette seconde manœuvre, le tas est conduit une fois plus loin. C'est ainsi que de petits tas de mousse sont poussés jusqu'au nid, et c'est ainsi qu'ils sont montés jusqu'à sa partie la plus élevée.

Un toit de mousse suffit pour mettre les bourdons à l'abri pendant un certain temps ; mais, par la suite, la couverture doit être plus en état de résister à la pluie et aux autres injures de l'air. Les bourdons mettent d'abord un enduit sur toute la surface intérieure ; ils y font une sorte de plafond d'une espèce de cire brune, et recouvrent de même toutes les parois. La couche de cette matière n'a en-environ qu'une épaisseur double de celle d'une feuille de papier ordinaire ; mais, outre qu'elle n'est pas pénétrable à l'eau, elle tient liés tous les brins dè mousse qui parviennent jusqu'à l'intérieur ; au moyen de quoi les brins qui se trouvent entrelacés avec ceux-ci sont plus solidement arrêtés ; les grands vents alors n'ont plus la même prise sur les nids qu'ils y ont lorsque cet enduit leur manque. Enfin, cet enduit donne du lisse et du poli à toutes leurs parois intérieures.

152. Selon que le nid qu'on vient de découvrir, est plus ou moins ancien, on y trouve plus ou moins de gâteaux, ou, s'il n'en a encore qu'un, il est plus ou moins grand. Il s'en faut beaucoup que ces gâteaux paraissent composés de parties aussi régulièrement arrangées que le sont les cellules des gâteaux des abeilles. Leur surface supérieure est convexe, l'inférieure est concave ; d'ailleurs, l'une et l'autre sont pleines d'inégalités, et celles de la surface inférieure sont plus considérables que celles de la supérieure.

La masse de chaque gâteau est faite de corps oblongs, appliqués les uns contre les autres suivant leur longueur; celle-ci donne la mesure de l'épaisseur du gâteau. Chacun de ces corps est une solide coque de soie, qui a été filée par un ver, et dans laquelle le ver s'est renfermé, lorsqu'il a été prêt à subir sa première métamorphose. Plusieurs sont ouverts par un bout; ce sont des coques qui ont été percées par le bourdon, lorsqu'après s'être tiré de toutes ses enveloppes, il a été en état de paraître avec des ailes.

Outre les coques qui sont le corps de chaque gâteau, on ne saurait manquer de remarquer des masses de la figure la plus irrégulière et d'une couleur brune, dont plusieurs sont posées en dessus et remplissent non-seulement des vides que les coques laissent entre elles, mais s'élèvent assez pour cacher quelques-unes de celles qui leur servent de base. Les plus considérables de ces masses se trouvent sur les bords et les côtés du gâteau ; il y en a quelquefois d'aussi grosses que de petites noix, et que je ne saurais comparer à rien à quoi elles ressemblent plus par leur couleur et leur figure qu'à des truffes. Ces masses sont le grand et l'important ouvrage des bourdons; elles ont à nous offrir des objets dignes d'attention. Quand on a enlevé avec un canif les couches supérieures de quelques-unes jusqu'assez près du centre, on trouve un vide rempli par des œufs oblongs d'un beau blanc un peu bleuâtre. Quand on ouvre certaines autres, ce ne sont plus des œufs qu'on trouve dans leur intérieur, on n'y trouve que des vers, et on en trouve plus ou moins, selon que la masse est plus ou moins grosse, et selon que les vers sont plus petits ou plus gros. Telle est occupée par un seul, et l'autre l'est par deux ou trois vers. Après qu'ils sont nés, ces vers s'écartent les uns des autres, mangeant la pâtée qui les entoure. Les bourdons du nid connaissent les endroits où les couches de cette pâtée sont devenues trop minces, où le ver serait exposé à être à découvert ; ils ont soin d'y apporter de nouvelle matière qui sert à le nourrir et à le mettre à l'abri de toutes les impressions de l'air.

A moins que les bourdons, comme leurs vers, n'aiment la pâtée et ne la mangent, ils ne font pas de grandes provisions pour eux-mêmes. Tout ce qu'on trouve de plus dans leur nid, et ce qu'on ne manque pas d'y trouver, ce sont trois à quatre espèces de petits pots plus ou moins pleins d'un fort bon miel. Les faucheurs les connaissent et s'amusent volontiers à les ôter des nids qu'ils ont découverts pour en boire le miel. Ces petits vases sont des espèces de gobelets presque cylindriques ; ils font partie du gâteau supérieur ; quelquefois même un pot à miel s'élève au-dessus du reste d'un gâteau. Ils sont toujours ouverts et sont faits d'une sorte de cire grossière, de couleur assez semblable à celle de la pâtée, mais qui a plus de consistance que cette dernière matière. Les parois de chaque pot à miel sont assez épaisses. Les bourdons se servent peut-être du miel de ces pots pour humecter de temps en temps la pâtée qui se dessèche trop.

J'enlevai, un jour, à des bourdons tous les gâteaux de leur nid et j'en rendis l'intérieur parfaitement vide. Ils ne se dégoûtèrent pas cependant de leur habitation ; ils la raccommodèrent ; ils la rajustèrent. Lorsque, au bout de huit jours, je revins découvrir leur nid, je trouvai dans l'intérieur une masse de pâtée grosse comme une noisette et arrondie de même. A cette boule tenait un pot à miel ; ainsi, c'est la première pièce du ménage. Quant à la boule de pâtée, il était évident qu'une des premières choses que les bourdons avaient à faire dans l'intérieur du nid était d'y rassembler une masse de cette matière nécessaire à la mère pour loger ses œufs. La boule que je trouvai renfermait probablement des œufs, peut-être des vers ; mais, pour conserver les uns et les autres, je ne voulus pas ouvrir la boule.

Nous avons déjà vu que les vers sortis des œufs s'écartent les uns des autres, et que les bourdons les tiennent toujours enveloppés de pâtée. Mais, quand un ver est parvenu à n'avoir plus besoin de manger, quand il est près de perdre sa forme de nymphe, c'est à lui à songer à se faire un logement d'une tout autre matière que celle dans laquelle il s'est tenu jusque-là. La nature l'a mis en état de filer, et elle l'a instruit du temps où il le doit faire. Comme tous les vers ont besoin d'être dans une position semblable pendant qu'ils se métamorphosent en nymphe, et pendant qu'ils vivent sous cette dernière forme, ils donnent tous à leur coque une position telle que son grand axe est à peu près perpendiculaire à l'horizon. Enfin, comme le ver qui se construit une coque aime qu'elle ait un appui fixe, il ne manque pas de l'attacher contre une de celles qui ont été filées auparavant. C'est ainsi que les gâteaux se forment de plusieurs coques attachées les unes contre les autres; mais il importe peu au ver que la sienne soit un peu plus élevée ou un peu plus basse que celles des autres, et de là viennent en partie les inégalités des surfaces du gâteau.

153. Les bourdons ont à craindre les pillages qui peuvent être faits dans leurs nids par beaucoup d'autres insectes. Les fourmis sont de ceux qu'ils ont à redouter; elles sont friandes de la pâtée qu'ils mettent en provision pour nourrir leurs petits. Il m'est arrivé plus d'une fois d'avoir placé inconsidérément auprès des fourmilières qui sont en terre des nids de bourdons que j'avais fait transporter chez moi. Lorsqu'ils étaient mal peuplés, qu'ils n'avaient que quatre à cinq mouches, elles n'ont pas été assez fortes pour s'opposer aux incursions des fourmis. Au bout d'une demi-journée, j'en ai quelquefois vu le nid rempli; les bourdons s'étant trouvés trop faibles pour le défendre, l'avaient abandonné à leurs ravages. Certains

gros vers, qui se transforment en des mouches qui ressem-
semblent aux frelons et qui les égalent en grosseur, prennent leur accroissement dans les nids des bourdons et ne
s'en tiennent pas, pour se nourrir, à la pâtée destinée aux
vers; ils mangent les vers mêmes, ainsi que les nymphes
dans lesquelles ils se transforment. Dans les mêmes nids,
j'ai observé en assez grand nombre, d'autres vers qui se
transforment en de plus petites mouches à deux ailes.
Enfin, j'y ai trouvé plus d'une espèce de chenilles qui ont
beaucoup de rapport avec celles que j'ai nommées *fausses
teignes de la cire.*

De tous les ennemis des bourdons, les plus redoutables
sont diverses espèces de rats, comme les mulots, des animaux plus carnassiers, comme les belettes; il est certain
que les fouines font dans leurs nids les plus terribles ravages. J'en ai eu quelquefois plus d'une douzaine totalement détruits dans une seule nuit; non-seulement ils
avaient été entièrement découverts; les gâteaux en avaient
été ôtés, transportés à plusieurs pas et entièrement hachés;
les bourdons eux-mêmes avaient été mangés, comme il
était prouvé par les débris qu'on en trouvait.

Par rapport aux aiguillons des bourdons, et à la liqueur
qui en rend les piqûres douloureuses, il suffira que je ren-
voie à ce qui a été dit des aiguillons des mouches à miel.
Sans avoir été piqué par les bourdons, je sais qu'ils peuvent faire encore plus de mal que les abeilles; ils sont plus
fournis de la liqueur redoutable. J'ai quelquefois fait l'expérience de cette liqueur. Ceux qui ont souffert cette expérience ont toujours été très-mécontents de l'avoir deman-
dée.

154. C'est principalement pendant l'hiver que les nids
sembleraient nécessaires aux bourdons; c'est alors qu'ils
paraissent avoir plus besoin d'être défendus contre le
froid et contre toutes les injures de l'air; cependant j'ai

vu la plupart de leurs habitations désertes avant la fin de
l'été ; je n'en ai jamais eu aucune où il fût resté une seule
mouche à la Toussaint. En quelque temps que ce soit, les
nids ne sont jamais aussi peuplés qu'ils le devraient être,
à en juger par le nombre des coques. J'ai compté plus de
150 de celles-ci dans un nid que je n'ai jamais vu habité
par plus de 50 à 60 bourdons. Quelque part qu'on cherche,
pendant l'hiver, on n'en trouve plus de rassemblés dans
un même lieu ; tout paraît prouver que les mâles et les ouvrières périssent avant la mauvaise saison, et que l'espèce,
alors, ne se conserve que dans des mères qui ont été fécon-
dées. En effet, je n'ai jamais pu voir, au commencement
du printemps, que des femelles bourdons ; elles se tiennent
apparemment, pendant l'hiver, dans des creux de murs,
ou dans des trous encore plus profonds qu'elles ont faits
en terre. Je ne serais point embarrassé de rendre raison de
la manière dont les femelles parviennent à creuser de pareils trous ; elles savent remuer la terre et la fouiller. J'en
ai observé une infinité de fois qui travaillaient avec une
grande activité à ouvrir en terre et à approfondir des trous
ronds. Leurs serres détachaient des grains de terre ; les
premières jambes s'en saisissaient et les poussaient aux
jambes de la seconde paire ; celles-ci les mettaient à portée des dernières jambes qui les jetaient le plus loin qu'il
était possible.

CHAPITRE XXXI

Histoire des Abeilles perce-bois.

155. Les différentes espèces d'abeilles solitaires exécutent diverses sortes d'ouvrages qui ne peuvent être faits que par des ouvrières extrêmement industrieuses, et qui semblent prouver qu'elles sont pleines de prévoyance et animées par l'amour le plus tendre pour les vers qui doivent sortir des œufs qu'elles se sentent prêtes à mettre au jour. Tous leurs travaux, en effet, et tous leurs soins n'ont pour objet que de pourvoir ces vers de tout ce qui leur est nécessaire pour devenir eux-mêmes des abeilles. Si l'Auteur de la nature paraît avoir pris plaisir à varier prodigieusement les espèces de ces petits animaux, il ne semble pas s'être moins plu à varier les moyens qu'il a employés pour les perpétuer. Nous allons parler actuellement d'une espèce d'abeille qui se loge dans le bois, qui le creuse, mais moins pour elle-même que pour élever ses petits. Nous distinguerons les abeilles de cette espèce par le nom de *perce-bois*. Ce nom leur convient mieux que celui de perce-oreille ne convient à des insectes à qui on l'a donné, quoiqu'il n'y en ait jamais eu apparemment un seul qui ait entamé le moins du monde les membranes d'une oreille. Ces mouches surpassent beaucoup en grandeur les mères des mouches à miel. Leur volume ne le cèderait guère à celui des femelles des bourdons, si elles étaient aussi cou-

vertes de poils que ceux-ci. Elles volent avec bruit : aussi, pourrait-on encore les appeler des *bourdons lisses*, car leur corps est lisse et luisant, et d'un noir bleuâtre. La vue simple n'y aperçoit des poils que sur les côtés ; leur quatre ailes sont d'un violet foncé ; leur corps est plus aplati que celui des bourdons velus.

Ces mouches ne sont pas fort communes ; il n'est pourtant guère de jardins où l'on n'en puisse voir quelques-unes en différentes saisons. Elles paraissent bientôt après la fin de l'hiver ; elles volent volontiers autour des murs exposés au soleil, et dans les heures où ses rayons tombent dessus, surtout lorsqu'ils sont garnis d'arbres et de treillages. Dès qu'on a remarqué une de ces mouches dans un jardin, on est presque sûr de l'y revoir à bien des reprises dans le même jour et pendant les jours suivants.

Celle qui rôde ainsi au printemps dans un jardin y cherche un endroit propre à faire son établissement, c'est-à-dire, quelque pièce de bois mort d'une qualité convenable, qu'elle entreprendra de percer. Jamais ces mouches n'attaquent les arbres vivants. Il y en a telle qui se détermine pour un échalas ; une autre choisit une des grosses pièces qui servent de soutien aux contre-espaliers. J'en ai vu qui ont donné la préférence à des contre-vents, ou bien à des pièces de bois posées à terre contre des murs où elles servaient de banc. La qualité du bois et sa position entrent pour beaucoup dans les raisons qui décident la mouche. Elle n'entreprendra point de travailler dans une pièce de bois placée dans un endroit où le soleil donne rarement, ni dans une pièce d'un bois encore vert. Elle sait que celui qui commence à se pourrir et à perdre de sa dureté naturelle lui donnera moins de peine.

156. Lorsqu'une de nos grosses abeilles d'un noir luisant a fait choix d'un morceau de bois, elle commence à le creuser quelque part. L'ouvrage qu'elle entreprend de-

mande qu'elle ait de la force, du courage et de la patience.
Supposons le morceau de bois à peu près cylindrique et
posé debout ou perpendiculairement à l'horizon; elle ouvre
d'abord quelque part un trou qui se dirige vers l'axe un
peu obliquement. Quand elle l'a poussé à quelques lignes
de profondeur, elle lui fait prendre une autre direction;
elle le conduit à peu près parallèllement à l'axe. Quelquefois, pourtant, elle dirige le trou obliquement d'un bout
du morceau de bois à l'autre. Le volume de son corps demande que ce trou ait un assez grand diamètre; il faut
qu'elle puisse se retourner dedans. D'un autre côté, elle
lui donne quelquefois plus de 12 à 15 pouces de longueur.
Si la grosseur du bois y peut suffire, elle perce trois ou
quatre de ces longs trous dans son intérieur. C'est là assurément un grand ouvrage pour une abeille; mais, aussi,
n'est-ce pas celui d'un jour; elle y est occupée pendant
des semaines, et même pendant des mois.

Quant on est parvenu à observer le morceau de bois
dans lequel il y a une abeille qui travaille, on voit sur la
terre, au-dessous du trou qui donne entrée à la perceuse,
un tas de sciure aussi grosse que celle que des scies à main
font tomber. Ce tas croît journellement. La mouche entre
et sort du trou un grand nombre de fois dans chaque journée; il ne faut pas l'épier longtemps pour parvenir à la
voir entrer, et l'on n'a quelquefois qu'à rester tranquille
pendant quelques instants pour apercevoir le bout de
sa tête, au bord du trou hors duquel elle fait tomber la
sciure. Les deux dents dont elle est pourvue sont les seuls
instruments qui lui ont été accordés pour faire des trous
si considérables. Il n'y a pas moyen de les voir agir dans
l'intérieur d'un morceau de bois; mais, lorsqu'on les considère à la vue simple, et surtout à la loupe, on les juge
bien capables de hacher le bois et même de le percer. Elles sont semblables et égales; chacune d'elles est une solide pièce d'écaille, courbée en quelque sorte en tarière,

convexe par dessus et concave par dessous, et qui se termine par une pointe fine mais forte.

C'est pour loger les vers qui doivent sortir des œufs que notre mouche perce-bois doit pondre bientôt qu'elle ouvre de si longs trous. Son travail et ses soins ne se bornent pourtant pas là. Les œufs ne doivent pas être empilés les uns sur les autres, ni être dispersés dans une même cavité; il ne convient pas aux vers qui en écloront de vivre ensemble, et chacun d'eux doit croître sans avoir de comnication avec les autres. Aussi, chaque tuyau n'est-il que la la cage d'un bâtiment où se trouveront par la suite plusieurs pièces ou cellules en enfilade; mais ces cellules, à la différence des pièces d'un appartement, n'auront aucune communication les uns avec les autres.

157. La mouche n'est pas seulement instruite de la figure, de la capacité du logement qui convient à chacun de ses vers, et de la nature des matériaux dont il doit être fait; elle sait bien plus que tout cela; elle a des connaissances dont nous devons être étonnés. Quelle est, parmi nous, la mère qui sache au juste le nombre des livres de pain, de viande et d'aliments de toutes autres espèces, et la quantité de différentes boissons que consommera l'enfant qu'elle vient de mettre au jour, jusqu'à ce qu'il soit parvenu à l'âge d'homme! Le ver naissant, pour parvenir à être mouche, n'a pas besoin de prendre des aliments aussi variés que les nôtres; une sorte de pâtée assez semblable à celle dont les bourdons à nids de mousse nous ont donné occasion de parler est sa seule nourriture. Mais, ce que nous devons admirer, c'est que la mouche à laquelle ce ver doit le jour sait la quantité de cette pâtée qui lui est nécessaire pour fournir à tout son accroissement. Elle la connaît, cette juste quantité d'aliment, et la lui donne.

Pour en revenir à notre construction, supposons que l'abeille perce-bois a creusé un trou qui a 7 à 8 lignes de diamètre et plus d'un pied de longueur. Elle va diviser cette cavité en douze logements ou environ ; c'est-à-dire que, si la direction du trou est de haut en bas, comme elle y est le plus souvent, elle va faire une espèce de bâtiment dont la base, à la vérité, est étroite, mais qui aura onze ou douze étages. Elle fixe à un pouce ou environ la hauteur qu'elle veut donner à chaque cellule ; elle construit des cloisons ou, si l'on veut, des planchers qui forment des divisions. Le plancher qui fait le dessus d'une cellule est celui du fond de la suivante. Chaque plancher a environ l'épaisseur d'un écu. Il est de bois, et fait de morceaux proportionnellement plus petits que les pièces de nos parquets ; il n'est composé que de grains tels qu'en fournit du bois scié. Ces grains de sciure, de forme irrégulière, ne tiennent pas ensemble par quelque engraînement ou quelque assemblage. La mouche humecte ceux qu'elle veut employer d'une liqueur propre à les coller à ceux qu'elle a déjà mis en place et assujétis.

La première cellule n'a besoin d'avoir qu'une cloison ; le fond du trou lui tient lieu de celle qui fait le fond des autres, et est beaucoup plus solide. Sur le fond du trou, l'abeille perce-bois apporte de la pâtée, c'est-à-dire, une matière rougeâtre, composée de poussières d'étamines bien humectées de miel. Cette pâtée a la consistance d'une terre molle. La mouche ne cesse d'en apporter, de l'accumuler, jusqu'à ce qu'elle s'élève à peu près à un pouce de haut, c'est-à-dire, à la hauteur où doit être mis le premier plancher. Mais, avant que de travailler à ce premier plancher, elle a à faire la plus importante de ses opérations ; elle a à pondre un œuf qu'elle enfonce dans la pâtée. Elle ne tarde pas à fermer la cellule à qui le précieux dépôt a été confié avec une cloison qui fera le fond de la cellule suivante. Sur cette cloison elle apporte de la pâtée, comme elle en a apporté sur le fond de la première ; et, quand elle en a rempli la capacité qui convient à la grandeur de la se-

conde cellule, et pondu un second œuf, elle bâtit un second plancher. C'est ainsi qu'elle remplit et qu'elle ferme
toutes les cellules successivement. Quand il y en a une fermée, la mouche a fait, par rapport à l'œuf qu'elle y a déposé et au ver qui en éclora bientôt, tout ce qu'elle avait
à faire. Elle n'a plus à être inquiète pour le sort du ver
naissant; elle a pourvu à tout; elle l'a logé convenable-
ment; elle a mis de la pâture à portée de lui, et elle lui
en a donné la provision nécessaire pour fournir à tout son
accroissement. Lorsqu'il aura consommé toute celle qui est
dans sa cellule, il sera en état de subir ses transformations,
de devenir nymphe et ensuite mouche. L'aliment qu'elle
lui a préparé est de nature à ne se corrompre ni s'altérer
aucunement, quand le ver serait plus longtemps à croître
qu'il ne l'est. D'ailleurs, il conserve son onctuosité; comme il est dans un vase bien clos, ce qu'il a de liquide n'est
pas exposé à s'évaporer.

Le ver naissant n'a que très-peu de place pour se retourner dans sa cellule qui est presque remplie par la pâtée. A
mesure qu'il croît, il a besoin d'un plus grand espace pour
se loger; l'espace, aussi, ne manque pas de s'agrandir,
et dans la proportion que l'accroissement du ver demande,
puisqu'il ne croît qu'aux dépens de la pâtée : le volume de
l'une diminue quand celui de l'autre augmente.

158. Si l'on ouvre tout du long un morceau de bois dans
lequel une de nos abeilles perceuses travaille depuis un
ou plusieurs mois, et, surtout, si le morceau de bois s'est
trouvé assez gros pour être percé selon la longueur en trois
à quatre endroits, on y pourra observer des vers de différents âges, et, par conséquent, de différentes grandeurs.
On y verra des cellules pleines de pâtée, et d'autres presque vides. Enfin, on pourra trouver des nymphes dans
quelques-unes, et cela, parce que la ponte de la mouche
se fait successivement. Il ne pouvait être établi qu'elle la

fît dans un jour, ou dans un nombre de jours qui n'aurait pas suffi pour lui donner le temps d'amasser et de transporter la provision de pâtée nécessaire à chaque ver.

Dans une rangée de cellules, les vers sont donc de différents âges. Ceux des cellules les plus basses sont plus vieux que ceux des cellules supérieures ; ils sont donc aussi les premiers qui se doivent transformer en nymphes et en mouches. Ceci demandait encore à être prévu par la mère des nouvelles mouches ; car, si celle qui vient de se transformer, et qui est impatiente de sortir d'un logement qui est devenu pour elle une prison, voulait prendre sa route par la cellule supérieure, elle n'y trouverait pas, à la vérité, grande résistance, mais il faudrait qu'elle passât sur le corps de la nymphe ou du ver qui s'y trouve. Il faudrait même qu'elle hâchat l'un ou l'autre, qu'elle le mit en pièces pour se faire place. Avec des dents capables de percer le bois, elle en viendrait aisément à bout. Cette première action de sa vie serait trop barbare et irait contre la multiplication de l'espèce, c'est-à-dire, contre la vue de l'Auteur de la nature ; aussi a-t-il réglé que la nymphe aurait la tête en bas. La mouche se trouve donc l'avoir dans cette même position ; et, comme il est naturel que les premières tentatives qu'elle fait pour marcher soient pour aller en avant, sa route ne la conduit pas vers les cellules pleines. Elle aurait pu être instruite à percer les parois de sa cellule pour sortir par un des côtés ; mais ç'aurait été donner beaucoup d'ouvrage à des dents encore mal affermies. Aussi, n'est-ce pas par là qu'elle sort. Si cela était, le morceau de bois aurait sur son extérieur des trous comme ceux des flûtes, au moins de pouce en pouce ; on n'en trouve point qui soit percé de la sorte. La mère, pour ménager une sortie commode aux mouches naissantes, n'a eu besoin que de percer un trou à la partie inférieure du tuyau. Outre le trou supérieur et le trou inférieur, dont les ouvertures sont sur la surface

16.

du morceau de bois et qui communiquent avec une grande cavité, j'ai vu quelquefois un trou semblable, à distance à peu près égale de l'un et de l'autre.

Nous n'avons encore parlé que de la mouche perce-bois qui est femelle ; elle a un mâle dont l'extérieur est assez semblable au sien ; il ne lui cède même que peu en grandeur. Au reste, je ne sais point si le mâle aide la femelle dans ses travaux. La mouche que j'ai vue entrer dans un morceau de bois et en faire tomber de la sciure, m'a toujours paru la même ; mais j'ai négligé de prendre des précautions qui auraient pu m'en assurer, comme de lui faire une tache sur le corselet avec un vernis coloré.

CHAPITRE XXXII

Histoire des Abeilles maçonnes.

159. Nous avons vu des abeilles travailler en bois ; nous allons suivre les manœuvres de celles d'une autre espèce qui font de véritables ouvrages de maçonnerie, et que nous nommerons aussi des abeilles *maçonnes*. Leurs travaux et leurs soins, comme presque tous ceux des autres insectes, tendent à se donner une postérité. Les vers qui sortent des œufs de nos mouches maçonnes, pour parvenir à être eux-mêmes des mouches, demandent à être renfermés dans des loges faites d'une espèce de mortier. Leurs industrieuses mères savent leur en bâtir de cette matière ; elles s'y livrent avec ardeur, et ne sont point rebutées par les peines et les fatigues sans lesquelles elles ne sauraient finir de tels ouvrages.

Il n'en est pas des habitations que nous voulons faire connaître comme des gâteaux de cire construits par les mouches à miel. Leur extérieur ne fait pas soupçonner l'art avec lequel elles sont bâties ; il ne les fait pas même soupçonner des logements d'insectes. Plusieurs cellules posées les unes auprès des autres sont cachées sous une enveloppe commune faite de la matière qui les compose elles-mêmes ; elles forment une masse peu propre à s'attirer l'attention de quelqu'un accoutumé à s'arrêter aux premières apparences. Quand il voit contre un mur des plaques qui ont

quelque relief, mais dont les contours n'offrent rien de
bien régulier, en un mot, des plaques quelquefois assez
semblables à celle de la boue qui a été jetée par les roues
des voitures et les pieds des chevaux, il ne s'avise pas de
penser qu'elles ont été mises là à dessein. Mais, lorsqu'on
est dans l'habitude d'observer, et de faire des réflexions
sur ce qu'on observe, on juge bientôt, par la hauteur où
sont quelques-unes de ces masses et par les endroits où
elles sont posées pour la plupart, qu'elles ne sont pas l'ouvrage du hasard. On n'en découvre aucune sur les murs
tournés vers le nord. Les murs exposés au midi sont ceux
où l'on en voit le plus ; et, si l'on en trouve sur ceux qui
sont tournés vers l'est et sur ceux qui le sont vers l'ouest,
c'est surtout dans des places où les unes peuvent jouir du
soleil pendant plusieurs heures après qu'il est levé, et les
autres, pendant plusieurs heures avant qu'il se couche.
Ces espèces de plaques sont des nids dans lesquels des
œufs ont été déposés ; pour que des vers en puissent éclore,
et pour que ces vers puissent, dans la saison convenable,
devenir des mouches, le nid a besoin d'être échauffé par
les rayons du soleil.

Les ouvrières construisent ces nids d'une matière qui
acquiert une dureté égale à celle de certaines pierres. Ce
n'est qu'avec des instruments de fer qu'on peut les briser ;
la lame d'un couteau est souvent trop faible pour cet effet.
Aussi, nos abeilles maçonnes se gardent-elles bien de les
attacher sur des murs enduits de quelque crépi ; elles ne
manquent guère de choisir pour les établir les endroits
où ils peuvent être le plus solidement assujétis. L'extérieur de ces nids n'offre rien d'intéressant pendant la plus
grande partie de l'année ; on ne voit pas même les mouches voler autour. Dès qu'il ne manque plus rien à leur
construction, celles qui les ont bâtis les abandonnent pour
ne plus venir les visiter ; elles ont fait pour les insectes qui
y sont renfermés tout ce qu'elles pouvaient faire pour eux,

et tout ce dont ils avaient besoin. Mais l'intérieur de ces
mêmes nids mérite d'être examiné dans différents temps ;
on le trouve habité pendant plus de dix à onze mois consé-
cutifs, d'abord par des vers, ensuite par les nymphes dans
lesquelles ils se sont transformés. Ces nymphes deviennent enfin des abeilles, dont quelques-unes sont en état
de prendre l'essor avant la fin d'avril, et de travailler à
leur tour à faire de nouveaux logements pour y déposer
les œufs qu'elles pondront.

160. Parmi les insectes, les mâles naissent paresseux,
ou, plutôt, ils ne naissent pas pour le travail. C'est une
règle qui paraît assez générale. Ceux des mouches maçonnes ne leur aident aucunement à construire les nids.
L'ouvrage dont l'Auteur de la nature a chargé ici les
seules femelles est rude ; il ne les a point traitées avec
autant de distinction que les femelles des mouches à
miel ; il ne leur a point accordé des ouvrières sur qui
elles puissent se reposer. Chacune de nos mouches est
donc obligée de faire le nid ou le nombre de nids nécessaire pour loger les œufs qu'elle doit pondre. Après
qu'elle a reconnu sur un mur un endroit qui est, pour
ainsi dire, un terrain propre au bâtiment qu'elle veut
élever, après qu'elle s'est déterminée pour cet endroit,
elle va chercher des matériaux convenables. C'est à elle
à les trouver, à les préparer, à les transporter et à les
mettre en œuvre. Le nid qu'elle veut construire doit être
fait d'une espèce de mortier dont le sable doit être la
base, comme il l'est du mortier que nous faisons entrer
dans la construction de nos édifices. Elle sait, comme
nous, que tout sable n'est pas également propre à en faire
du bon. Une certaine grosseur convient aux grains de
celui qui doit être préféré ; ils ne doivent avoir ni la
finesse de ceux du sablon, ni la grosseur de ceux de certains graviers qui ne sont que des amas de petites pierres

sensibles. Ce serait la faute de la mouche si elle n'employait pas du meilleur sable du pays, car elle choisit grain à grain celui qu'elle veut mettre en œuvre.

On la voit se donner de grands mouvements sur un tas de sable où nos maçons prendraient indifféremment celui qui s'y trouve amoncelé. Avec ses dents, aussi fortes et plus grandes que celles des mouches à miel, elle tâte plusieurs grains les uns après les autres ; mais ce n'est pas un à un qu'elle les transporte : elle sait mieux ménager le temps. D'ailleurs, pour composer du mortier, ce n'est pas assez d'avoir du sable ; pour lui faire prendre corps, pour faire la liaison de ses grains, nous avons très-bien imaginé, et c'est une belle et utile invention, d'avoir recours à la chaux éteinte. La mouche a dans elle-même l'équivalent de la chaux ; elle fait sortir de sa bouche une liqueur visqueuse dont elle mouille le grain de sable pour lequel elle s'est déterminée. Cette liqueur sert à le coller contre le second grain qui est choisi. Celui-ci ayant été mouillé à son tour, un troisième peut être attaché contre les deux premiers. La mouche fait ainsi une petite motte de sable de la grosseur d'une dragée de plomb à lièvre. Nous devons ajouter à ce que nous avons dit du sable dont nos maçonnes font leur mortier que ce sable n'est pas pur, qu'il est pareil à celui que nous nommons du sable gras, c'est-à-dire, qu'il est mêlé avec de la terre. Il faudrait trop de colle pour faire du mortier avec le sable pur, et ce mortier ne serait pas aussi pétrissable que nos mouches ont besoin que soit le leur.

161. Nous savons que l'ouvrage que notre maçonne se propose est de construire un nid composé de plusieurs cellules. Toutes les cellules sont semblables et à peu près égales en capacité. Elles ont chacune, avant que d'être fermées, la figure d'un dé à coudre. La mouche les bâtit les unes après les autres, c'est-à-dire qu'elle ne commence

la seconde que quand la première est finie ou presque
finie, et ainsi de suite. L'ordre dans lequel le travail de
chacune doit être conduit n'a rien de particulier. Une plaque circulaire, composée de plusieurs pelottes de mortier
appliquées les unes auprès des autres, fait la base sur laquelle il s'agit d'élever une petite tour ronde, en mettant
successivement des assises les unes au-dessus des autres.
La maçonne, qui arrive chargée de mortier, se pose sur
le bord même qu'elle veut élever ; elle y reste tranquille
un instant, tantôt la tête en bas, et tantôt la tête haute.
Elle tourne et retourne ensuite à plusieurs reprises, avec
ses premières jambes et ses dents, la petite motte de matériaux qu'elle a apportée. Bientôt, elle reconnaît l'endroit où il convient qu'elle soit appliquée. Les dents qui
la tiennent sont aussi les deux principaux instruments
qui servent à la mettre en œuvre ; en la pressant, elles la
façonnent, elles lui donnent une forme propre à se bien
ajuster contre la portion à laquelle elle doit être attachée ;
elles la rendent mince au point où elle doit l'être, en faisant glisser des grains qui ne sont retenus que par une
colle encore molle. Les jambes, et surtout les premières,
aident à soutenir les grains de sable. Les unes se trouvent
en dedans de la cavité, et les autres en dehors. Par leur
pression, et par les petits coups qu'elles donnent, elles
contribuent aussi à la perfection de l'ouvrage. Quelquefois la mouche retranche quelque chose de la petite motte
de sable, et cela, lorsqu'elle est trop grosse pour la place
qu'elle doit remplir.

Chaque cellule doit avoir environ un pouce de hauteur et près de six lignes de diamètre. Pour une mouche,
ce ne laisse pas d'être un assez grand édifice ; cependant elle parvient à en construire à peu près une entière
dans sa journée. Si l'on fait attention à tous les voyages
qu'elle est obligée de faire pour se fournir de matériaux,
elle nous paraîtra mériter le titre d'ouvrière diligente.

Le travail de bâtir n'est pourtant pas le seul auquel elle se doive livrer ; lorsqu'une cellule a été élevée environ aux deux tiers de sa hauteur, un tout autre travail doit l'occuper. Ses connaissances sur l'avenir ne le cèdent en rien à celles que nous avons déjà admirées dans les abeilles perce-bois. Elle semble savoir la quantité d'aliments qui sera nécessaire pour fournir à l'accroissement complet du ver qui doit sortir de l'œuf qu'elle est prête à pondre dans la nouvelle cellule, et pour le mettre en état de subir toutes ses métamorphoses. La nourriture qui convient à ce ver est encore pour l'essentiel une pâtée semblable à celle que mangent les vers des perce-bois et ceux des bourdons, c'est-à-dire, une espèce de bouillie faite de miel. L'habitation qui vient d'être préparée à l'œuf, ou, plutôt, au ver qui en doit éclore, a une capacité telle qu'étant à peu près remplie de cette pâtée, elle en contiendra la provision qui lui doit suffire pendant toute sa vie de ver. Avant que d'avoir même achevé de bâtir la cellule en entier, la mouche cesse pour quelque temps de transporter du gravier ; elle va sur les fleurs pour y faire sa récolte. Enfin, après avoir porté dans la nouvelle cellule la quantité de pâtée que celle-ci peut contenir, elle achève de l'élever et, ensuite, de la remplir d'aliments au point où elle le doit être. Elle ne manque pas de déposer dedans un œuf. Quand l'œuf y est, et qu'il y est avec une provision suffisante de pâtée, il ne reste plus à la mouche qu'à maçonner le bout, qu'à le fermer avec un couvercle du même mortier qui a été employé jusqu'alors. C'est donc dans une loge murée de toutes parts, scellée hermétiquement, et où, s'il entre de l'air, il ne peut en entrer qu'au travers de parois très-compactes, c'est, dis-je, dans cette loge que le ver doit naître et qu'il trouvera tout ce qui peut lui être nécessaire jusqu'à ce qu'il soit devenu mouche. Alors sa mère, qui n'a plus rien à faire pour lui, paraît l'oublier entièrement.

Dès qu'une première cellule est construite, et souvent même avant qu'elle le soit entièrement, la maçonne jette les fondements d'une autre, qu'elle remplit et finit comme la première. Elle en fait souvent entrer sept à huit dans chaque nid, et quelquefois trois ou quatre seulement. Elle les pose les unes auprès des autres, sans pourtant chercher à les aligner ·avec régularité. Cette laborieuse ouvrière ne se contente pas de remplir de mortier tous les espaces qui se trouvent entre les cellules ; elle donne à la masse qu'elles composent une enveloppe commune ; de sorte que le nid devient un massif d'un mortier dur, percé dans son intérieur de plusieurs trous cylindriques différemment inclinés. Quand la construction est achevée, on ne peut plus voir l'extérieur d'aucune cellule.

162. Les curieuses observations faites par M. du Hamel[1] nous apprennent que l'esprit d'injustice ne nous est pas aussi particulier qu'on le croit ; qu'on le trouve chez les plus petits animaux comme chez les hommes ; que, parmi les insectes comme parmi nous, on veut usurper le bien d'autrui et s'approprier ses travaux. Pendant qu'une mouche était allée se charger de matériaux pour ajouter ce qui manquait à une cellule, M. du Hamel a vu plus d'une fois une autre mouche entrer sans façon dans cette cellule, s'y tourner et retourner en tous sens, la visiter de tous côtés, travailler à la ragréer, comme si elle lui eût appartenu. La preuve qu'elle le faisait à mauvaise inten-

---

1. Du Hamel du Monceau (Henri-Louis), célèbre agronome, né à Paris en 1700, mort en 1782. Entré à l'Académie des sciences en 1728, il fut l'ami et le collaborateur de tous les grands savants du dix-huitième siècle. On lui doit une foule de recherches utiles sur les applications de la science à l'agriculture et à l'industrie. Le premier, en France, il fut le propagateur de la culture de la pomme de terre. Ses principaux ouvrages sont : le *Traité sur la conservation des grains;* le *Traité de la culture des terres;* la *Physique des arbres;* le *Traité des arbres et arbustes de pleine terre;* le *Traité des arbres fruitiers;* le *Traité général des pêches maritimes et fluviatiles.*

17

tion, c'est que, quand la vraie maîtresse arrivait chargée
de matériaux, la place qui lui était nécessaire pour les
mettre en œuvre ne lui était point cédée par l'autre. Elle
était obligée de recourir aux voies violentes pour se conserver la possession de son bien ; elle était forcée de livrer un combat à l'usurpatrice.

Sans avoir recours à des combats injustes, une mouche
peut quelquefois s'épargner le travail de construire des cellules. Si celle qui en avait commencé une meurt par quelqu'accident avant qu'elle soit finie, une autre maçonne
s'en empare. Ce cas rare est une petite ressource ; mais les
maçonnes en ont une plus grande. Les vieux nids dans
lesquels les vers, après avoir pris leur accroissement, sont
parvenus à être des mouches, les nids d'où ces mouches
sont sorties offrent des logements vides qui n'appartiennent plus à qui que ce soit et qui ne demandent que
quelques réparations. Ces vieilles cellules occasionnent
plus souvent des combats entre les mouches que les nouvelles, et des combats qu'on doit moins leur reprocher ;
elles ont toutes un droit égal sur les anciennes, ou, s'il y
a quelque droit particulier, c'est celui de la première oc-
cupante.

M. du Hamel et moi avons vu des maçonnes travailler
à bâtir des nids dès le 15 ou le 20 d'avril, et j'en ai observé
d'autres qui y étaient occupées vers la fin de juin ; mais
j'ai eu beau chercher plus tard de ces mouches sur les
murs qu'elles paraissent avoir le plus en affection, je n'ai
pu en découvrir une seule ; on n'en retrouve plus même
nulle part. Il y a beaucoup d'apparence qu'elles périssent,
comme la plupart des autres insectes, quand elles ont sa-
tisfait à ce qu'exige la conservation de leur espèce, qui ne
subsiste alors que dans les vers des nids. Ce n'est que l'année suivante que les mouches noires ou rousses venues de
ces vers songent à sortir. Elles ont besoin que leurs dents
se soient bien affermies pour percer les murs épais qui les

renferment de toutes parts ; car la porte, c'est-à-dire,
l'ouverture supérieure de chaque cellule, a été bien murée et recouverte encore d'une couche de mortier. Il faut
que les dents de la mouche ouvrent un trou capable de
laisser passer son corps, et cela dans une matière que les
couteaux n'attaquent pas sans en souffrir. M. du Hamel a
fait l'expérience la plus propre à démontrer que la mouche naissante est capable de percer sa prison, quelque
durs et épais qu'en soient les murs. Il a renfermé un nid
sous un entonnoir de verre dont il avait eu la précaution
de boucher le bout avec une simple gaze. Trois mouches
rousses parurent dans l'entonnoir vers le 20 avril, après
être sorties du nid par les trois trous qu'elles avaient percés. Elles étaient venues à bout d'un mortier dur comme
de la pierre, et, ce grand ouvrage fait, elles ne tentèrent
pas ou jugèrent au-dessus de leurs forces celui de percer
une simple gaze. Elles périrent donc dans l'entonnoir.
Communément, les insectes ne savent faire que ce qu'ils
ont besoin de faire dans l'ordre ordinaire de la nature.

163. Les vers sembleraient n'avoir rien à craindre dans
les solides nids où ils sont renfermés. Je ne leur connais
point, en effet, d'ennemi qui entreprenne d'y pénétrer.
Souvent, néanmoins, ils deviennent la pâture de vers de
plusieurs espèces. J'ai quelquefois trouvé dans une cellule
plus de 30 petits vers blancs qui avaient crû aux dépens
de la propre substance de l'habitant naturel du lieu.
Dans telle autre cellule, je n'ai pu apercevoir que les
restes du ver pour qui elle avait été faite, et un seul ver,
blanc comme les précédents, mais bien autrement gros.
Ces vers étrangers se transforment en des mouches à quatre ailes du genre des ichneumons. Il n'est point de mère
insecte, quelque précaution et quelque vigilance qu'elle
apporte pour mettre ses petits en sûreté, qui puisse se
promettre de les défendre contre les vers des mouches

ichneumons. Une femelle d'ichneumon va déposer ses œufs
dans la cellule que la mouche maçonne travaille à remplir de provisions. Quand cette diligente ouvrière mure la
cellule, elle y renferme avec son œuf d'autres œufs qui
n'y ont été mis que parce que les larves voraces qui en
sortiront doivent se nourrir du ver issu de l'œuf de la
maçonne.

Pendant que l'abeille maçonne travaille à remplir
les cellules de pâtée, elle a souvent à les défendre contre
des insectes friands de miel, et, entre autres, contre les
fourmis. Celles-ci savent bien découvrir où il en a. Lorsque la mouche retourne à la campagne pour y continuer
ses récoltes, si une fourmi fait la découverte de l'amas de
pâtée, bientôt des centaines de ses compagnes se rendent à la file pour piller. Quelquefois la mouche ne peut
suffire à les chasser et à les tuer ; elle prend le parti
de leur laisser continuer leur ravage. Ce n'est pourtant
qu'avec peine qu'elles se résout à abandonner son nid. Les
risques qu'elle y a courus pour elle-même ne suffisent pas
quelquefois pour la déterminer à prendre ce parti. M. du
Hamel parvint à saisir avec des tenettes une maçonne qui
était entrée en partie dans une cellule, la tête la première,
pour la remplir de pâtée. Il porta cette mouche dans un
cabinet assez éloigné de l'endroit où il l'avait prise. Elle
lui échappa dans ce cabinet et s'envola par la fenêtre. Sur
le champ, M. du Hamel se rendit au nid ; la maçonne y
arriva presqu'aussitôt que lui ; elle reprit son travail, et le
continua ; elle en parut seulement un peu plus farouche.

Pour travailler, ces abeilles veulent être en liberté.
M. du Hamel emprisonna sous un entonnoir de verre l'une
d'elles qui était occupée à bâtir son nid. Il lui donna et
sable et miel ; il crut l'avoir bien pourvue de tout ce qu'il
lui fallait ; cependant elle ne daigna faire aucun ouvrage,
ni prendre de la nourriture ; il la trouva morte dès le lendemain.

CHAPITRE XXXIII

Histoire des Abeilles qui nichent dans la terre et des Abeilles coupeuses de feuilles et tapissières.

164. Beaucoup d'espèces d'abeilles solitaires, au lieu de faire des nids de maçonnerie, comme en font celles dont nous avons suivi les manœuvres, ne savent que fouiller la terre, qu'y creuser des trous presque cylindriques, souvent profonds de cinq à six pouces, et quelquefois de près d'un pied, et qui n'ont que le diamètre nécessaire pour que la mouche qui l'a creusé puisse entrer et sortir librement. Ce qu'elles nous offrent de plus remarquable, c'est leur patience à soutenir un travail long et rude ; car c'est presque grain à grain que l'abeille tire la terre du trou qu'elle a commencé à ouvrir, et qu'elle la porte sur son bord, où elle en forme une petite montagne. La terre la plus dure ou, au moins, la plus battue est celle que quelques-unes préfèrent. Des allées de jardin sont quelquefois criblées d'un bout à l'autre de trous qu'elles y ont creusés presque perpendiculairement. D'autres espèces d'abeilles creusent plus volontiers à peu près horizontalement. Il y en a quelques-unes de celles-ci qui travaillent dans des sables gras ; d'autres aiment mieux travailler dans de la terre ordinaire. Les terres ou les sables coupés presque à pic et qui s'élèvent au-dessus des chemins dont la pente a été adoucie offrent souvent des mil-

liers de trous ouverts par les unes ou par les autres. On en trouve aussi quelquefois sur les bords de certains fossés. Enfin, il est assez ordinaire à diverses espèces d'abeilles de percer la terre employée à la campagne à lier les pierres des murs de jardins. Les parois du trou n'ont rien de particulier. Près du fond, et sur le fond même, elles sont plus lisses et plus unies que partout ailleurs. Le fond est quelquefois plus évasé que le reste. Lorsqu'on le met à découvert, dans un certain temps, on y trouve une petite masse de pâtée mielleuse, destinée à nourrir le ver qui doit y croître. Dès que la provision de pâtée y a été portée et que l'œuf a été pondu, l'abeille ne manque pas de faire rentrer dans le trou la plus grande partie de la terre qu'elle en avait tirée. Si elle tardait à le faire, inutilement eût-elle pourvu d'aliments le ver qui doit sortir de l'œuf; ils seraient bientôt pillés. Les fourmis, qui rôdent aux environs du nid et qui sont friandes de miel, ne seraient pas longtemps à découvrir où il y en a d'aisé à prendre. Dès qu'une serait descendue au fond du trou pour en tâter, bientôt des centaines s'y rendraient à la file. Enfin, il convient au ver d'être dans un lieu clos de toutes parts pendant qu'il prend son accroissement.

165. D'autres espèces d'abeilles ne s'en tiennent pas à creuser des trous, et des trous beaucoup plus grands que ceux dont il s'est agi jusqu'ici. Dans ces trous, elles construisent des nids à leurs petits avec des morceaux de feuilles arrangés si artistement qu'il est peu d'ouvrages aussi propres à nous donner une grande idée du génie qui a été accordé aux insectes. Ces abeilles cachent leurs nids sous terre, tantôt dans un champ, tantôt dans un jardin. Chacun d'eux est un rouleau, un tuyau cylindrique. Un grand nombre de morceaux de feuilles de figure arrondie et un peu ovale, qui ont été courbés et ajustés les uns sur les autres, forment l'extérieur de cette espèce

d'étui. Si l'on détache ses premières enveloppes, on voit
qu'il est composé de divers étuis plus courts, quelquefois
de six à sept, faits aussi de morceaux de feuilles. Chacun
de ceux-ci ressemble assez à un dé à coudre dont l'ouverture n'aurait point de rebord. Leur arrangement est
aussi tel que celui que les marchands donnent aux dés.
Le bout du second dé de feuilles entre et se loge dans
l'ouverture des premiers, et ainsi des autres. Cette suite
de petits étuis forme l'étui total : chacun est un logement
préparé à un ver.

J'ai dû le plaisir de voir de ces nids pour la première
fois à une aventure assez bizarre et que je crois devoir
rapporter ; elle est propre à montrer qu'ils peuvent paraître très-singuliers même aux hommes les plus grossiers.
D'ailleurs, elle confirmera encore ce que nous avons
prouvé par d'autres exemples, que les connaissances
d'histoire naturelle sont quelquefois propres à calmer des
esprits trop enclins à la superstition et à se laisser effrayer
par de prétendus prodiges. Dans les premiers jours de
juillet 1736, un auditeur de la chambre des comptes de
Paris, seigneur d'un village proche des Andelys, sur la
rivière de Seine, vint voir M. l'abbé Nollet[1] accompagné,
entr'autres domestiques, d'un jardinier qui avait l'air fort
consterné. Il s'était rendu à Paris pour annoncer à son
maître qu'on avait jeté un sort sur sa terre. Il avait eu le
courage, car il lui en avait fallu pour cela, d'apporter les
pièces qui l'en avaient convaincu ainsi que ses voisins,
et qu'il croyait propres à convaincre tout l'univers. Il prétendait les avoir produites au curé du lieu qui n'était pas

---

1. NOLLET (l'abbé), physicien, né en 1700 dans le Noyonnais, mort
en 1770. Il fut pendant plusieurs années le collaborateur de Réaumur,
entra en 1739 à l'Académie des sciences et devint professeur de physique expérimentale au collége de Navarre en 1756. Il publia divers
ouvrages, dont le plus estimé est celui qui parut en 1743 sous le titre
de : *Leçons de physique expérimentale.*

éloigné de penser comme lui. A la vue des pièces, le maître ne prit pourtant pas tout l'effroi que son jardinier avait
voulu lui donner. S'il ne resta pas absolument tranquille,
il jugea au moins qu'il pouvait y avoir du naturel dans
le fait, et il crut devoir consulter son chirurgien. Celui-ci,
quoique habile dans sa profession, ne se trouva pas en
état de donner des éclaircissements sur un sujet qui n'a-
vait aucun rapport avec ceux qui avaient fait l'objet de ses
études ; mais il indiqua M. l'abbé Nollet comme très-capable de décider si l'histoire naturelle n'offrait point quelque chose de semblable à ce qu'on lui présentait. Ce fut
donc sa réponse qui valut à M. l'abbé Nollet une visite
qui a servi à m'instruire. Le jardinier ne tarda pas à
mettre sous ses yeux ces rouleaux de feuilles qu'il n'a-
vait pu soupçonner être faits que par main d'homme, et
d'homme sorcier. Outre qu'un homme ordinaire ne lui
semblait pas capable d'exécuter rien de pareil, à quoi bon
les eut-il faits, et à quel dessein les eut-il enfouis dans la
terre de la crète d'un sillon? Un sorcier seul pouvait les
avoir placés là pour les faire servir à quelque maléfice.
Heureusement que M. l'abbé Nollet avait chez lui d'autres espèces de rouleaux de feuilles artistement travaillés
par des scarabées. Il les montra au jardinier et l'assura
qu'ils étaient faits par des insectes, et que d'autres insectes étaient sans doute les ouvriers de ceux qui lui cau-
saient tant d'inquiétude. Il défit sur le champ quelques-
uns des rouleaux qui avaient paru si redoutables au
paysan qu'il avait été bien éloigné d'oser chercher à porter ses regards dans leur intérieur. M. l'abbé tira un gros
ver d'un de ces rouleaux. Dès que le paysan l'eut vu, son
air sombre et étonné disparut; un air de gaieté et de con-
tentement se répandit sur son visage, comme s'il venait
d'être tiré d'un affreux péril. On l'avait effectivement délivré d'un pesant fardeau, en lui faisant voir qu'il n'avait
plus de sortilége à craindre. M. l'abbé Nollet ne lui de-

manda pour reconnaissance que de laisser les rouleaux qu'il avait apportés, d'en ramasser de pareils, d'en remplir une petite boîte et de l'envoyer au plus tôt par la poste à mon adresse.

166. Je parvins, par la suite, à découvrir plusieurs espèces de ces faiseuses de rouleaux, dont les unes donnent aux leurs plus de longueur et de diamètre que n'en ont ceux des autres, et dont les unes font entrer dans leur composition des feuilles différentes de celles que les autres emploient. Ceux qui m'avaient été remis étaient faits de feuilles d'orme; j'en ai vu d'autres qui l'étaient de feuilles de rosier, d'autres de feuilles de marronnier d'Inde, et, enfin, il m'a été très-bien prouvé que les feuilles de beaucoup d'autres sortes d'arbres et d'arbustes sont mises en œuvre par des abeilles.

Mais comment des abeilles viennent-elles à bout de couper des morceaux de feuilles et de leur donner à chacun les dimensions et les contours nécessaires? Où sont, pour ainsi dire, les ateliers où elles taillent les pièces qu'elles mettent en œuvre? Une ancienne observation me conduisit à voir sur cela ce qui peut être vu. J'avais été embarrassé de savoir par quels insectes avaient été faites des échancrures en très-grand nombre que j'avais remarquées sur les feuilles de certains rosiers. Un jour, une abeille vint se poser sur un arbuste peu éloigné d'un de ces rosiers. Bientôt je lui vis quitter la place où elle s'était reposée quelques moments et voler vers le rosier. Elle se posa en dessous d'une feuille, et, dès qu'elle y fut, elle saisit avec ses deux dents l'endroit du bord dont elle était le plus proche. Elle coupa la feuille, et continua de la couper en avançant vers la principale nervure. A chaque instant, une nouvelle partie de l'épaisseur de la feuille se trouvait entre les dents, et celles-ci, sur le champ, lui donnaient un coup aussi efficace que celui des meilleurs

17.

ciseaux. Enfin, elle conduisit ses coups et sa marche de
façon qu'arrivée près de la nervure de la feuille, elle re-
tourna, toujours coupant, vers le bord, et acheva de couper assez près de l'endroit où elle avait commencé à entailler. Chargée de la pièce qu'elle venait de détacher, elle
prit un haut vol et fut dérobée à mes yeux par les murs
du jardin, au-dessus desquels elle passa. Tout cela fut
fait en bien moins de temps qu'on ne l'imaginerait. Avec
de bons ciseaux nous ne couperions pas plus vite une
pièce dans une feuille de papier que la mouche avec
ses dents en coupa une dans la feuille de rosier.

C'est ainsi que l'abeille coupeuse de feuilles coupe et
transporte successivement toutes les pièces dont elle a
besoin, les ovales, les demi-ovales et les rondes. Quelque
régulier que soit le contour de ces dernières, leur façon
ne lui coûte ni plus d'attention, ni plus de temps que
celle des autres. La facilité et la précision avec lesquelles
elle taille ces pièces circulaires ne sauraient manquer de
nous paraître bien surprenantes, nous à qui il ne serait
pas possible d'en couper de telles sans le secours d'un
compas. Si, du moins, l'abeille se plaçait en dedans de la
circonférence de la pièce qu'elle veut détacher, et que,
pendant que ses dents agissent, elle tournât sur quelque
partie de son corps comme sur un pivot, on concevrait
assez qu'elle aurait pour se guider quelque chose d'équi-
valant au compas. Mais elle est dans la position la plus
désavantageuse ; elle est sur la circonférence même de la
pièce ; enfin, elle n'en peut voir que la portion qu'elle
coupe, et, au plus, celle qui lui reste à couper, puisque la
partie qui a été coupée est passée entre les jambes. Cependant, elle ne tâtonne aucunement ; avec ses dents, elle
coupe aussi vite, en suivant une courbure circulaire, que
nous pourrions couper en ligne droite avec des ciseaux
bien plus grands que les siens.

Ce n'est pas là encore tout ce que nous sommes forcés

d'admirer. Cette pièce ronde est destinée à boucher le bout d'un tuyau cylindrique; elle doit entrer dedans, et nous avons vu qu'elle s'applique assez exactement contre ses parois pour empêcher du miel de s'écouler. Elle doit donc avoir un diamètre précisément égal à celui de ce tuyau. Pendant que l'abeille est sur un rosier, le tuyau auquel elle veut tailler un bouchon si juste n'est pas sous ses yeux; elle l'a quelquefois laissé bien loin et caché sous terre. Elle agit donc comme si elle avait conservé l'idée du diamètre de ce tuyau, puisqu'elle le donne à la pièce circulaire. Nous tenterions assurément sans succès de tailler une pièce propre à s'ajuster exactement dans un tuyau qui serait même devant nous, s'il ne nous avait pas été permis d'en prendre le diamètre et de le rapporter sur la feuille.

Les morceaux de feuilles qui composent le corps de chaque petit cylindre ou dé ont besoin aussi d'avoir d'exactes mesures dans leurs dimensions. Les idées de toutes ces mesures se trouveraient-elles dans la tête de nos abeilles? Elles pourraient pourtant y être sans que nous fussions dans la nécessité de leur croire un génie trop supérieur; elles pourraient y être presque seules, ou jointes à un petit nombre d'autres idées. Les hommes les plus grossiers, que leur destination oblige de voir continuellement certains objets, ont, par rapport à ces objets, des idées qui ne se trouvent pas si nettes dans les têtes les plus fortes. Enfin, si l'on veut que nos mouches fassent tout ce qu'elles font machinalement, ce sont assurément des machines bien surprenantes; elles ne sont pas seulement propres à tracer exactement certaines figures; elles se servent des pièces qu'elles ont taillées pour composer des ouvrages très-singuliers et nécessaires à la conservation de leur espèce. Que ce soit machinalement ou de tête qu'elles en viennent à bout, la gloire en est toujours due à l'Intelligence qui leur a, comme à nous, donné l'être.

Ceux qui refusent toute connaissance aux animaux tournent contre les animaux mêmes la trop constante régularité avec laquelle ils exécutent des ouvrages industrieux. Mais ceux-ci fournissent, presque tous au moins, de quoi affaiblir cette objection ; ils ont leurs maladresses et leurs méprises. Nos abeilles, pour soutenir leur honneur, ont à en produire. Celle qui arrive auprès d'un rosier, en fait le tour, et souvent plusieurs fois, comme pour examiner la feuille où, par préférence, elle doit prendre une pièce. Quelquefois il lui arrive de mal juger de la bonne qualité de celle qu'elle a choisie, ou de ne pas suivre assez exactement le trait de la coupe. J'ai vu plus d'une fois une coupeuse qui, après avoir entaillé une feuille, tantôt plus, tantôt moins avant, abandonnait l'ouvrage commencé et partait pour aller attaquer dans l'instant une autre feuille, dont elle emportait une pièce telle qu'elle n'avait pu la trouver dans la première feuille, ou qu'elle avait réussi à mieux couper.

Le reste de l'Histoire de ces mouches n'a rien de particulier à nous offrir. Quand nous ne le dirions pas, on penserait sans doute que, lorsqu'un dé de feuilles a été fini et rempli de pâtée, la coupeuse pond un œuf, et que ce n'est qu'après l'avoir pondu qu'elle ferme la cellule. Dans leurs cellules si bien closes et si bien cachées, les vers de nos coupeuses ne sont pas toujours en sûreté, et c'est qui ne paraîtra pas nouveau. Avant même que le ver soit sorti de l'œuf, une mouche étrangère sait profiter de l'absence de la coupeuse ; elle va faire ses œufs dans la cellule. La coupeuse les y renferme sans savoir qu'ils y sont et qu'ils donneront naissance à des vers qui mangeront le sien.

167. Le modèle sur lequel sont construits les nids des coupeuses de feuilles a aussi été donné à d'autres abeilles pour construire les leurs, quoiqu'elles doivent y em-

ployer des matériaux un peu différents. Plusieurs donnent à leurs trous des tentures qui peuvent le disputer par la vivacité et l'éclat de leur couleur à quelques-unes de celles dont nous parons le plus volontiers nos chambres et nos cabinets ; je veux parler des tentures de damas cramoisi. Les tentures des trous de nos mouches ne sont pas, à la vérité, ouvragées comme le damas ; car elles sont plus lisses et plus unies que le plus beau satin ; mais elles sont d'un rouge couleur de feu qui a bien un autre éclat que le cramoisi de nos damas.

C'est sur les pétales d'une fleur de coquelicot nouvellement épanouie et encore très-fraîche que nos abeilles vont prendre les pièces dont elles veulent tendre leurs nids. La saison où elles commencent leurs travaux ne précède pas celle où les premières fleurs de coquelicot s'épanouissent. Le fort de l'ouvrage pour elles est le temps où ces plantes sont en pleine fleur. Les endroits où elles fouillent plus volontiers la terre m'ont paru être les bords des sentiers qui passent entre des champs de blé. Communément, la profondeur de chaque trou n'est guère que de trois pouces ; sa direction est perpendiculaire à l'horizon. Il forme un tuyau bien cylindrique jusqu'à sept à huit lignes du fond ; là, il s'évase pour prendre une figure qui approche de l'hémisphérique. Quand une mouche lui a donné les proportions qu'elle lui veut, quand elle en a bien dressé les parois, elle songe à les tapisser. Dès que je sus que c'était avec des morceaux de pétales de coquelicot, il ne me fut pas difficile de distinguer des autres les fleurs sur lesquelles des tapissières avaient été s'en fournir. Je remarquai, et en très-grand nombre, de ces fleurs dont une ou plusieurs feuilles avaient été entaillées : les contours de l'entaille étaient aussi nets que s'ils eussent été faits par un emporte-pièce. En un mot, nos tapissières sont aussi des coupeuses. Elles coupent des pièces dans les pétales des

fleurs avec une adresse semblable à celle des abeilles
qui coupent des pièces dans des feuilles d'arbres et d'arbustes pour en construire les nids que nous avons admirés tout à l'heure. Les pièces que nos tapissières prennent
dans les pétales du coquelicot tiennent de la figure d'une
moitié d'ovale, comme quelques-unes de celles que les
autres abeilles coupent dans des feuilles de rosier, de
marronnier, d'orme, etc.

La tapissière entre dans son trou avec la pièce qu'elle
a enlevée à une fleur de pavot ; elle la tient pliée en deux,
et, malgré cela, la pièce ne peut manquer de se chiffon-
ner en frottant contre les parois d'une cavité étroite ;
mais la mouche ne l'a pas plus tôt conduite jusqu'à
la profondeur où elle la veut, qu'elle la déploie, qu'elle
l'étend, et qu'elle l'applique uniment sur les parois. Les
premières pièces qu'elle emploie sont mises sur le fond du
trou. Au-dessus de celles-ci, elle en tend d'autres, et cela
successivement, jusqu'à ce qu'elle soit parvenue à couvrir entièrement la surface intérieure du trou, et même
une étendue de quelques lignes tout autour de son ouverture. Chaque pièce ne peut guère tendre plus du tiers
de la circonférence du trou, et, dans la hauteur, il y en
a peut-être cinq à six les unes au-dessus des autres.

Ce n'est pas, apparemment, parce que nos tapissières
sont touchées de la beauté du rouge éclatant des fleurs
de coquelicot, qu'elles les emploient par préférence aux
fleurs de tant de plantes que la campagne met à leur
disposition. Leur choix paraît fondé sur une raison plus
solide. Il leur serait difficile de trouver des pétales d'autres fleurs aussi grandes qui fussent aussi minces et
aussi flexibles, et, par conséquent, aussi aisés à appliquer parfaitement contre les parois du trou. Ce n'est
pas, pourtant, que l'épaisseur d'un pétale de coquelicot
donne une couverture assez épaisse au gré de la mouche.
J'ai enlevé jusqu'à quatre couches de fleurs de dessus le

fond d'un trou, et je n'en ai jamais trouvé moins de deux ajustées sur les parois cylindriques. Pour notre abeille, une feuille qui aurait l'épaisseur de deux et même de quatre pétales de pavot ne serait pas difficile à trouver ; mais elle ne répondrait pas à ses vues ; ces feuilles épaisses n'auraient pas une flexibilité pareille à celle des autres. D'ailleurs, comme les jointures doivent être couvertes, il faut au moins deux lits de feuilles, ce qui rendrait les recouvrements trop épais, si les feuilles étaient épaisses.

Les morceaux de fleurs qui tapissent en dehors les bords du trou font partie d'une grande pièce qui est appliquée sur les parois intérieures. Elle y a été ajustée d'abord de façon qu'elle s'élevât de quelques lignes au-dessus de l'entrée du trou ; la portion excédante a été ensuite repliée sur le bord et étendue sur le terrain plat. La tapisserie qui recouvre les parois intérieures du trou n'est, à proprement parler, qu'un étui de fleurs de coquelicot, qui a une solidité qui suffirait pour lui conserver sa forme, indépendamment de l'appui extérieur. Sa surface intérieure a tout le lisse et l'uni qu'on peut désirer.

168. C'est seulement lorsque l'intérieur du trou a été revêtu d'un nombre suffisant de couches de fleurs que la mouche porte de la pâtée dans le fond, et l'y accumule jusqu'à ce qu'elle s'élève à sept à huit lignes. Il n'en faut pas d'avantage pour le ver qui doit sortir du seul et unique œuf qui sera déposé dans le nid. Dès qu'elle a porté dans le trou la quantité de provision nécessaire et qu'elle y a pondu un œuf, elle détend toute la tapisserie qui se trouve depuis le bord du trou jusqu'à la pâtée. A mesure qu'elle la détend, elle la pousse vers le fond du trou et l'y plie, et cela, de manière que la partie supérieure de la masse de pâtée, qui seule n'était pas enveloppée de fleurs de coquelicot, en devient bien

mieux recouverte que tout le reste. La façon dont nous nous y prenons, lorsque nous voulons renfermer dans un rouleau cylindrique de papier quelque graine ou quelque poudre dont le rouleau n'est pas plein, est très-propre à donner une idée de ce que l'abeille fait de sa tapisserie, à mesure qu'elle l'ôte de dessus les parois contre lesquelles elle était appliquée. Quand cela est fini, le tuyau de fleurs qui avait trois pouces et plus de haut est réduit à n'avoir plus que onze à douze lignes. La pâtée et le ver se trouvent renfermés dans un sac fait d'un grand nombre de couches de fleurs, et surtout en dessus. Ce qui reste alors à faire à la mouche, et à quoi elle s'occupe bientôt, c'est de remplir de terre le vide de deux pouces environ de hauteur qui reste entre le des-sus du sac et l'entrée du trou. Elle le remplit si bien que, quand l'ouvrage est achevé, on ne saurait plus reconnaître l'endroit où la terre avait été percée. Quoique le travail de percer, de meubler, de fournir de provisions et de fermer un trou comme ceux dont il s'agit doive être un grand ouvrage pour une petite mouche, je ne crois pas que c'en soit un pour elle de plus de deux à trois jours. Aussi, n'a-t-elle pas qu'un trou à faire, car, sans doute, sa ponte n'est pas bornée à un seul œuf. Si l'on savait le nombre de ceux qui sont contenus dans son corps, on saurait le nombre de nids qu'elle est obli-gée de leur préparer. La dissection eût pu donner sur cela quelques lumières ; mais les âmes compatissantes ne seront pas fâchées que j'aie négligé d'ouvrir le ventre de quelques-unes de nos tapissières pour chercher à y prendre au moins une idée grossière de la quantité des œufs qu'il contient : c'est un fait qu'on peut ignorer sans beaucoup de regret.

CHAPITRE XXXIV

Histoire des Guêpes qui vivent en société.

169. Les guêpes n'ont guère été connues pendant bien des siècles, et ne le sont guère encore de beaucoup de gens, que par le ravage qu'elles font des fruits de nos jardins, et que comme des mouches dont les approches sont à redouter. Quoique les abeilles soient aussi armées d'un aiguillon, elles doivent être regardées comme un peuple pacifique qui, occupé continuellement de ses travaux, ne cherche point à attaquer et ne songe qu'à se défendre, et qui, enfin, ne se nourrit point aux dépens d'autrui. Les guêpes, au contraire, peuvent paraître un peuple féroce qui ne vit que de rapines et de brigandages. Nous nous condamnerions pourtant nous-mêmes en les jugeant avec tant de rigueur. Contentons-nous de les regarder comme des mouches guerrières qui, ainsi que nous, croient avoir droit, pour se nourrir, sur les fruits que la terre produit et sur les animaux qui l'habitent auxquels elles sont supérieures en force. Pour être belliqueuses, elles n'en sont pas moins bien policées ; elles n'en paraissent ni moins pleines de tendresse pour leurs petits, ni moins animées par le désir de se procurer une nombreuse postérité. Pour y parvenir, elles n'épargnent ni soins ni travaux. Les ouvrages qu'elles exécutent font honneur à leur patience, à leur adresse et

à leur génie. Elles ont, comme les mouches a miel, leur architecture particulière et digne de notre admiration. Il est vrai que leurs édifices construits avec beaucoup d'art nous sont inutiles, que nous ne savons pas faire usage des matériaux qui les composent, comme nous faisons usage de la cire.

Les guêpes de plusieurs espèces vivent en république, comme les mouches à miel. Le nombre des mouches de quelques-unes de leurs sociétés égale celui des habitants d'une grande ville ; mais les sociétés de différentes autres espèces de guêpes n'ont pas plus de mouches qu'un petit village n'a d'habitants. Enfin, beaucoup d'espèces de guêpes, comme beaucoup d'espèces d'abeilles, mènent la vie la plus solitaire.

Les différentes espèces de guêpes prennent par préférence différents lieux pour construire leurs nids ou guêpiers. Les unes ne craignent point de les laisser exposés à toutes les injures de l'air, et les autres les mettent à couvert. Il y a encore, parmi celles ci, des choix différents pour les lieux ; car les unes logent volontiers leurs guêpiers dans des troncs d'arbres pourris en partie, ou sous des toits de greniers non fréquentés ; d'autres les cachent sous terre, et c'est ce que font les guêpes les plus communes dans ce pays, celles qu'on peut appeler les *guêpes domestiques*, parce qu'elles s'introduisent dans nos salles à manger et viennent hardiment goûter de tous les mets qu'on sert sur nos tables.

170. Les guêpes qui bâtissent sous terre ne sont pas seulement avides de fruits, elles sont au rang des insectes les plus carnassiers. Elles font une guerre cruelle à toutes les autres mouches ; mais c'est surtout à celles du genre des abeilles qu'elles en veulent. J'en ai souvent observé qui aimaient à se rendre et à se tenir auprès de mes ruches ; là, j'ai vu plusieurs fois une guêpe se saisir

d'une abeille qui était prête à rentrer dans son habitation, et la porter par terre. Elle restait dessus sans l'abandonner, et lui donnait des coups de dents redoublés qui tendaient à séparer le corselet du corps. Quand la guêpe en était venue à bout, elle prenait celui-ci entre ses jambes et l'emportait en l'air.

Les guêpes ne se contentent pas du petit gibier que leur chasse leur peut fournir ; nos viandes sont à leur goût ; elles savent trouver les lieux où nous allons les prendre. Elles se rendent en grand nombre dans les boutiques des bouchers de campagne. Là, chacune s'attache à la pièce qu'elle aime le mieux, et, après s'en être rassasiée, elle en coupe ordinairement un morceau pour le porter à son guêpier. Ce morceau surpasse souvent en volume la moitié du corps de la mouche; il est quelquefois si pesant que celle qui s'est élevée en l'air, après s'en être chargée, est obligée sur-le-champ de redescendre à terre. Les deux grandes dents mobiles dont les guêpes sont pourvues ont leur bout taillé en scie. C'est avec ces dents qu'elles coupent les morceaux de viande qu'elles veulent emporter. Elles les prennent souvent au milieu d'une pièce ; elles les rongent tout autour et par dessous jusqu'à ce qu'ils ne tiennent plus à rien. Elles y sont occupées avec tant d'avidité qu'il serait aisé alors de les tuer, même avec la main, sans aucun risque d'être piqué, et d'en détruire de la sorte un grand nombre chaque jour. Malgré leurs larcins, les bouchers de campagne vivent cependant en paix avec elles. Les mouches, et surtout les grosses mouches bleues, déposent sur la viande des œufs d'où sortent des vers qui la font corrompre plus vîte. Les guêpes gardent la viande contre ces grosses mouches, qui n'osent rester dans la boutique où il ne fait pas sûr pour elles. Les guêpes leur donnent la chasse, et, pour cela, il n'en coûte par jour au boucher qu'une rate de bœuf ou, tout au plus, qu'une portion de foie de bœuf ou de veau. Ce sont des viandes auxquelles elles s'attachent par préférence et qui les empêchent de toucher aux autres.

171. Après avoir pris un bon repas et s'être chargées de proie, les guêpes retournent à leur nid. Un trou d'environ un pouce de diamètre, dont l'ouverture est à la surface de la terre, est le chemin qui conduit à une petite ville souterraine qui n'est pas bâtie dans le goût des nôtres, mais qui a sa symétrie. Les rues et les logements y sont régulièrement distribués ; elle est même entourée de murs de tous côtés. Je ne donne point ce nom aux parois du creux où elle est située ; les murs dont je veux parler ne sont que des murs de papier, mais forts de reste pour les usages auxquels ils sont destinés ; ils ont quelquefois plus d'un pouce et demi d'épaisseur. Cette enveloppe a au moins deux portes, qui ne sont que deux trous ronds. Les guêpes entrent continuellement dans le guêpier par l'un de ces trous et sortent par l'autre. Chaque trou n'en peut laisser passer qu'une à la fois. Leur circulation est toujours libre au moyen de l'ordre qu'elles observent ; les unes ne s'opposent point aux mouvements des autres ; je n'en ai jamais vu entrer par celui des trous qui a été choisi pour la sortie, et j'en ai vu très-rarement sortir par celui qui a été établi pour l'entrée.

Pénétrons maintenant dans l'intérieur du guêpier. Il est occupé par plusieurs gâteaux plats, parallèles les uns aux autres et tous placés à peu près horizontalement. Ils ressemblent aux gâteaux ou rayons des mouches à miel, en ce qu'ils ne sont qu'un assemblage d'alvéoles ou de cellules hexagones très-régulièrement construites ; mais ils en diffèrent par bien des circonstances. Ils sont faits de la même matière que l'enveloppe du nid, c'est-à-dire, d'une espèce de papier. Au lieu que les gâteaux des abeilles sont composés de deux rangs de cellules, dont les unes ont leurs ouvertures sur une des faces du gâteau, et les autres sur l'autre, ceux-ci n'ont qu'un seul rang de cellules, et toutes ont leurs ouvertures en bas, d'un même côté. Ces cellules ne contiennent point de miel ; elles sont uniquement destinées à loger les œufs, les vers qui en éclosent, les nymphes et les jeunes guêpes qui n'ont point encore volé. Au lieu que les vers des mouches à miel sont couchés presque horizontalement, ceux des guêpes sont presque tout droits, ayant la tête en bas, parce qu'ils l'ont toujours tournée vers l'ouverture de la cellule. L'épaisseur des gâteaux est, à peu de chose près, égale à la profondeur des cellules et proportionnée à la longueur des mouches.

Tous les guêpiers ne sont pas composés d'un nombre égal de gâteaux. J'en ai trouvé jusqu'à quinze à quelques-uns, et onze seulement à d'autres. Le diamètre des gâteaux change en même proportion que celui de l'enveloppe. Le premier, le supérieur, n'a souvent que deux pouces de diamètre, pendant que ceux du milieu ont un pied. Les derniers sont aussi plus petits que ceux du milieu. Tous ces gâteaux sont comme autant de planchers disposés par étages, et qui fournissent de quoi loger un prodigieux nombre d'habitants. Un guêpier, suivant les évaluations que nous avons faites, produit par an plus de trente mille guêpes. Les différents gâteaux laissent entre eux des chemins libres aux guêpes ; il y a toujours de l'un à l'autre environ un demi-pouce de distance. Cela ne fait pas des étages fort élevés ; mais leur hauteur est proportionnée à celle des habitants. Ces intervalles sont si spacieux que ce serait trop peu que de ne les comparer qu'aux plus vastes salles, ou que de ne les regarder que comme des rues très-larges ; par leur grandeur et par le nombre du petit peuple qui s'y rend, ils ressemblent mieux aux places publiques de nos villes. Nous n'avons pas imaginé, à la vérité, de disposer nos places par étages; aussi, les guêpes ne se sont-elles pas proposé d'imiter notre architecture. Les intervalles entre les gâteaux que nous appelons des places publiques sont décorés par un grand nombre de colonnes semblables. Ces colonnes ne sont autre chose que les liens nécessaires pour soutenir les gâteaux. Ici, les fondements de l'édifice sont à sa partie la plus élevée; c'est toujours en descendant que nos guêpes bâtissent. Le plus petit des gâteaux est construit le premier et est attaché à la partie supérieure de l'enveloppe du nid. Le second gâteau est suspendu en l'air par des liens qui tiennent au premier; de même, les liens qui suspendent le troisième gâteau sont arrêtés contre le second, et ainsi de suite jusqu'au dernier; de sorte que le premier gâteau se trouve chargé en grande partie du poids de tous les autres.

172. L'enveloppe du guêpier est un ouvrage particulier à nos mouches. Quelque industrieuses et laborieuses que soient les abeilles ordinaires, elles ne portent pas si loin leurs soins pour la conservation de leurs gâteaux; celles qui se logent elles-mêmes à la campagne dans des creux de troncs d'arbres ou de murs, comme celles qu'on établit dans des ruches, s'en tiennent à appuyer immédiatement leurs gâteaux de cire contre les parois intérieures de la cavité qu'elles ont trouvée toute faite. L'enveloppe que nos guêpes jugent nécessaire à leur nid est pour elles un grand objet de travail; elle a souvent plus d'un pouce et demi d'épaisseur. Toute cette épaisseur n'est pas un massif; elle est faite de plusieurs couches qui laissent des vides entre elles; elle est formée par un grand nombre de cintres, de petites voûtes mises les unes sur les autres et les unes à côté des autres; chacune des voûtes est aussi mince qu'une feuille de papier fin. À mesure que les guêpes épaississent l'enveloppe de leur nid, elles bâtissent sur les couches déjà formées une au-

tre couche composée de pareils morceaux cintrés. J'ai souvent compté quinze à seize couches, et leur nombre va quelquefois plus loin. Il en résulte une espèce de boîte propre à renfermer les gâteaux, à les mettre à couvert de la pluie qui perce quelquefois la terre. Toute massive, elle serait plus aisée à imbiber; l'eau qui a pénétré une des voûtes ne peut mouiller celle de dessous sans dégoutter, au lieu que, si tout était massif, l'eau percerait par le seul contact. D'ailleurs, cette sorte d'architecture épargne considérablement de matériaux.

Rien n'est plus amusant que de voir les guêpes travailler à étendre ou à épaissir cette enveloppe. Il n'est point d'ouvrage qu'elles conduisent plus vîte. Un grand nombre de mouches y sont occupées, mais tout se fait sans confusion; aussi, est-il aisé de les suivre dans ce travail, parce qu'une seule guêpe entreprend une bande d'un cintre et mène seule plus d'un pouce ou un pouce et demi d'ouvrage à la fois. Elle expédie la besogne avec tant de célérité que ce qu'elle en a fait dans un instant peut être distingué du reste.

La matière mise en œuvre pour l'enveloppe du guêpier est aussi celle dont les guêpes font les gâteaux et les liens qui les suspendent. Elles travaillent les cellules qui composent ces gâteaux de la même façon que les feuilles qui forment l'enveloppe; mais elles font le tissu des cellules plus lâche. Au contraire, elles rendent le tissu des liens aussi serré, aussi compacte qu'il leur est possible. Ces liens sont entièrement massifs; ils ont besoin d'être forts.

173. Mais où les guêpes prennent-elles les filaments dont leur papier est composé, la matière qui en fait le corps? L'histoire de ces mouches n'a rien qui m'ait été caché plus longtemps; une mère guêpe de l'espèce de celles dont il s'agit actuellement vint m'instruire enfin

de ce que j'avais cherché tant de fois inutilement. Elle se posa auprès de moi sur le châssis de ma fenêtre qui était ouverte. Je la vis rester en repos dans un endroit d'où il ne paraissait pas qu'elle pût tirer rien de fort succulent. Pendant que le reste de son corps était tranquille, je remarquai divers mouvements de sa tête. Ma première idée fut que la guêpe détachait du châssis de quoi bâtir, et cette idée se trouva vraie. Je l'observai avec attention ; je vis qu'elle semblait ronger le bois, que ses deux dents agissaient avec une extrême activité ; elles coupaient des brins de bois très-fins. La guêpe n'avalait point ce qu'elle avait ainsi détaché ; elle l'ajoutait à une petite masse de pareille matière qu'elle avait déjà ramassée entre ses jambes. Peu après, elle changea de place, mais elle continua de ronger le bois et d'ajouter ce qu'elle en arrachait au petit amas déjà fait. Après m'être assez assuré de ce travail, je pris la guêpe dans l'action même. Je la trouvai chargée à peu près de la quantité de matière que ces mouches ont coutume de porter au guêpier ; elle n'en avait pourtant pas encore formé une boule. Cette matière n'était pas autant humectée qu'elle l'est quand l'insecte la met en œuvre.

Ce qui mérite ici que nous y fassions attention, c'est que les petites parcelles ne ressemblaient pas à celles qui ont été détachées d'un morceau de bois par les dents d'un insecte qui l'a rongé. Les fragments sont alors une sciure, c'est-à-dire, de petits grains aussi larges à peu près que longs ; au lieu que les parcelles ligneuses enlevées par la guêpe étaient de vrais filaments, de petits brins extrêmement déliés, quoiqu'ils eussent souvent plus d'une ligne de longueur Des brins de bois gros et courts, pareils à ceux de la sciure, n'accommoderaient pas nos guêpes ; ils seraient peu propres à s'entrelacer. Pour faire un papier fin, il leur faut des filaments pareils à ceux du papier dont nous nous servons. Aussi, me fut-il permis d'observer une adresse de la guêpe au moyen de laquelle elle se procurait des filaments ligneux. Elle ne se contentait pas de hacher le bois, ce qui ne lui eût donné que des morceaux courts, pareils à ceux de la sciure ; avant que de le couper, elle le charpissait, pour ainsi dire ; elle pressait les fibres entre ses serres, elle les tirait en haut. Par là, elle les écartait les unes des autres, et ce n'était qu'après les avoir réduites en charpie qu'elle les coupait.

Quand on a une fois aperçu certaines singularités qui avaient échappé, on les retrouve à tout moment sous ses yeux, on est surpris de ce qu'on ne les avait pas vues plutôt. Depuis que j'eus observé la guêpe qui détachait du bois de ma fenêtre, j'ai été attentif à suivre les mouvements de celles qui s'appuyaient sur le bois sec, et j'ai eu beaucoup d'occasions de me convaincre que les guêpes de toutes espèces y vont arracher les filaments dont elles ont besoin pour faire leur papier ; j'en ai vu et revu d'occupées à le ratisser avec leurs dents. Les vieux treillages des espaliers, les vieux châssis, les vieilles portes et les vieux contrevents des fenêtres sont surtout à leur goût ; car il est à remarquer qu'elles ne travaillent que sur le bois vieux et sec et qui a été pendant longtemps exposé aux injures de l'air. Il ne serait pas facile de tirer les fibres du lin nouvellement arraché de terre ; pour parvenir à les dégager, on le laisse rouir pendant du temps, c'est-à-dire qu'on le tient sous l'eau pendant plusieurs semaines, après quoi on le fait sécher. La première surface du bois qui a été exposé plusieurs années aux injures de l'air a été tant de fois arrosée par la pluie qu'elle se trouve dans l'état du lin roui. Nos mouches en détachent sans peine des filaments incomparablement plus fins que ceux qu'elles tireraient du bois qui serait toujours resté à couvert. Aussi, quand les treillages des espaliers ont été peints, les guêpes se donnent bien de

garde de les attaquer dans les endroits où la peinture s'est
conservée; mais, si elle s'y est écaillée quelque part, elles
s'y arrêtent et en tirent des filaments.

174. Au reste, la construction du guêpier n'occupe
qu'une assez petite partie des ouvrières; les autres ont
d'autres emplois. Pour entendre en quoi ils consistent et
comment ils sont distribués, il faut savoir que les républiques des guêpes, comme celles des abeilles, sont composées de trois sortes de mouches, de femelles, de mâles
et de guêpes sans sexe. Ces dernières répondent aux
mouches qui sont la plus nombreuse partie des sociétés
d'abeilles, et que nous avons appelées les *ouvrières*. Le
nombre des guêpes sans sexe surpasse aussi beaucoup
celui des femelles et des mâles pris ensemble. Nous les
désignerons sous le nom de *mulets;* le nom d'ouvrières
ne leur serait pas aussi propre qu'il l'est au commun des
mouches à miel. Les plus grands travaux roulent cependant sur les mulets; mais ils ne sont pas seuls laborieux.
Il n'en est pas, en effet, parmi les guêpes comme parmi
les abeilles, où les femelles vivent en vraies reines, passant leur vie à pondre et à recevoir les hommages et les
bons offices que leur rendent des mouches qui leur sont
dévouées au-delà de ce que l'on pourrait imaginer. Il n'y
a point d'ouvrages que les mères guêpes ne sachent faire
et auxquels elles ne travaillent en certains temps. Si les
guêpes nouvellement nées avaient besoin d'être instruites, elles le seraient par les exemples de leur mère. Les
mâles ne sont pas des travailleurs comparables aux mulets; mais ils ne mènent pas une vie aussi paresseuse que
celle des mâles des mouches à miel. Cependant ils ne paraissent pas être au fait du travail le plus important, qui
est celui de bâtir. Je n'en ai jamais vu aucun occupé à
construire des cellules ou à fortifier l'enveloppe du guêpier, et je n'en ai jamais trouvé dans les guêpiers que

vers la fin d'août. Ils ne s'emploient, pour ainsi dire, qu'aux menus ouvrages, comme de tenir le guêpier net, d'en emporter les ordures et surtout les corps morts. Ces corps morts sont de lourds fardeaux pour eux et des plus pesants qu'ils aient à transporter ; deux mâles joignent quelquefois leurs forces pour en traîner un. Cette besogne ne les regarde pourtant pas seuls ; les mulets s'en chargent aussi. Quand le cadavre paraît trop pesant à la mouche qui se trouve seule, elle lui coupe la tête et le transporte en deux fois.

Quand un guêpier est bien fourni d'habitants, comme le nombre des mulets y surpasse considérablement celui des autres mouches, ce sont eux aussi qui sont chargés des plus grands travaux et de ceux de différentes espèces. Ce sont eux alors qui bâtissent, qui nourrissent les mâles, les femelles et même les petits. Excepté ceux qui sont occupés à aller ramasser des matériaux pour étendre l'habitation et en fortifier les enceintes, et ensuite à les mettre en œuvre, les autres vont continuellement à la chasse. Les uns attrapent de vive force des insectes qu'ils portent quelquefois tout entiers au guêpier ; mais, plus souvent, ils n'y portent que le ventre ; d'autres pillent les boutiques des bouchers, d'où ils arrivent chargés de morceaux de viande plus gros que la moitié de leur corps ; d'autres ravagent les fruits de nos jardins et de nos campagnes ; ils les rongent, les sucent et en rapportent le suc. Arrivés dans la ruche, ils font part de ce que leurs courses leur ont produit aux femelles, aux mâles et même à d'autres mulets qui, pour avoir été occupés dans l'intérieur, n'avaient pu aller chercher de quoi vivre. Plusieurs guêpes s'assemblent autour du mulet qui vient d'arriver et chacune prend sa portion de ce qu'il apporte.

Les mulets, quoique les plus laborieux, sont les plus petits ; ils sont les plus vifs, les plus légers et les plus ac-

tifs ; les femelles sont les plus grosses et les plus pesantes ; elles marchent plus lentement. Il y a des temps où
le guêpier n'en a qu'une seule, comme les ruches de
mouches à miel n'ont qu'une seule mère ; mais, dans
d'autres temps, on peut compter plus de trois cents femelles dans un seul guêpier, au lieu que le nombre des
femelles est toujours très-petit parmi les mouches à
miel. Si, parmi celles-ci, il s'en trouve quelquefois huit
à dix, ce ne peut être que pendant peu de jours, tandis
que les trois cents mères guêpes peuvent vivre dans le
guêpier pendant plusieurs mois.

175. Pendant les mois de juin, juillet, août, et jusqu'au commencement de septembre, les mères se tiennent dans l'intérieur du guêpier. On ne les voit guère
voler à la campagne qu'au commencement du printemps
et dans les mois de septembre et d'octobre. Dans les mois
d'été, elles sont occupées à pondre, et surtout à nourrir
leurs petits. Une ruche qui a tous ses gâteaux a quelquefois plus de seize mille cellules ; et, entre toutes ces cellules, il n'y en a peut-être pas sept à huit qui n'aient ou un
œuf, ou un ver, ou une nymphe.

Ce sont les vers qui demandent les principaux soins
des mouches qui se tiennent dans l'intérieur du guêpier ;
elles les nourissent comme les oiseaux nourrissent leurs
petits ; de temps en temps elles leur portent la becquée.
C'est une chose merveilleuse que de voir l'activité avec
laquelle une mère guêpe parcourt les unes après les autres les cellules d'un gâteau. Elle fait entrer sa tête assez
avant dans celles dont les vers sont petits ; ce qui s'y
passe est dérobé à l'observateur, mais il est aisé d'en juger par ce qu'elles font dans les cellules dont les vers
plus gros sont prêts à se métamorphoser. Ceux-ci, plus
forts, sont moins tranquilles ; souvent ils avancent leur
tête hors de la cellule, et, par de petits bâillements, sem-

blent demander la becquée. On voit la guêpe la leur apporter. Après qu'ils l'ont reçue, ils restent tranquilles, ils se renfoncent pour quelques instants dans leur petite loge.

J'ai eu quelquefois des fragments de gâteaux pleins de gros vers; ces vers, au défaut de la becquée de la mère qui leur manquait et qu'ils demandaient inutilement par des mouvements inquiets et par de fréquents bâillements, suçaient avidement et avalaient ce que je mettais à portée de leur bouche. J'aurais pu leur tenir lieu de leurs mères nourrices, et les élever, pour ainsi dire, à la brochette, comme on élève de petits oiseaux. C'est une expérience qui méritait d'être faite; elle l'a été avec succès, il y a déjà quelques années, et, ce qui paraîtra encore plus singulier, ç'a été par un écolier âgé d'environ douze ans. Ce jeune écolier, ayant eu en sa possession un gâteau plein de vers de guêpes, trouva plus de plaisir à leur donner des becquées de miel que le commun des enfants n'en trouve à nourrir des oiseaux. Plusieurs des vers dont il prit soin parvinrent à se transformer; le nombre de ceux qui périrent fut pourtant le plus grand, et il y a lieu de croire que ce fut plutôt pour avoir trop mangé que pour avoir jeûné.

Quand les vers sont devenus assez gros pour remplir leur cellule, ils sont prêts à se métamorphoser; ils n'ont plus besoin de prendre de nourriture; ils se l'interdisent eux-mêmes, ainsi que tout commerce avec les autres guêpes. Ils bouchent l'ouverture de leur cellule; ils lui font un couvercle. Celui-ci, comme les coques des chenilles, est de soie; les vers le filent précisément comme les chenilles filent leur coque, en se donnant les mêmes mouvements de tête. Peu après que le ver s'est ainsi renfermé, il se transforme en une nymphe à laquelle on trouve aisément toutes les parties de la guêpe. Enfin, vers le huitième ou le neuvième jour, l'insecte se dépouille de l'enveloppe mince qui tenait ses parties emmaillottées et paraît sous la forme de mouche. La guêpe dont tous les membres sont devenus libres commence par faire usage de ses dents ; elle s'en sert pour ronger le couvercle qui la renfermait. Après qu'elle est sortie de sa cellule, elle n'est pas longtemps à profiter de la nourriture que les autres apportent au guêpier, et, dans ceux qui sont sans enveloppe, j'ai vu des mouches qui, dès le même jour qu'elles s'étaient transformées, allaient à la campagne et en rapportaient de la proie qu'elles distribuaient aux vers des cellules. Celle d'où est sortie une jeune guêpe ne reste pas vacante ; d'abord qu'elle a été abandonnée, une vieille guêpe travaille à la nettoyer et à la rendre propre à recevoir un nouvel œuf.

176. Vers le commencement d'octobre, il se fait dans chaque guêpier un singulier et cruel changement de scène. Les guêpes alors cessent de songer à nourrir leurs petits. Elles font pis : de mères ou nourrices si tendres, elles deviennent des marâtres impitoyables ; elles arrachent des cellules les vers qui ne les ont point encore fermées, elles les portent hors du guêpier. C'est alors la grande occupation des mulets et des mâles. Je ne sais si les mères y travaillent aussi ; je ne les ai pas vues se prêter à ces barbares expéditions. Ce n'est point, au reste, à une seule espèce de vers que nos guêpes s'attachent, comme les abeilles qui, en certain temps, détruisent les vers faux-bourdons ; rien n'est ici épargné. Le mulet arrache indifféremment les vers mulets de leurs cellules ; le mâle arrache les vers mâles, et même les ronge un peu au-dessous de la tête : le massacre est général.

Tâcherons-nous de deviner la raison de cette barbarie apparente ? Est-ce qu'elles veulent faire périr des petits qu'elles ne croient pas pouvoir nourrir, ou qu'elles jugent ne pouvoir venir à bien, à cause des froids dont ils sont menacés, et auxquels les guêpes les plus fortes ont peine à résister, car le froid les étonne toutes extrêmement? Les premiers jours de gelée blanche, elles ne sortent que quand le soleil a un peu échauffé l'air. Quand la chaleur commence à se faire sentir, les mères quittent le dedans du guêpier et s'attroupent sur son enveloppe ou auprès de cette enveloppe. Elles se mettent en tas les unes sur les autres et s'y tiennent parfaitement tranquilles. Lorsque le froid devient plus grand, elles n'ont pas même la force de donner la chasse aux mouches communes qui entrent dans leur guêpier. Le froid les fait enfin périr. L'édifice des guêpes est un ouvrage de quelques mois et ne doit servir qu'une année. Cette habitation si peuplée pendant l'été est presque déserte en hiver; et est entièrement abandonnée au printemps : il n'y reste pas une seule mouche.

Les mulets, qui naissent les premiers, périssent aussi les premiers. Quelque soin que j'aie apporté à bien couvrir mes ruches, je n'en ai pas trouvé un seul en vie à la fin d'un hiver doux ; je les ai vus périr presque tous dès les premières gelées. Les femelles, plus fortes et destinées à perpétuer l'espèce, soutiennent mieux l'hiver. Elles le passent tout entier sans manger; car elles ne ressemblent pas aux abeilles, qui font des provisions. En eussent-elles de faites, elles n'en profiteraient pas. J'ai souvent mis alors dans leur guêpier du sucre, du miel et d'autres mets qu'elles cherchent pendant l'été ; elles n'y touchaient pas. Au printemps, chacune des femelles qui ont survécu devient la fondatrice d'une république dont elle est la mère dans le sens propre. Les établissements que les guêpes forment sont bien éloignés de nous être aussi utiles que ceux des mouches à miel ; ils ne nous sont que nuisibles ; nous ne pouvons pourtant nous empêcher de reconnaître qu'en eux-mêmes ils ont quelque chose de plus grand. Si la gloire est connue parmi les insectes, si la solide gloire, parmi eux comme parmi nous, se mesure par les difficultés surmontées pour venir à bout d'entreprises utiles à leur espèce, chaque mère guêpe est une héroïne à laquelle une mère abeille, si respectée de ses sujets, n'est nullement comparable. Quand celle-ci part de la ruche où elle est née pour devenir souveraine ailleurs, elle est accompagnée de plusieurs milliers d'ouvrières très-industrieuses, très-laborieuses et prêtes à exécuter tous les ouvrages nécessaires au nouvel établissement; au lieu que la mère guêpe, qui n'a pas une seule ouvrière à sa disposition, puisque nous avons vu que l'hiver fait périr tous les mulets, au lieu, dis-je, que la mère guêpe entreprend seule de jeter les fondements de sa nouvelle république. C'est à elle à trouver ou à creuser sous terre un trou, à y bâtir des cellules propres à recevoir ses œufs, à nourrir les vers qui éclosent de ceux-ci. Mais, si elle est flattée par le plaisir d'exécuter quelque chose de grand, et si elle prévoit le succès de ses travaux, elle doit être bien soutenue par l'espérance. Dès que quelques-uns des vers auxquels elle a donné naissance se seront transformés en mouches, elle sera secondée par celles-ci dans les ouvrages de toute espèce. A mesure que le nombre des mulets croîtra, ils multiplieront journellement le nombre des cellules où doivent être déposés les œufs qu'elle est pressée de pondre ; ils se chargeront des soins exigés par les vers qui en écloront ; ceux-ci, à leur tour, deviendront ailés et en état de travailler. Enfin, cette mère guêpe qui, au printemps, se trouvait seule et sans habitation, qui seule était chargée de tout faire, en automne, aura à son service autant de mouches qu'en a la mère abeille d'une ruche très-peuplée; elle aura pour domicile un édifice qui, par la quantité des ouvrages faits pour donner des logements commodes et à l'abri des injures de l'air, peut le disputer à la ruche la mieux fournie de gâteaux de cire.

177. Les frelons sont de véritables guêpes, et les plus
grandes de ce pays. Leur architecture ne diffère pas
dans l'essentiel de celle des guêpes qui bâtissent sous
terre. Ainsi que ces dernières, ils disposent leur gâteaux
parallèlement les uns aux autres, et de façon que les ouvertures des cellules sont en bas. Entre deux rangs de
gâteaux, on voit de même une colonnade, mais composée
de colonnes plus hautes et plus massives, et dont l'u-
sage est aussi de tenir le gâteau inférieur suspendu au
supérieur. L'enveloppe du gâteau, les gâteaux eux-mêmes, les liens ou colonnes qui les suspendent, sont faits
d'une espèce de fort mauvais papier, beaucoup plus épais
que celui des guêpes souterraines et cependant bien plus
aisé à casser. Loin d'être flexible, comme celui de ces
autres mouches ou comme le nôtre, ce papier est friable; il n'est fait que de grains courts, d'une sorte de sciure
de bois. Les frelons ne savent pas réduire la matière
qu'ils doivent employer en longs filaments, ni la pétrir
assez pour en faire une bonne pâte, ou, peut-être plutôt, négligent-ils de le faire, car la pâte qui compose les
liens semble préparée avec plus de soin que celle du
reste; elle est plus fine et a plus de corps. La couleur
de ce papier est d'un jaunâtre qu'ont assez souvent
les poudres d'un bois à moitié pourri; il semble aussi
que du bois en cet état soit mis en œuvre par ces mouches. Nos frelons semblent, d'ailleurs, savoir que la matière dont leur guêpier doit être fait ne résisterait pas à
de grandes pluies ni à de forts vents; ils le construisent
à l'abri, et dans des endroits où l'eau pénètre plus diffici-
lement que dans des trous qui n'ont qu'une voûte de terre.
Ils les logent quelquefois dans des greniers, quelquefois
dans des trous de mur qu'ils ont pu aisément agrandir
parce que les pierres n'y étaient liées qu'avec de la terre.
Mais, le plus souvent, ils bâtissent dans de gros troncs
d'arbres dont l'intérieur est pourri. Là, ils parviennent

facilement à faire une grande cavité ; ils détachent sans trop de peine des fragments d'un bois prêt à tomber en poussière.

Comme les guêpes souterraines, les frelons ont pour objet essentiel de construire des cellules ou logements aux vers qui doivent naître des œufs pondus journellement par la mère, et de nourrir ces vers en leur donnant la becquée à différentes heures du jour. J'en ai vu plus d'une fois qui rentraient chez eux chargés d'une de ces grosses mouches bleues contre les œufs desquelles nous avons peine à garder la viande en été. Il y a parmi eux, comme parmi les autres guêpes, trois sortes de mouches : des femelles, des mâles et des mulets. Les mères, comme les mulets sont armées d'aiguillons, et les mâles en sont dépourvus, ainsi que le veut la règle générale. Jusqu'au mois de septembre, le guêpier n'a que la seule mère par laquelle il a été commencé, et n'a aucun mâle. Les gâteaux composés de cellules propres à loger des vers qui doivent devenir, soit des mâles, soit des femelles, sont construits les derniers. Ce n'est que dans le mois de septembre et dans le commencement d'octobre, que de jeunes femelles et de jeunes mâles quittent leur état de nymphe. Toutes les mouches de ces deux sortes et celles de la troisième qui ne pourraient paraître hors des gâteaux que vers le commencement de novembre sont ordinairement mises à mort avant la fin d'octobre, surtout si les froids ont commencé à se faire sentir. Les frelons, au lieu de continuer à nourrir les vers, ne s'occupent alors qu'à les arracher de leurs cellules et à les jeter hors du nid ; ils ne font pas plus de grâce aux nymphes. Les mulets et les mâles périssent eux-mêmes journellement, de sorte qu'à la fin de l'hiver il ne reste que des femelles.

CHAPITRE XXXV

Histoire des Guêpes solitaires.

178. Parmi les guêpes solitaires, comme parmi les
abeilles qui ne vivent pas en société, il y a des espèces qui déposent chacun de leurs œufs dans un trou cylindrique. Les unes creusent ces trous dans la terre ordinaire, et les autres les creusent dans des sables gras. Il
y en a qui choisissent par préférence le mortier terreux
qui sert à lier à la campagne les murs des jardins. C'est
vers la fin de mai que ces guêpes se mettent à l'ouvrage,
et on en peut voir d'occupées à travailler pendant tout le
mois de juin. Quoique leur vrai objet ne soit que de
creuser dans le sable un trou profond de quelques pouces et dont le diamètre surpasse peu celui de leur corps,
on leur en croirait un autre, car, pour parvenir à faire ce
trou, elles construisent en dehors un tuyau creux, qui a
pour base le contour de l'entrée du trou, et qui, après
avoir suivi une direction perpendiculaire au plan où est
cette ouverture, se contourne en bas. Ce tuyau s'allonge
à mesure que le trou devient plus profond; il est fait du
sable qui en a été tiré et paraît travaillé avec art. La
même guêpe fait successivement plusieurs trous. Il ne
m'a pas paru qu'elle eût de règle fixe par rapport à la
profondeur qu'elle leur donne. J'en ai trouvé dont le
fond était à plus de quatre pouces de l'ouverture, et,

dans d'autres, le fond n'en était distant que de deux ou trois pouces. Elle ne donne pas non plus la même longueur à chacun des tuyaux qu'elle bâtit en dehors de chaque trou.

La fin pour laquelle le trou est percé dans un massif de sable ne saurait paraître équivoque. Il est clair que ce trou est destiné à recevoir un œuf et à loger le ver qui en doit éclore. Toute la cavité que la guêpe a creusée ne doit pas servir de logement au ver qui doit naître dedans; une portion de ce trou lui en donnera un suffisamment spacieux; il a cependant été nécessaire qu'il fût fouillé jusqu'à une certaine profondeur, afin que le ver ne se trouvât pas exposé à une chaleur trop grande, lorsque les rayons du soleil tomberaient sur la couche extérieure du sable. Le ver ne doit habiter que le fond du trou ; la guêpe sait la grandeur de la capacité qu'elle doit laisser vide, et elle la conserve; mais elle bouche tout le reste, et elle fait rentrer dans la partie supérieure du trou le sable qu'elle en a ôté. C'est pour avoir ce sable sous sa main, pour ainsi dire, qu'elle a formé un tuyau de celui qu'elle ôtait. On la voit, en effet, par la suite, ronger le bout de ce tuyau après l'avoir mouillé, en former des pelottes de mortier qu'elle va prendre les unes après les autres et qu'elle ne manque pas de porter dans le trou jusqu'à ce qu'elle l'ait rebouché complètement. Par là, il devient aussi exactement fermé qu'il l'était avant qu'elle eût commencé à l'ouvrir. La guêpe emploie ainsi peu à peu la plus grande partie du sable qu'elle avait mis en tuyau. Il y a tel tuyau qu'elle réduit à n'avoir pas une ligne, ou même une demi-ligne de hauteur.

Le tuyau dont il est question a peut-être encore d'autres usages. Pendant que la guêpe est en course, quelque mouche ichneumon pourrait aller déposer dans le nid un œuf fatal à celui de la guêpe : ces sortes de mouches sont continuellement à l'affût de pareilles occasions. L'ichneu-

mon ne s'aventure pas si volontiers à s'introduire dans le
trou, quand, pour y arriver, il lui faut faire un plus long
chemin et passer par un tuyau qui ne lui permet pas de
voir si la guêpe est absente. J'en ai pourtant observé un
quelquefois, dont le corps est d'un rouge cuivré et doré,
qui, après avoir beaucoup hésité, tourné et retourné autour de l'ouverture du tuyau, entrait dedans ; mais j'ai
vu aussi quelquefois qu'il avait mal pris son temps : la
guêpe venait au-devant de l'ichneumon qui la croyait
absente, et il ne restait à celui-ci que de prendre promp-
tement la fuite.

179. Lorsqu'une de nos guêpes a muré une des cellules de sable, elle est tranquille sur le sort du ver qui en
doit sortir. Elle a renfermé avec l'œuf la provision d'aliments qui suffira pour faire croître le ver jusqu'à ce qu'il
soit en état de se transformer. Mais quelle est la sorte
d'aliments dont elle lui fait une provision ? Je ne pouvais
manquer d'être curieux de le savoir, et il m'était bien
aisé de m'en instruire : il n'y avait qu'à ouvrir dans sa
longueur, sans y rien déranger, une des cellules creusées
dans le sable. Les cavités que j'ai ouvertes n'avaient
qu'environ sept à huit lignes de profondeur. Toute la capacité était occupée par des anneaux verts mis les uns
au-dessus des autres. Dans quelques-unes des cellules, la
file était de douze anneaux, et, dans d'autres, seulement
de huit à dix. Chaque anneau était formé par un ver
roulé, et appliqué exactement par le côté du dos contre
les parois du trou. Ces vers ainsi posés par lits les uns
au-dessus des autres, et même pressés les uns contre les
autres, quoique pleins de vie, n'avaient pas la liberté de
se mouvoir.

Pourquoi ces vers étaient-ils ainsi arrangés en pile?
Pourquoi même étaient-ils là? Il est aisé de le deviner;
mais on ne saurait assez l'admirer. Notre guêpe ne laisse

qu'un œuf dans chaque trou, dans chaque nid ; de cet œuf doit sortir un ver carnassier, mais qui ne s'accommoderait pas, comme le font tant d'autres vers, de chairs corrompues. Il n'y a que des animaux, et certains animaux vivants, qui soient de son goût. Sa mère lui en fait la provision qui lui sera nécessaire pour fournir à son accroissement complet. Elle remplit la petite caverne dans laquelle il va naître d'animaux qu'il n'aura qu'à dévorer les uns après les autres. Quoique leur grandeur surpasse prodigieusement celle qu'il aura au moment de sa naissance, il mangera à son aise celui qu'il se trouvera le plus à portée d'attaquer, sans avoir rien à en craindre, pas même d'être incommodé par ses mouvements, et ainsi des autres, parce que la guêpe les a tous posés et assujétis de façon qu'ils ne sauraient se mouvoir.

La mère guêpe sait exactement jusqu'où doivent aller les besoins de ses vers, lorsqu'elle ne leur donne à chacun au plus que douze vers ; et, lorsqu'elle en donne moins à quelques-uns, elle les donne apparemment plus gros, et elle juge de la compensation que le plus grand volume fait avec le plus grand nombre. Elle semble savoir plus que tout cela, quand elle les choisit dans un âge où ils peuvent soutenir un long jeûne sans périr, dans un âge où ils n'ont plus à croître. Si les vers qui doivent rester dans une cellule pendant quinze jours y périssaient dès le lendemain ou au bout de peu de jours, cette cellule deviendrait bientôt un vrai cloaque dans lequel le ver chéri serait étouffé, où, du moins, il n'aurait plus que des corps pourris pour se nourrir. Au lieu de cela, la vie des vers peut être prolongée jusqu'au temps où ils doivent être mangés ; j'ai ouvert des nids dans lesquels il ne restait plus qu'un ou deux de ces vers ; ils y étaient encore pleins de vie ; ils ne paraissaient pas même y avoir dépéri malgré leur long jeûne, ce qui n'est pas surprenant, s'ils étaient près du temps de leur métamorphose.

La manière dont la guêpe les entasse a un avantage dont nous avons déjà parlé : ils se laissent manger sans se remuer, et sans le pouvoir faire. Il importe encore au ver de la guêpe, pour une autre raison, qu'ils soient à l'étroit, qu'ils remplissent bien la cavité du trou : par là, le ver vorace est forcé d'user avec économie de sa provision d'aliments. S'il pouvait aller librement jusqu'aux insectes les plus éloignés du fond du trou, peut-être que, par gourmandise ou par friandise, il les entamerait tous les uns après les autres, avant que d'avoir fini d'en manger un seul en entier ; il se mettrait bientôt dans le cas de n'avoir plus pour se nourrir que des vers morts et corrompus.

J'ai été attentif à observer de ces guêpes dans le temps qu'elles se rendaient à des trous à qui il ne manquait rien du côté de la profondeur. Chacune y arrivait chargée d'une proie semblable, et dont le poids était peu inférieur au sien ; elle tenait la tête d'un ver entre ses dents, et ses jambes étaient occupées à obliger ce ver à rester étendu tout le long de son corselet et de son ventre. Parvenue au fond du trou, elle n'avait qu'à laisser le ver en liberté pour qu'il s'y contournât en anneau. Il ne restait à la mouche qu'à le presser pour l'approcher assez près du fond de la cellule, s'il était le premier qui y eût été porté, ou, si d'autres vers y étaient déjà arrangés, qu'à l'obliger à s'appliquer sur le dernier. Ces vers, plus pacifiques que des agneaux, n'ont besoin de prendre aucune nourriture, et peut-être passeraient-ils naturellement un certain nombre de jours dans un parfait repos. Ils se trouvent bien dans la cellule de la guêpe et attendent, apparemment sans le prévoir, le moment où ils doivent être mangés.

FIN

TABLE DES MATIÈRES

CHAP.   Ier — De l'histoire des Insectes............   1
—   II — Des Chenilles en général 13
—   III — Changements de peau des Chenilles. 21
—   IV — Des parties extérieures des Papillons.. 25
—   V — Des Chrysalides en général 37
—   VI — Transformation des Chenilles en Chry-
salides 42
—   VII — Construction des coques destinées aux
Chrysalides 49
—   VIII — Transformation des Chrysalides en
Papillons....................... 62
—   IX — De la ponte des Papillons........... 67
—   X — Histoire des Chenilles qui vivent en
société pendant une partie de leur
vie............................ 75
—   XI — Histoire des Chenilles qui vivent en
société pendant toute leur vie..... 88
—   XII — Des Chenilles rouleuses, plieuses et
lieuses de feuilles 94
—   XIII — Histoire des Arpenteuses à dix jambes. 102
—   XIV — Ravages causés par les Arpenteuses à
dix jambes..................... 108
—   XV — Histoires des Chenilles mineuses de
feuilles et des vers mineurs....... 116

CHAP.   XVI — Histoire des Teignes qui rongent les laines et les pelleteries........... 132

—   XVII — Histoire des Teignes qui se font des fourreaux de diverses matières.... 143

—   XVIII — Histoire des fausses Teignes 149

—   XIX — Histoire des différents ennemis des Chenilles 155

—   XX — Histoire des Pucerons et des Vers mangeurs de Pucerons 169

—   XXI — Histoire des Galles des plantes et des arbres.......................... 181

—   XXII — Histoire des Gallinsectes 196

—   XXIII — Histoire des Vers issus de la viande.. 203

—   XXIV — Histoire des Cousins............... 208

—   XXV — Histoire des Tipules 217

—   XXVI — Histoire des Mouches à scie........ 222

—   XXVII — Histoire des Cigales 228

—   XXVIII — Histoire des Formica-leo........... 232

—   XXIX — Histoire des Abeilles.......... 245

—   XXX — Histoire des Bourdons des mousses.. 266

—   XXXI — Histoire des Abeilles perce-bois..... 275

—   XXXII — Histoire des Abeilles maçonnes...... 283

—   XXXIII — Histoire des Abeilles qui nichent dans la terre et des Abeilles coupeuses de feuilles et tapissières.. 293

—   XXXIV — Histoire des Guêpes qui vivent en société 305

—   XXXV — Histoire des Guêpes solitaires........ 323

FIN DE LA TABLE

Fontainebleau. — Typographie E. Bourges.

A LA MÊME LIBRAIRIE.

Histoire naturelle, par M. DE MONTMAHOU, professeur à l'École Turgot.

> 1re PARTIE : *Physiologie.* Nouv. édit. 1 vol. avec figures, broché.　1 fr. 50
> 2e PARTIE : *Zoologie.* Nouv. édit. 1 vol. avec figures, broché.　2 fr. 25
> 3e PARTIE : *Botanique.* 1 vol. avec figures, broché . . . . .　2 fr. 25
> 4e PARTIE : *Géologie et Minéralogie* (sous presse).
> Le cartonnage se paye en sus.

La Science élémentaire, lectures courantes pour toutes les écoles, par J.-H. FABRE, professeur de chimie au lycée Impérial et aux écoles municipales d'Avignon :

> *Chimie agricole.* Nouvelle édition. 1 vol. in-12 avec figures, cart.　1 fr. 20
> *Physique.* Nouvelle édition. 1 vol. in-12 avec figures, cartonné.　2 fr. »
> *La Terre,* ou *Physique du globe.* Nouvelle édition. 1 vol. in-12
> avec figures, cartonné. . . . .　2 fr. »
> *Le Ciel,* ou Notions élémentaires de Cosmographie. Nouvelle édi-
> tion. 1 vol. in-12 avec figures, cartonné . . . .　2 fr. »

Plantes et Animaux, récits familiers d'histoire naturelle, par M. DE LA BLANCHÈRE. 1 vol. in-12 orné de figures, broché.　2 fr.

Récits historiques ou **Choix de lectures** puisés dans les écrivains dont les ouvrages sont les sources de l'histoire, avec de nombreuses illustrations dans le texte, par M. A. DAUBAN, ancien professeur d'histoire, membre du comité des travaux historiques au ministère de l'instruction publique.

> 1re PARTIE : *Histoire sainte.* 1 vol. in-12, cartonné. . . .　» fr. 75 c.
> 2e PARTIE : *Histoire ancienne* (Orient). 1 vol. in-12, cart.　» fr. 75 c.
> 3e PARTIE : *Histoire grecque.* 1 vol. in-12, cart. . . . .　2 fr. 25 c.
> 4e PARTIE : *Histoire romaine.* 1 vol. in-12, broché . . .　3 fr. 50 c.
> —　Cartonné. . . . .　3 fr. 75 c.

N. B. — Les *Récits historiques* ont été publiés également en deux volumes, sous les titres suivants :

— *L'Histoire ancienne,* racontée par ses historiens, ses poètes, ses orateurs et par ses monuments. 1 fort vol. in-12, avec de nombreuses illustrations dans le texte, broché. . . . .　3 fr. 50

— *Rome ancienne,* racontée par ses historiens, ses poètes, ses orateurs et par ses monuments, précédée de fragments sur l'Italie contemporaine extraits d'une correspondance de voyage. 1 vol. in-12 de 700 pages, avec 150 illustrations dans le texte; broché.　3 fr. 50

Hérodote. *Récits tirés de ses histoires;* traduction nouvelle, précédée d'une Notice biographique et littéraire sur Hérodote et accompagnée de sommaires, de notes géographiques et historiques, et de *médailles antiques* servant d'illustration au texte, par M. BOUCHOT, professeur au lycée Louis-le-Grand. 1 beau vol. in-8° de 400 pages, papier glacé, broché. . . . .　3 fr. 50

Paris — Imprimerie de P.-A. BOURDIER, CAPIOMONT et Cie, 6, rue des Poitevins.